同济大学本科教材出版基金资助

# 混合配筋混凝土结构基本理论

# FRP and Steel Reinforced Concrete

屈文俊　朱　鹏　编著

QU Wenjun　ZHU Peng

U0248343

同济大学出版社
TONGJI UNIVERSITY PRESS

## 内 容 简 介

本书根据作者对混合配筋混凝土结构的研究成果,并参阅国内外文献撰写而成,试图对混合配筋混凝土结构的基本理论作一个全面阐述。主要内容有混合配筋混凝土构件的抗弯性能、抗剪性能、抗压弯性能、抗弯疲劳性能以及耐火性能。

本书可作为土木工程专业本科、研究生教学参考书,也可供从事土建专业的科研、设计和施工人员参考。

**图书在版编目(CIP)数据**

混合配筋混凝土结构基本理论 / 屈文俊,朱鹏编著
. --上海:同济大学出版社,2022.4
ISBN 978-7-5765-0191-9

Ⅰ.①混… Ⅱ.①屈… ②朱… Ⅲ.①加筋混凝土结构—配筋工程—研究 Ⅳ.①TU755.3

中国版本图书馆 CIP 数据核字(2022)第 045364 号

## 混合配筋混凝土结构基本理论
### FRP and Steel Reinforced Concrete

屈文俊 朱 鹏 编著

**责任编辑** 李 杰 **责任校对** 徐逢乔 **封面设计** 金书婷

| | |
|---|---|
| 出版发行 | 同济大学出版社 www.tongjipress.com.cn |
| | (地址:上海市四平路 1239 号 邮编:200092 电话:021-65985622) |
| 经 销 | 全国各地新华书店、建筑书店、网络书店 |
| 排 版 | 南京月叶图文制作有限公司 |
| 印 刷 | 常熟市华顺印刷有限公司 |
| 开 本 | 787mm×1092mm 1/16 |
| 印 张 | 15 |
| 字 数 | 374 000 |
| 版 次 | 2022 年 4 月第 1 版 2022 年 4 月第 1 次印刷 |
| 书 号 | ISBN 978-7-5765-0191-9 |

定 价 68.00 元

# 前　言

　　混凝土结构加强筋的选择，取决于加强筋与混凝土的相容性、耐久性以及经济性。在漫长的研究和工程实践过程中，钢筋作为首选应用于混凝土结构中。钢筋混凝土结构在其服役过程中，暴露出混凝土中钢筋锈蚀引起的耐久性问题。随着纤维增强聚合物(Fiber Reinforced Polymer，FRP)筋(简称 FRP 筋)的出现，人们推出了 FRP 筋混凝土结构。FRP 筋是由多股连续纤维采用基底材料胶合后，经过模具挤压、拉拔成型，由于这些材料是非金属材料，因此 FRP 筋不会被腐蚀。FRP 筋的主要优点是：抗拉强度高、自重轻、耐久性能好等。但由于 FRP 筋的抗剪强度低、弹性模量小、线弹性无屈服点以及耐火能力弱，FRP 筋混凝土结构暴露出的主要缺点为截面延性差、使用性能差(裂缝宽度和挠度大)以及耐火性能差，这在一定程度上限制了它的工程应用范围。

　　笔者在 1993 年对混凝土桥梁结构的耐久损伤病害进行了现场调查，发现钢筋混凝土构件的截面耐久性不等，萌启了对混凝土结构截面等耐久性设计的研究。基于截面等耐久性设计的理念，提出在混凝土构件截面耐久性薄弱区域(截面的角区和边缘区域)用 FRP 筋替代钢筋，形成混合配筋混凝土结构。这样的配筋方法，既具有 FRP 筋配筋截面的优良耐久性能，又具有普通钢筋配筋截面的优良力学性能和使用性能，且具有优于 FRP 筋混凝土结构的耐火性能，它可用于一般大气环境、腐蚀性环境以及耐火等级要求高的环境中。

　　人类社会的可持续发展对混凝土结构提出了延长使用寿命的要求，混合配筋混凝土结构无疑是实现混凝土结构可持续发展的有益尝试。

　　课题组自 21 世纪初开始，对混合配筋混凝土构件的基本性能进行了系列研究，包括抗弯性能、抗剪性能、抗压性能、抗压弯性能、抗弯疲劳性能以及耐火性能。研究成果显示，混合配筋混凝土结构是一种优秀的配筋形式，值得推广应用。鉴于此，笔者将研究成果进行了系统整理，编撰成书，可供土木工程专业的本科生、研究生学习参考，也可供从事土建专业的科研、设计和施工人员参考。

　　本书的研究工作得到国家自然科学基金"混凝土结构截面等耐久性设计研究"(50178050)、"混凝土结构等耐久性截面的性能研究"(51678430)，国家重点研发计划"配置纤维增强复合材料筋的混凝土结构性能提升关键技术及其应用技术研究"(2017YFC0703003)，教育部博士点基金"混合配筋混凝土梁抗弯疲劳性能研究"

（20120072120008），上海市浦江人才计划"混合配筋混凝土梁疲劳性能研究"（12PJ1409000）的支持，本书的出版得到同济大学本科教材出版基金的资助，在此一并表示感谢。

　　本书的研究工作由笔者和课题组的博士、硕士研究生们共同完成。本书由屈文俊、朱鹏（第 5 章）编著，在编写过程中引用了很多同行的科研成果和文献，在此表示深深谢意。

　　本书的观点未必妥当，敬请同行专家和读者不吝指正。

编著者

2022 年 2 月

# 符 号 说 明

$A$ ——构件截面积($mm^2$)

$A_f$ ——截面受拉区 FRP 筋面积($mm^2$)

$A'_f$ ——截面受压区 FRP 筋面积($mm^2$)

$A_s$ ——截面受拉区钢筋面积($mm^2$)

$A'_s$ ——截面受压区钢筋面积($mm^2$)

$A_{sv}$ ——钢箍筋面积($mm^2$)

$A_{fv}$ ——FRP 箍筋面积($mm^2$)

$b$ ——截面宽度(mm)

$b_w$ ——腹板宽度(mm)

$r_b$ ——箍筋弯曲半径(mm)

$d_b$ ——箍筋直径(mm)

$h$ ——截面高度(mm)

$h_0$ ——截面有效高度(mm)

$d$ ——混凝土有效高度(mm)

$E_f$ ——FRP 筋受拉弹性模量(MPa)

$E'_f$ ——FRP 筋受压弹性模量(MPa)

$E_s$ ——钢筋弹性模量($mm^2$)

$E_c$ ——混凝土弹性模量($mm^2$)

$f_y$ ——钢筋屈服强度(MPa)

$f_c$ ——混凝土轴心抗压强度(MPa)

$f'_c$ ——混凝土圆柱体抗压强度(MPa)

$f_{fu}$ ——FRP 筋极限抗拉强度(MPa)

$f'_{fu}$ ——FRP 筋极限抗压强度(MPa)

$f_f$ ——截面受拉 FRP 筋应力(MPa)

$f'_f$ ——截面受压 FRP 筋应力(MPa)

$f_{fy}$ ——FRP 筋允许拉应力(MPa)

$f_{fb}$ ——FRP 箍筋弯曲段抗拉强度设计值(MPa)

$f_{fv}$ ——FRP 箍筋应力(MPa)

$f_{fuv}$ ——FRP 箍筋极限抗拉强度(MPa)

$\varepsilon_{fu}$ ——FRP 筋极限拉应变

$\varepsilon_s$ ——钢筋受拉应变

$\varepsilon_f$ ——FRP 筋受拉应变

$\varepsilon_{fv}$ ——FRP 箍筋受拉应变

$\varepsilon_c$ ——受压混凝土应变

$\varepsilon_0$ ——受压混凝土峰值应变

$\varepsilon_{cu}$ ——混凝土极限压应变

$\varepsilon_y$ ——钢筋屈服应变

$\varepsilon_{fy}$ ——FRP 筋允许拉应变

$\varepsilon_{sfu}$ ——纵筋最大拉应变

$\rho_f$ ——FRP 筋配筋率

$\rho_{v,E}$ ——箍筋有效配箍率

$\rho_l$ ——纵筋配箍率

$\alpha_1$ ——等效矩形应力图形系数

当混凝土强度等级不大于 C50 时，$\alpha_1 = 1.0$；当混凝土强度等级为 C80 时，$\alpha_1 = 0.94$；其间按线性插值法确定。

$\xi$ ——截面相对受压区高度

$\xi_b$ ——界限状态，截面相对受压区高度

$\xi_n$ ——截面中和轴高度与有效高度之比

$\xi_{nb1}$ ——超筋破坏与适筋破坏界限点，截面中和轴高度与有效高度之比

$\xi_{nb2}$ ——少筋破坏与适筋破坏界限点，截面中和轴高度与有效高度之比

$x_n$ ——中国规范中截面中和轴高度

$x$ ——中国规范中截面受压区高度

$c$ ——美国规范中截面中和轴高度

$a$ ——美国规范中截面受压区高度

$M_u$ ——抗弯承载力

1

$M_{u,t}$—抗弯承载力理论计算值

$M_{u,e}$—抗弯承载力试验值

$U_S$ —钢筋混凝土梁耗能

$U_F$ —FRP 筋混凝土梁耗能

$U_H$ —混合配筋混凝土梁耗能

$D_{uh}$ —混合配筋混凝土梁极限变形

$D_{yh}$ —混合配筋混凝土梁初始屈服变形

$\varphi_y$ —屈服曲率

$\varphi_u$ —极限曲率

$\varphi$ —钢筋混凝土构件稳定系数

$e_0$ —偏心距（mm）

$N$ —轴心压力设计值（kN）

$N_u$ —受压构件承载力（kN）

$N_{u,t}$—受压构件承载力理论值（kN）

$N_{u,e}$—受压构件承载力试验值（kN）

$a/h_0$—剪跨比

$s$ —箍筋间距

$\rho_{sf,E}$ —等刚度代换下，混合配筋梁的有效配筋率

$\rho_{sf,S}$ —等强度代换下，混合配筋梁的有效配筋率

$\rho_{sf,Eb}$ —等刚度代换下，混合配筋构件的有效平衡配筋率

$\rho_{sf,Sb}$—等强度代换下，混合配筋构件的有效平衡配筋率

$\rho_{s,v}$ —钢箍筋配箍率

$\rho_{f,v}$ —FRP 箍筋配箍率

$V_u$ —抗剪承载力（kN）

$P_{cr}$ —开裂荷载（kN）

$P_{c,cr}$ —斜向开裂荷载（kN）

$P_u$ —极限承载力（kN）

$P_{u,M}$—理论抗弯破坏荷载（kN）

$\rho_v$ —箍筋配箍率

$\rho_s$ —钢筋配筋率

$R_f$ —纵筋刚度比

$R_{fv}$ —箍筋刚度比

$\beta_1$ —等效矩形应力图形系数

中国规范［GB 50010—2010（2015）]规定：当混凝土强度等级不大于 C50 时，$\beta_1 = 1.0$；当混凝土强度等级为 C80 时，$\beta_1 = 0.74$；其间按线性插值法确定。

美国规范（ACI 440.1R-06）规定：当混凝土圆柱体抗压强度小于或等于 28 MPa 时，取 $\beta_1 = 0.85$；当混凝土圆柱体抗压强度大于 28 MPa 时，超出部分以每 7 MPa 按 0.05 的比率折减，但 $\beta_1$ 不小于 0.65。

# 目　录

# 第1章
# 绪　论

## 1.1　混合配筋混凝土结构的定义

本书中混合配筋混凝土结构是指混凝土结构中的加强筋由纤维增强聚合物（Fiber Reinforced Polymer，FRP）筋（简称 FRP 筋）和钢筋组成。混合配筋旨在弥补传统混凝土结构耐久性不足的缺陷，在混凝土结构耐久性薄弱处用 FRP 筋替代钢筋，可提高结构耐久性和使用寿命，是可广泛应用于土木、水利工程的优良结构形式。

根据 FRP 筋组成的不同，如玻璃纤维（GFRP）、碳纤维（CFRP）、芳纶纤维（AFRP）、玄武岩纤维（BFRP）等，混合配筋混凝土结构可分为 GFRP－钢筋混合配筋混凝土结构、CFRP－钢筋混合配筋混凝土结构、AFRP－钢筋混合配筋混凝土结构、BFRP－钢筋混合配筋混凝土结构等。

## 1.2　混合配筋混凝土结构的提出

钢筋混凝土结构在其漫长的服役过程中，暴露出混凝土中钢筋锈蚀引起的耐久性问题。随着 FRP 筋的出现，人们推出了 FRP 筋混凝土结构。FRP 筋是由多股连续纤维采用基底材料胶合后，经过模具挤压、拉拔成型。FRP 筋的主要优点是：抗拉强度高、自重轻、耐久性能好等，但由于 FRP 筋的抗剪强度低、弹性模量小、线弹性无屈服点以及耐火能力弱，FRP 筋混凝土结构暴露出的主要缺点为：截面延性差、使用性能差（裂缝宽度和挠度均很大）以及耐火性能差。特别要指出的是，*Guide for the Design and Construction of Structural Concrete Reinforced with FRP Bars*（ACI 440.1R－06）[1] 不建议将 FRP 筋混凝土结构应用于防火结构中。

提高混凝土结构的耐久性是实现混凝土结构可持续发展的有效途径。传统混凝土结构截面耐久性不等的现象，启迪课题组提出混凝土结构截面等耐久性设计的理念，依此提出了在混凝土构件截面耐久性薄弱区域（截面的角区和边缘区域）用 FRP 筋替代钢筋的混合配筋混凝土结构，如图 1.1 所示。已有的研究证明，这种混合配筋混凝土结构，既具有 FRP 筋配筋截面的优良耐久性能，又具有普通钢筋配筋截面的优良力学性能和使用性能，且具有优于 FRP 筋混凝土结构的耐火性能，它可用于一般大气环境、腐蚀性环境以及耐火等级要求高的环境中。

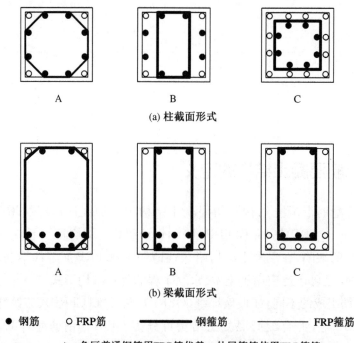

(a) 柱截面形式

(b) 梁截面形式

● 钢筋　　○ FRP筋　　——— 钢箍筋　　——— FRP箍筋

A—角区普通钢筋用FRP筋代替，外层箍筋使用FRP箍筋。
B—角区普通钢筋用FRP筋代替，外层箍筋使用FRP箍筋。
C—拉区外部普通钢筋用FRP筋代替，外层箍筋使用FRP箍筋。

图 1.1　混合配筋混凝土梁柱截面配筋形式

## 1.3　混合配筋混凝土结构的优缺点

### 1. 混合配筋混凝土结构的优点

混合配筋混凝土结构充分发挥了 FRP 筋、钢筋和混凝土材料的特性，同时具有以下优点，存在广阔的推广应用前景。

（1）优良的耐久性。传统钢筋混凝土结构具有良好的耐久性，而将耐久性好的 FRP 筋布置在截面耐久性薄弱处，可使混合配筋混凝土结构具有优良的耐久性，比传统配筋方式的寿命长 80% 以上。

（2）良好的经济性。FRP 筋的价格较高，混合配筋混凝土结构仅在边角等易腐蚀区域使用 FRP 筋，初始成本提高，使用寿命增长，具有良好的长期经济效益。

（3）良好的可模性。与传统钢筋混凝土结构一样，混合配筋混凝土结构也可通过不同模板浇筑成各种需要的形状。

（4）良好的整体性。整体浇筑的混合配筋混凝土结构具有良好的整体性，构件与节点为一个整体，能够较好地承受动力荷载。

（5）较好的耐火性能。由于 FRP 筋的耐火能力弱，混合配筋混凝土结构具有优于 FRP 筋混凝土结构而劣于钢筋混凝土结构的耐火性能。

### 2. 混合配筋混凝土结构的缺点

混合配筋混凝土结构仍然具有传统钢筋混凝土结构自重大、易开裂等缺点。针对不同的具体工程,这些缺陷可以通过采用合适的混凝土种类(如轻质混凝土、预应力混凝土等)来进行弥补。对于混合配筋混凝土结构的推广而言,最大的阻碍是相应混合配筋规范和系统结构设计理论的空缺。

## 1.4 混合配筋混凝土结构的待完善研究

对于钢筋混凝土结构和 FRP 筋混凝土结构,目前许多国家均已制定对应规范,如针对钢筋混凝土结构的《混凝土结构设计规范》(GB 50010—2010)(2015)[2](中国),*Building Code Requirements for Structural Concrete*(ACI 318-14)[3](美国),*Design of Concrete Structures*(CSA A23.3-04)[4](加拿大),*Standard Specifications for Concrete Structures*(JGC-15)[5](日本),*Design of Concrete Structures*(BS EN-1992-1-1:2004)[6](欧盟/意大利);针对 FRP 筋混凝土结构的《纤维增强复合材料建设工程应用技术规范》(GB 50608—2010)[7](中国),*Guide for the Design and Construction of Structural Concrete Reinforced with FRP Bars*(ACI 440.1R-06)[1](美国),*Design and Construction of Building Components with Fiber-Reinforced Polymers*(CSA S806-12)[8](加拿大),*Recommendation for Design and Construction of Concrete Structures Using Continuous Fiber Reinforcing Materials*(JSCE-1997)[9](日本),*Guide for the Design and Construction of Concrete Structures Reinforced with Fiber-Reinforced Polymer Bars*(CNR DT-203/2006)[10](欧盟/意大利)。

然而,对于混合配筋混凝土结构,目前缺少相应的混合配筋规范和系统结构设计理论,致使工程缺少规范化、科学化的指导意见,这也是混合配筋混凝土结构亟待完善的研究内容。

## 1.5 本书主要内容

本书针对目前混合配筋混凝土结构设计理论的空缺进行研究,通过理论分析,结合课题组和其他学者的研究成果,完善混合配筋混凝土结构基本理论,推荐一套较为系统、科学的混合配筋混凝土结构的基本理论,为工程设计提供合理依据,可以有效地促进新型结构形式在实际工程中的推广,同时完善混合配筋混凝土结构的设计方法,可以推动混合配筋混凝土结构更好地发展,具有工程意义和科学意义。

本书共有 9 章,各章内容分别如下。

第 1 章:绪论。主要对混合配筋混凝土的定义、提出背景、优缺点及待完善的研究进行阐述。

第 2 章:混合配筋混凝土结构材料的基本性能。主要对混凝土、钢筋、FRP 筋的基本性能,混凝土与钢筋的黏结,混凝土与 FRP 筋的黏结进行介绍。

第3章:轴心受力构件的性能与计算。基于钢筋与FRP筋本构关系曲线,分析混合配筋混凝土构件轴心受拉受力过程;进行混合配筋混凝土轴心受压柱的试验探究,分析试验现象和结果,推荐承载力计算公式,并进行配筋设计算例分析;讨论长期荷载对混合配筋混凝土轴心受压柱承载力的影响。

第4章:受弯构件正截面的性能与计算。对混合配筋混凝土梁进行试验探究;推荐混合配筋混凝土适筋梁配筋率,并结合试验验证其有效性;通过分析受力过程,推荐开裂弯矩和极限弯矩的计算公式,并对极限弯矩影响因素进行分析;最后对极限弯矩计算公式应用到配筋设计的步骤进行总结和算例分析。

第5章:混合配筋混凝土梁疲劳受弯性能。对混合配筋混凝土受弯疲劳梁进行试验探究,推荐混合配筋混凝土梁承受疲劳荷载时的挠度计算公式,并对截面抗弯刚度进行分析;考虑材料的疲劳损伤和疲劳破坏准则,推导了混合配筋混凝土梁受弯疲劳全过程分析方法,并通过MATLAB实现了混合配筋混凝土梁受弯疲劳破坏全过程模拟;总结了各国现有规范中的抗弯疲劳要求,通过数值模拟方法推荐抗弯疲劳计算公式,并结合试验验证其有效性。

第6章:偏心受力构件的正截面承载力。结合混合配筋偏心受压试验柱试验,明确偏心受压的大、小偏心破坏形态,区分大、小偏心受压的界限状态Ⅰ和混合配筋构件特有的界限状态Ⅱ;对二阶效应深入研究,数值模拟后推荐混合配筋混凝土柱偏心距增大系数的计算公式;分析受力过程,推荐偏心受压构件正截面承载力的计算公式;最后对偏心受压构件正截面承载力计算公式应用到配筋设计的步骤进行总结和算例分析。

第7章:受弯构件的斜截面承载力。总结归纳各国规范对钢筋混凝土梁和FRP筋混凝土梁抗剪承载力的计算方法;结合无腹筋混合配筋混凝土梁抗剪试验,推荐无腹筋混合配筋混凝土梁抗剪承载力公式;结合有腹筋混合配筋混凝土梁抗剪试验,推荐有腹筋混合配筋混凝土梁抗剪承载力公式;最后对斜截面承载力计算公式应用到配筋设计的步骤进行总结和算例分析。

第8章:混凝土构件的使用性能。总结正截面裂缝宽度计算和受弯构件变形控制的现有研究;采用合适的理论结合试验数据分析后,推荐正截面裂缝间距、宽度和受弯构件挠度计算公式;最后结合试验对其有效性进行验证。

第9章:混合配筋混凝土梁耐火性能。基于混合配筋混凝土梁的耐火试验,对混合配筋混凝土梁的耐火性能进行研究,并对混合配筋混凝土梁的相关计算提出相应的方法,为混合配筋混凝土梁在工程中的应用提供建议;对火灾试验后的混合配筋混凝土梁进行静力加载试验,整理和分析火灾后混合配筋混凝土梁的力学性能,对火灾后混合配筋混凝土梁的破坏模式判断和剩余抗弯承载力计算提出建议。

# 第 2 章
# 混合配筋混凝土结构材料的基本性能

## 2.1 混凝土的基本性能

### 2.1.1 单轴向应力状态下混凝土的强度

#### 1. 抗压强度

混凝土的立方体抗压强度为按照《普通混凝土力学性能试验方法标准》(GB/T 50081—2019)[11]测得的抗压强度,其采用的标准试件是边长为 150 mm 的立方体。

轴心抗压强度的试件制作过程和测量过程与立方体抗压强度的试件制作过程和测量过程基本一致,只是采用的标准试件尺寸改变了,变为 150 mm×150 mm×300 mm 的棱柱体。

#### 2. 抗拉强度

测试混凝土的抗拉强度主要有两种方法,直接方法是轴心受拉试验,间接方法是劈裂试验。采用轴心受拉方法可能存在的问题是难以保证试件处于轴心受拉状态,同时混凝土内部存在不均匀性,这样会使得试验的精确度大幅度下降。通过对比两种试验方法测得的结果可发现,劈裂试验测得的抗拉强度略高于轴心受拉试验测得的数据。

### 2.1.2 混凝土的本构关系

在单轴向应力状态下,混凝土的本构关系采用《混凝土结构设计规范》[GB 50010—2010 (2015)][2]推荐的模型。

$$\begin{cases} \sigma_c = f_c \left[ 1 - \left( 1 - \dfrac{\varepsilon_c}{\varepsilon_{c0}} \right)^n \right], & \varepsilon_c \leqslant \varepsilon_0 \\ \sigma_c = f_c, & \varepsilon_0 < \varepsilon_c \leqslant \varepsilon_{cu} \end{cases} \tag{2.1}$$

$$n = 2 - \frac{1}{60}(f_{cu} - 50) \tag{2.2}$$

$$\varepsilon_0 = 0.002 + 0.5(f_{cu} - 50) \times 10^{-5} \tag{2.3}$$

$$\varepsilon_{cu} = 0.003\,3 - (f_{cu} - 50) \times 10^{-5} \tag{2.4}$$

式中,$\sigma_c$ 为压应变为 $\varepsilon_c$ 时混凝土的压力;$f_c$ 为混凝土的轴心抗压强度;$\varepsilon_0$ 为压应力达到 $f_c$ 时混凝土的压应变,当计算的 $\varepsilon_0$ 值小于 0.002 时,取为 0.002;$\varepsilon_{cu}$ 为混凝土的极限压应变,当计算的 $\varepsilon_{cu}$ 值大于 0.003 3 时,取为 0.003 3;$f_{cu}$ 为混凝土的立方体抗压强度;$n$ 为系数,当计算

的 $n$ 值大于 2.0 时,取为 2.0。

### 2.1.3　混凝土的疲劳性能

混凝土疲劳是一个材料性能逐渐变化的过程,它依次引起混凝土微裂缝的起裂、扩展直至宏观裂缝形成。混凝土受压疲劳性能的研究最早是 1903 年由学者 Van Ornum[12, 13]进行的,试验下限荷载为 0,上限荷载在静载极限强度的 55%～95% 内变化,类似金属材料的疲劳研究,引入 S-N 曲线研究混凝土的疲劳寿命,并给出了混凝土在重复荷载下的应力-应变曲线。1958 年,Nordby[14]总结已有研究,得出以下结论:①混凝土没有疲劳极限,即没有发现一个最低应力水平,对应的疲劳寿命为无限;②素混凝土 1 000 万次受压疲劳强度,下限荷载为 0 时,上限荷载为 50%～55% 的静载抗压强度;③素混凝土 1 000 万次受弯疲劳强度在 33%～64% 的静载抗弯强度内变化;④混凝土呈现出类似金属材料的性质,低于疲劳强度的重复加载可能会提高混凝土疲劳强度或者提高构件刚度;⑤龄期和养护对混凝土疲劳强度有决定性作用,龄期和养护充分的混凝土疲劳强度高;⑥每分钟加载从 70 次到 440 次的变化对疲劳强度影响很小;⑦随着应力幅的减小,混凝土的上限应力逐渐增大,可以用修正的 Goodman 图来解释这一现象。

1973 年,Aas-Jakobsen[15]研究了疲劳应力比($R=\sigma_{\min}/\sigma_{\max}$)对混凝土疲劳强度的影响,可以用式(2.5)表示,其中 $\beta$ 是材料常数,在 0.064～0.080 之间取值,该公式后来被学者广泛采用。

$$\frac{\sigma_{\max}}{f_{\mathrm{cm}}}=1-\beta(1-R)\lg N \tag{2.5}$$

1982 年,Holmen[16]进行了 140 个混凝土圆柱体试件的常幅疲劳加载、10 个圆柱体试件的两阶段常幅疲劳加载和 180 个圆柱体试件的变幅疲劳加载试验,研究了混凝土疲劳强度和疲劳变形。研究表明,两阶段常幅疲劳加载的总应变不受加载顺序的影响。疲劳损伤可以用纵向应变变化来表征,常幅疲劳加载的最大应变随疲劳次数呈现三阶段变化规律,如式(2.6)所示,其中第三阶段主要是大量裂缝扩展,因此没有给出表达式。变幅加载的总应变与等幅疲劳加载的总应变基本相同,这个结论后来被许多疲劳试验所证实。

$$\varepsilon_{\max}=\begin{cases}\dfrac{1}{\tan\alpha}\left[S_{\max}+3.180(1.183-S_{\max})\left(\dfrac{n}{N}\right)^{0.5}\right]+\\[2mm]0.413S_{\mathrm{c}}^{1.184}\ln(t+1), & 0<\dfrac{n}{N}\leqslant0.10\\[4mm]\dfrac{1.11}{\tan\alpha}\left[1+0.677\left(\dfrac{n}{N}\right)\right]+0.413S_{\mathrm{c}}^{1.184}\ln(t+1), & 0.10<\dfrac{n}{N}\leqslant0.80\end{cases} \tag{2.6}$$

式中,$\varepsilon_{\max}$ 为混凝土最大应变;$\tan\alpha$ 为割线模量;$S_{\mathrm{c}}$ 为特征应力等级。

国内关于混凝土的疲劳研究始于 20 世纪 80 年代。1990 年,铁道部科学研究院疲劳专题组[17]进行了混凝土在等幅和变幅重复应力下的疲劳性能研究,建议了混凝土轴心抗压疲劳强度折减系数;提出了将混凝土变幅应力变程变为等幅应力变程的计算公式;提出了混凝土在变幅重复应力下的疲劳变形增量计算公式,并建议了混凝土疲劳失效判断准则。

1991 年,大连理工大学王瑞敏等[18]进行了混凝土等幅轴心受压疲劳试验和变幅疲劳试验。疲劳过程中,混凝土纵向残余变形和总变形发展可分为三个阶段,疲劳寿命第二阶段线性发展阶段占整个疲劳进程的大部分,提出了混凝土在等幅重复应力作用下的疲劳寿命估算公式。混凝土在变幅重复应力作用下的纵向残余变形和总变形可以利用变形"唯一性"假设进行计算。工程中可以近似用线性累积损伤准则来判断混凝土在变幅重复应力作用下的破坏。

## 2.2　钢筋的基本性能

### 2.2.1　钢筋的种类

按本身刚度的大小,钢筋可分为两类:一是柔性钢筋,一般与混凝土相结合后才发挥其刚度;二是劲性钢筋,具有较大刚度,是由各种型钢或钢板焊成的骨架,可用自身刚度来承担施工荷载,简化支模工作。本书叙述的混凝土结构均是配置柔性钢筋。

按表面形状,钢筋可分为两类:一是光圆钢筋,用符号 HPB 表示;二是带肋钢筋,用符号 HRB 表示。带肋钢筋直径的"标志尺寸"按与光圆钢筋具有同等质量的方法确定。

按屈服强度标准值的高低,钢筋可分为四类:300 MPa,335 MPa,400 MPa,500 MPa。HPB300 称为Ⅰ级钢筋,HRB335,HRB400,HRB500 分别是Ⅱ,Ⅲ,Ⅳ级钢筋。

### 2.2.2　钢筋的强度与变形

通过拉伸试验,可以得到钢筋的应力-应变曲线。可根据有无明显的流幅将钢筋分为两类:一是有明显流幅的软钢,如图 2.1(a)所示,一般是由普通热轧低合金钢或热轧低碳钢所制成的钢筋,其屈服强度是按屈服下限 $B$ 点确定的;二是无明显流幅的硬钢,如图 2.1(b)所示,认为其屈服条件为残余应变达到 0.2%,条件屈服强度取此时的应力 $\sigma_{0.2}$。

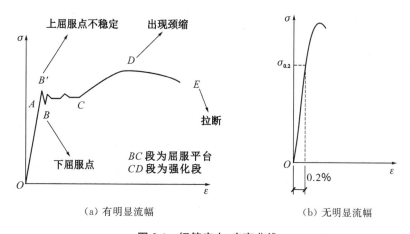

(a) 有明显流幅　　　　　　　　　　　　(b) 无明显流幅

**图 2.1　钢筋应力-应变曲线**

钢筋应力-应变本构关系采用《混凝土结构设计规范》[GB 50010—2010(2015)]推荐的模型,如图 2.2 所示。其中,两折线模型适用于流幅较长的低强度钢材,也是通常理论分析时采用的模型。因为后期强化的范围是有限的,采用两折线模型更为安全且易分析。

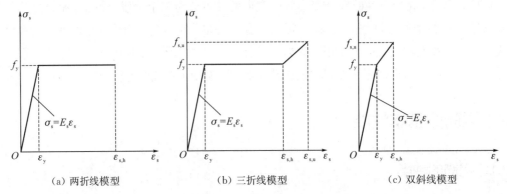

（a）两折线模型　　　　　　　（b）三折线模型　　　　　　　（c）双斜线模型

**图 2.2　钢筋应力-应变曲线的数学模型**

### 2.2.3　钢筋的疲劳性能

钢筋的疲劳破坏是指在重复荷载作用下,经历一定次数的荷载循环后,钢筋发生局部突然断裂的现象。疲劳加载过程中,钢筋最大应力通常低于钢筋极限强度,很多时候甚至低于钢筋屈服强度。钢筋疲劳破坏经历了疲劳裂纹形成、疲劳裂纹扩展和瞬时断裂三个阶段[19]。在经历一定的疲劳荷载作用后,在钢筋最大局部应力处的晶粒上会产生微裂纹,然后发展成宏观裂纹,使得裂纹尖端的应力强度因子达到临界值,进而发生局部的脆性疲劳断裂,最终造成钢筋的疲劳破坏。此时钢筋的应力一般低于钢筋的极限强度。

钢筋疲劳试验一般有两种方法：在空气中对钢筋进行的轴拉疲劳试验和在混凝土梁中进行的弯曲疲劳试验。直接对钢筋在空气中进行轴拉疲劳试验的方法可以采用相对较高的频率,如可达 150 Hz,这样有利于节省疲劳试验时间,减少试验费用[56]。这种方法的不足之处是在试验机上夹穿钢筋难度较大,还需要采取一定措施保证钢筋不会在夹头部位被拉断。目前普遍认为钢筋握裹在混凝土梁内的弯曲疲劳试验比在空气中的轴拉疲劳试验更符合实际工况。梁式疲劳试验加载频率多在 5 Hz 左右,因此试验费时并且价格昂贵。

研究表明,影响钢筋疲劳的因素包括：

（1）最小应力：有研究[20]表明,最小应力水平对钢筋疲劳强度的影响不大,也有研究[21]认为,最小应力水平对疲劳强度的影响可近似用修正的 Goodman 图说明,即随着最小应力水平的提高,疲劳强度降低。

（2）钢筋直径：随着钢筋直径增大,疲劳强度降低。这可能是因为在较大的表面上存在缺陷的可能性也较大。直径 40 mm 的钢筋疲劳强度一般比直径 16 mm 的钢筋疲劳强度低25％左右[22]。CEB-FIP 2010[23]对直径大于 16 mm 的钢筋降低了其疲劳强度值。

（3）几何表面尺寸：钢筋肋的作用主要是使钢筋和混凝土之间具有良好的黏结作用。研究表明,外部缺口对钢筋应力集中的影响是显著的。肋的宽度、高度、凸起角度都会影响应力集中。

（4）屈服强度和抗拉强度：研究表明,屈服强度较高的钢筋其疲劳强度也较高。随着高强钢筋的广泛应用,AASHTO 规范（2017 年第 8 版）[24] 根据该研究结果调整了钢筋疲劳强度的取值。

（5）弯曲：弯曲钢筋疲劳强度受冷加工、残余应力和弯曲引起的应力等因素的影响,其疲劳强度降低。与直钢筋相比,弯曲光圆钢筋疲劳强度降低了 29% 左右,弯曲变形钢筋疲劳强度降低了 48% 左右[25]。

（6）焊接：箍筋通过点焊连接的疲劳强度比通过绑扎连接降低了 1/3 左右[26]。所有疲劳裂纹起始于焊接连接处。

## 2.3　FRP 筋的基本性能

### 2.3.1　受拉、受压性能

FRP 筋是由多股连续长纤维［如玻璃纤维（GFRP）、碳纤维（CFRP）、芳纶纤维（AFRP）等］与树脂基体（如不饱和聚酯、聚乙烯树脂、聚丙烯等）按照一定比例混合,同时添加一些辅助剂材料（如引发剂、促进剂等）,经过拉挤、成型等一系列加工工艺制成的。

FRP 筋为脆性材料,受拉或者受压过程中不表现出任何塑性,应力-应变关系呈线弹性,本构关系为一条过原点的直线（图 2.3）。常见的 FRP 筋抗拉强度均远高于钢筋的屈服强度,具体抗拉性能对比见表 2.1。相对其他 FRP筋,GFRP 筋具有较低的弹性模量和极限抗拉强度,但其价格便宜,容易获得,且耐腐蚀性强,同时比强度较高,在工程实际中应用较广。

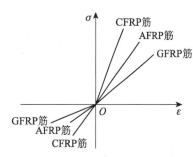

图 2.3　FRP 筋应力-应变关系

表 2.1　　　　　　　　　　钢筋与 FRP 筋受拉性能指标对比

| 材料 | 屈服强度/MPa | 抗拉强度/MPa | 极限应变/% | 弹性模量/GPa |
|---|---|---|---|---|
| 钢筋 | 276～517 | 483～690 | 6～12 | 200 |
| GFRP 筋 | — | 1 400～1 750 | 1.2～3.1 | 35～45 |
| CFRP 筋 | — | 1 680～2 450 | 0.5～1.7 | 120～580 |
| AFRP 筋 | — | 1 190～2 100 | 1.9～4.4 | 41～125 |

国内外很多学者都对 FRP 筋进行了相应的受拉性能试验,受其材料影响,通常采取的测试方法是将 FRP 筋的两端用锚具固定后在试验机上进行拉伸直至 FRP 筋破坏。

实际结构中加强筋受力复杂多变,在应用过程中,FRP 筋将不可避免地承受压应力,这就要求对其抗压性能进行研究。FRP 筋是各向异性材料,直接测试其抗压强度有一定的难度,而且不能真实地反映其抗压性能。

Wu[27]直接测试了长度和直径比为 1∶1 和 2∶1 的 GFRP 筋、CFRP 筋和 AFRP 筋试件的受压强度。试验结果表明,FRP 筋的抗压强度低于其抗拉强度,其抗压强度与抗拉强度的比值分别为 55%,78% 和 20%。试件主要发生三种失效模式:横截面压碎、纤维丝微曲和剪切破坏。

Kobayashi[28]测试了用混凝土包裹的 GFRP 筋、CFRP 筋和 AFRP 筋试件的抗压强度,测得其抗压强度与抗拉强度的比值分别为 30%~40%,30%~50% 和 10%。研究者还测试了同批 FRP 筋在荷载逐渐增加的拉压循环作用力下的材料性能,测试中每级荷载循环 10 次或 30 次。试验结果表明,拉压循环荷载对 AFRP 筋和 GFRP 筋的材料性能有明显影响,循环荷载作用下的抗压强度只有在单调荷载作用下的 20%~50%;而拉压循环荷载对 CFRP 筋的材料性能几乎没有影响。

FRP 筋的纤维类型、纤维含量和树脂类型都会影响抗压弹性模量。此外,纤维筋的尺寸、生产质量也是影响抗压弹性模量的重要因素。Mallick[29]直接测量 GFRP 筋、CFRP 筋和 AFRP 筋试件的抗压弹性模量,其抗压弹性模量与抗拉弹性模量的比值分别为 80%,85% 和 100%。

从目前的研究结果可以看出,FRP 筋的材料受压性能的标准测试方法还未建立,不同的测试方法得到的 FRP 筋的抗压强度各有不同。FRP 筋的材料受压性能比其材料受拉性能要差,在常见的 FRP 筋中,CFRP 筋的材料受压性能相对较好。

### 2.3.2　FRP 箍筋弯曲段强度

FRP 筋由于材料的特殊性,通常无法在施工现场进行弯折,其弯折必须在生产阶段进行。在弯折时,FRP 箍筋会出现特殊的弯曲段强度降低的现象。对于普通钢筋,由于其具有屈服平台,故弯曲段的极限承载力与直线段并无差异。但对于 FRP 箍筋,Shehata 等[30]在试验中发现,FRP 箍筋在弯曲过程中,其弯曲段强度会显著降低,实际强度为直线段强度的 30%~80%。Nehdi 等[31]同样发现了该现象。虽然由于摩擦力及咬合力的影响,箍筋弯曲段内力一般小于直线段内力,但弯曲段强度的降低仍有可能对 FRP 箍筋承载力造成影响。出现弯曲段强度降低的主要原因包括:

（1）FRP 箍筋横截面抗剪能力较低,当箍筋受拉力时,弯曲部分内部混凝土会对箍筋产生横向均布力。对于普通钢筋,由于其近似为各向同性材料,横向均布力产生的剪力影响不大。但对于 FRP 筋,该剪力可能使得纤维与基底之间脱开,降低弯曲段承载力。

（2）FRP 箍筋由纵向纤维组成,弯

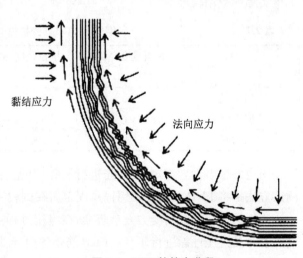

黏结应力

法向应力

**图 2.4　FRP 箍筋弯曲段**

曲时内侧纤维应变分布不均匀,这会使得部分纤维出现褶皱、脱开等现象(图 2.4)。

(3) FRP 箍筋弯曲时,内侧纤维受压,而 FRP 纤维的受压强度低于受拉强度,使得弯曲段实际承载力降低。

由于以上原因,部分规范在计算时(图 2.5)考虑了 FRP 箍筋弯曲段强度的降低,如美国 ACI 440.1R 规定:

$$f_{\text{bend}} = \left(0.05\frac{r_{\text{b}}}{d_{\text{b}}} + 0.3\right)\frac{f_{\text{fuv}}}{1.5} \leqslant f_{\text{fuv}} \tag{2.7}$$

日本 JSCE 推荐公式规定:

$$f_{\text{bend}} = \left(0.05\frac{r_{\text{b}}}{d_{\text{b}}} + 0.3\right)\frac{f_{\text{uv}}}{1.3} \tag{2.8}$$

我国《纤维增强复合材料建设工程应用技术规范》(GB 50608—2010)规定:

$$f_{\text{bend}} = \left(0.05\frac{r_{\text{b}}}{d_{\text{b}}} + 0.3\right)f_{\text{uv}} \tag{2.9}$$

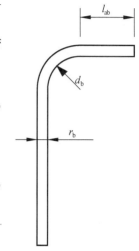

**图 2.5 FRP 箍筋弯曲段尺寸标注**

影响弯曲段强度的因素主要有以下两点:

**1. 弯曲半径与 FRP 箍筋直径的比值($r_{\text{b}}/d_{\text{b}}$)**

弯曲半径是影响 FRP 箍筋弯曲段强度的重要因素,弯曲半径越大,弯曲段内部纤维所受影响越小,弯曲段强度就越大。Ehsani 等[32]通过试验发现,弯曲段半径越大,弯曲段强度也越大,根据试验结果,其认为应当避免 $r_{\text{b}}/d_{\text{b}} < 3$ 的情况。

当 $r_{\text{b}}/d_{\text{b}} = 3$ 时,FRP 箍筋弯曲段强度约为极限抗拉强度的 45%。对于常用的 CFRP 筋及 AFRP 筋,弹性模量为 40~60 MPa,极限抗拉强度可达 800 MPa,此时 45% 极限强度对应的应变为 0.006 以上;对于 CFRP 筋,弹性模量可达 150 MPa 以上,极限强度可达 1 500 MPa 以上,此时 45% 极限强度对应的应变为 0.004 5 以上。

**2. 箍筋锚固段长度 $l_{\text{ab}}$**

与钢箍筋相同,FRP 箍筋末端同样需要一定的锚固长度,以便将自身拉力传递给混凝土。Ehsani 等[32]通过试验得出,当箍筋末端直线段长度大于 $12d_{\text{b}}$ 时,其不会发生滑移,直线段强度也不会受到影响。

### 2.3.3 受剪性能

多名学者进行了 FRP 筋抗剪性能试验,研究变量包括 FRP 筋种类、直径、表面形式等,试验中发现,FRP 筋抗剪强度通常为受拉强度的 10%~30%。抗剪强度较低可能是由于其各向异性,沿筋材方向为主要受力单元,因此实际应用时需加以考虑。

钢筋作为各向同性材料,由第四强度理论可知,其抗剪强度为抗拉强度的 $1/\sqrt{3} \approx 0.577$ 倍,钢结构中对钢材的抗剪强度即如此规定。作为无腹筋混凝土梁抗剪承载力的重要组成部分,销栓力即由钢筋的抗剪能力来提供。相比之下,FRP 筋由于其各向异性,主要受力单元为沿筋材方向,因此其横向抗剪强度较低,通常仅为受拉强度的 1/10。相应地,FRP 筋混凝土梁中纵筋所提供的销栓力也较小,实际分析时需加以考虑。

### 2.3.4　疲劳性能

纤维增强复合材料由三个部分组成:纤维、树脂基体以及它们之间的界面层。其中,纤维的弹性模量最大,承受着主要荷载;树脂基体的弹性模量远小于纤维,主要起固定纤维并使其连接的作用;界面的弹性模量介于两者之间,主要起应力传递作用。类似钢筋疲劳试验方法,目前对 FRP 筋疲劳性能的研究也包括在空气中的轴拉疲劳试验和在混凝土中的梁式弯曲疲劳试验。影响 FRP 筋疲劳性能的因素包括:纤维类型、基体类型、环境情况(温度、湿度等)、荷载情况(应力比 $R = \sigma_{min}/\sigma_{max}$) 等。在梁式弯曲试验中,混凝土对 FRP 筋疲劳的不利影响主要体现在混凝土提供碱性环境,混凝土与 FRP 筋摩擦扰动对 FRP 筋表面造成影响,FRP 筋表面的树脂基体会出现材料退化,从而易在此处造成应力集中。但是 FRP 筋疲劳损伤发展过程与钢筋疲劳损伤发展过程有所区别。钢筋疲劳破坏起源于材料内部微观结构的错位、滑移、孔洞和微裂纹,疲劳全过程未观察到明显的刚度退化。而 FRP 筋疲劳破坏主要有以下几种破坏模式:纤维断裂、树脂基体开裂、纤维和树脂基体之间脱粘剥离。FRP 筋疲劳破坏不会出现类似静力拉伸破坏时纤维散开呈"扫帚"状的破坏模式。

考虑到光圆 FRP 筋与混凝土的黏结应力较弱,可以考虑在筋材外表面包一层螺旋束,类似螺纹钢筋,以改善 FRP 筋与混凝土间的黏结性能。1998 年,Katz[33] 提出了一个理论模型,阐述在 FRP 筋外表面包螺旋束对 FRP 筋承受静力荷载和疲劳荷载的影响,同时进行了GFRP 螺纹筋的疲劳试验。试验发现,GFRP 筋疲劳失效始于螺旋束下方纵向纤维的局部断裂,破坏深度在 1~2mm,其他纤维在直拉作用下断裂。

2000 年,Adimi 等[34] 进行了 CFRP-环氧树脂筋的疲劳试验,研究变量是平均应力、环境温度和加载频率。对于纤维含量为 65%、应力比(最小应力/最大应力)为 0.1、加载频率为4 Hz 的试件,在对数坐标系内可以看出,随着最大应力的减小,疲劳寿命线性增大。保证400 万次不破坏的最大应力不超过 1 000 MPa 或 35% 静载极限抗拉强度。同时,笔者进行了应力比为 0.9 的 CFRP 筋疲劳试验,最大应力分别为静载极限抗拉强度的 55%,66% 和75%,在室温加载频率为 4 Hz 的条件下,试件都承受了 400 万次疲劳加载不破坏,残余强度大于 95% 静载极限抗拉强度。CFRP 筋疲劳寿命随着环境温度的升高而减小,温度为 40℃时的疲劳寿命比室温时的疲劳寿命减小了 10 倍,当环境温度升高到 60℃时,疲劳寿命减小不显著。在加载频率从 0.5 Hz 到 8 Hz 的变化过程中,疲劳寿命随着加载频率的增大按比例减小,因此,加载频率为 1 Hz 时的疲劳寿命可能比 5 Hz 时高 10 倍。筋材高频率疲劳加载时会产生大量热量,以 8 Hz 频率加载时,筋材表面温度可能上升超过 80℃,增大加载频率对 CFRP 筋疲劳寿命的影响类似于升高环境温度。

Noël 和 Soudki[35] 进行了 GFRP 筋在空气中的轴拉疲劳试验和在混凝土中的梁式弯曲疲劳试验。试验结果表明,GFRP 筋在混凝土中的疲劳寿命显著小于 GFRP 筋在空气中的疲劳寿命,这可能是由于 GFRP 筋表面和混凝土摩擦造成的。笔者提出了有效疲劳应力因子来考虑筋材和混凝土界面的影响。

国内研究方面,2006 年,哈尔滨工业大学张新越等[36]进行了不同循环应力下 CFRP 筋常温疲劳试验,疲劳上限荷载选为 70%极限抗拉强度,疲劳应力比为 0.5 和 0。试验结果表明,疲劳破坏始于筋材表面出现的微裂缝,微裂缝的出现说明材料性能退化,容易在此处产生应力集中。CFRP 筋弹性模量随着疲劳次数的增多明显减小。在疲劳应力比为 0.5 的情况下,CFRP 筋疲劳性能远优于 Q235 光圆钢筋疲劳性能,随着最大循环应力的增加,CFRP 筋疲劳寿命减小显著,Q235 光圆钢筋疲劳寿命缓慢减小。相同上限应力水平时,应力比为 0 时的疲劳寿命远小于应力比为 0.5 时的疲劳寿命,这主要是因为应力比为 0 的情况下 CFRP 筋应力幅较大。

2014 年,宁波大学诸葛萍等[37]进行了 10 根 CFRP 筋疲劳拉伸试验,研究变量是疲劳应力幅。研究表明,CFRP 筋并非完全的线弹性材料,静载极限状态下的 CFRP 筋弹性模量较初始状态约高 5%,对于 CFRP 筋构件变形对结构内力有较大影响的结构建议在设计阶段适当考虑 CFRP 筋非线性问题。应力幅为 4.3%极限抗拉强度的 CFRP 筋疲劳加载 200 万次后进行静力加载,抗拉强度提高了 1.2%,应力幅为 7%极限抗拉强度的 CFRP 筋疲劳加载 200 万次后,抗拉强度与初始状态相比无明显变化。

### 2.3.5　耐久性能

为了更好地研究 FRP 筋在混凝土结构中的耐久性能,课题组进行了试验研究[38],抗拉强度保存比例与时间的关系和试件孔隙液 pH 与时间的关系曲线分别绘制在图 2.6 和图 2.7 中。研究内容和结论如下:

(1) 将两种 GFRP 筋(未粘砂和部分粘砂)置于混凝土中进行混凝土环境对筋材耐久性能影响的试验研究,试验分为加速试验和室内长期试验两个部分,研究其作为混凝土加强材料在加速试验环境和室内正常使用环境下受到混凝土孔隙液碱环境腐蚀后的力学、物理和化学性能。

(2) 加速试验结果表明,饱和湿度混凝土碱环境下 GFRP 筋拉伸强度随时间不断降低,温度越高,拉伸强度降低速度越快,但随时间增长,其拉伸强度衰减有收敛趋势;饱和湿度下不同温度混凝土中 GFRP 筋弹性模量随时间未发生明显变化,各阶段都表现为线弹性脆性材料;GFRP 筋表面附近混凝土孔隙液 pH 随时间变化并不明显,持续保持在 13.5 左右;GFRP 筋的直径随腐蚀时间的增加未发生明显变化;对 GFRP 筋进行 SEM 微观形貌观察发现,横截面方向的玻璃纤维大部分仍能保持完整的圆形,但树脂基体与玻璃纤维之间发生了多处脱粘现象;使用 EDAX 进行部分玻璃纤维的元素成分分析,结果表明,试验前后的玻璃纤维元素分布和比例未发生明显变化。

(3) 长期试验结果表明,在室内正常使用环境下混凝土内部的 GFRP 筋拉伸强度在 2 年5 个月后有所降低,未粘砂的 G1 筋材降低幅度更大,部分粘砂的 G2 筋材下降幅度较小(不到 10%);在室内正常使用环境下混凝土内部的 GFRP 筋仍表现为线弹性脆性材料,弹性模

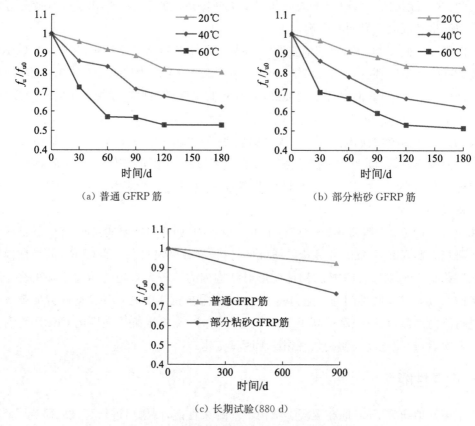

（a）普通 GFRP 筋　　　　　　　　　（b）部分粘砂 GFRP 筋

（c）长期试验（880 d）

**图 2.6　抗拉强度保存比例与时间的关系曲线**

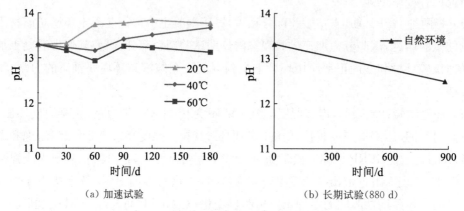

（a）加速试验　　　　　　　　　　　（b）长期试验（880 d）

**图 2.7　试件孔隙液 pH 与时间的关系曲线**

量有轻微增大的现象，但变化幅度不大；GFRP 筋的直径变化不大；GFRP 筋表面孔隙液 pH 有所减小，减小至 12.5 左右；对 GFRP 筋进行 SEM 微观形貌观察发现，横截面方向的玻璃纤维大部分仍能保持完整的圆形，但树脂基体与玻璃纤维之间发生了多处脱粘现象；使用 EDAX 进行部分玻璃纤维的元素成分分析，结果表明，试验前后的玻璃纤维元素分布和比例未发生明显变化。

（4）长期试验下 GFRP 筋表面孔隙液 pH 的减小表明，加速试验下的碱环境相对实际室内使用环境是更为苛刻和保守的。

（5）根据加速试验结果，基于 Arrhenius 方程使用常用的预测模型对试验数据进行拟合，并提出一种新的预测模型，经可行性验证后，使用该方程进行长期强度预测。通过预测结果对比分析，建议采用 $T_{re} - 1/(1 + e^{t/B})$ 预测模型进行 GFRP 筋拉伸强度预测。

## 2.4　混凝土与钢筋的黏结

### 2.4.1　黏结机理

钢筋和 FRP 筋与混凝土之间黏结力的组成都是一样的，黏结作用包括三部分：①两者接触面上的化学胶着力；②两者接触面上的摩擦力；③筋材的粗糙表面导致的机械咬合力。

对于表面形状不同的钢筋，上述三部分黏结力占比是不一样的。对于光圆钢筋，主要黏结力是①和②；对于带肋钢筋，主要黏结力是③。

### 2.4.2　钢筋的锚固

《混凝土结构设计规范》[GB 50010—2010(2015)]采用的锚固长度计算公式如下：

$$l_{ab} = \alpha \frac{f_y}{f_t} d \tag{2.10}$$

式中，$l_{ab}$ 为受拉钢筋的基本锚固长度；$f_y$ 为锚固钢筋的抗拉强度设计值；$f_t$ 为锚固区混凝土的抗拉强度设计值；$d$ 为锚固钢筋的直径；$\alpha$ 为锚固钢筋的外形系数，按该规范中表 8.3.1 取值。

受拉钢筋锚固长度不小于 200 mm，并且要按照式（2.11）进行修正，主要影响因素为其锚固条件。

$$l_a = \xi_a l_{ab} \tag{2.11}$$

式中，$l_a$ 为受拉钢筋的锚固长度；$\xi_a$ 为锚固长度修正系数，按该规范第 8.3.2 条的规定取用。

## 2.5　混凝土与 FRP 筋的黏结

FRP 筋的表面形态对黏结性能有非常大的影响，其表面处理措施有加肋、粘砂等。

Brown 等[39]进行了粘砂 FRP 筋的拔出试验，结果表明，试件发生黏结破坏时 FRP 筋应力没有达到极限强度，锚固长度较短时 FRP 筋会发生较大的滑移。通过与类似钢筋试件比较，Brown 等认为，FRP 筋与混凝土间的黏结强度为相应钢筋黏结强度的 70%。

Malvar[40]对不同表面特征下的 FRP 筋进行了黏结试验，结果表明，即使 FRP 筋表面肋痕不是很明显，其所提供的黏结强度也能够满足 ACI 规范的设计要求。试验中，FRP 筋的黏结强度整体上略大于钢筋的黏结强度，当 FRP 筋表面肋痕较为明显时，FRP 筋的黏结强度可以达到钢筋黏结强度的 150％以上。

Brown 等[41]进行了预应力混凝土梁中 FRP 筋锚固试验,试验中所得的 FRP 筋的黏结强度约为钢筋黏结强度的 2/3。采用普通混凝土时,FRP 筋被拔出时混凝土表面几乎不出现裂缝;但采用高强混凝土时,FRP 筋发生黏结滑移前混凝土表面已出现明显的裂缝。

薛伟辰等[42]进行了 33 个 FRP 筋的拉拔试验和 27 个 FRP 筋的梁式试验,结果表明,当 FRP 筋开始发生滑移时,其相应的黏结应力略大于钢筋,峰值应力时的滑移量则小于钢筋。相比之下,带肋 FRP 筋的黏结性能较好,黏结力可达相应钢筋黏结力的 170％,光圆 FRP 筋的黏结性能则不如光圆钢筋。基于试验数据,薛伟辰等认为,对于带肋 FRP 筋,其基础锚固长度可取为对应钢筋基础锚固长度的 0.8 倍。

王勃等[43]进行了 FRP 筋的拉拔试验,结果表明,FRP 筋与混凝土之间的黏结强度范围为 7.91～45.8 MPa,FRP 筋直径越大,黏结强度越低。当 FRP 筋直径相同时,黏结强度主要取决于筋材表面粗糙度,带肋筋的黏结强度好于光圆筋。随着 FRP 筋直径 $d$ 的增加,其所需要的锚固长度也随之增加,并建议 CFRP 筋锚固长度取 $30d$,混杂纤维筋锚固长度取 $50d$。

# 第 3 章
# 轴心受力构件的性能与计算

## 3.1 引言

  轴心受力形式是构件各种受力形式中较为简单的一种,也是最为基础的一种受力形式。本章将对混合配筋混凝土构件轴心受拉的受力过程进行分析,并推荐其承载力计算公式;介绍轴心受压的试验探究,分析受力过程及试验现象,并推荐其承载力计算公式,同时对轴压承载力计算公式应用到配筋设计的步骤进行总结和算例分析;分析长期荷载对混合配筋混凝土轴心受压柱承载力的影响。

  考虑到钢筋和 FRP 筋的强度、弹性模量等性质不同,为了在不同情形下更好地分析计算,定义三种配筋率。

  (1)实际配筋率 $\rho$,用于混合配筋混凝土构件与钢筋混凝土构件或 FRP 筋混凝土构件的性能对比分析:

$$\rho = \rho_s + \rho_f \tag{3.1}$$

  (2)等强度换算的名义配筋率 $\rho_{sf,S}$,用于混合配筋混凝土构件与 FRP 筋混凝土构件的性能对比分析:

$$\rho_{sf,S} = \rho_s + \rho_f \frac{f_{fu}}{f_y} \tag{3.2}$$

  (3)等刚度换算的名义配筋率 $\rho_{sf,E}$,用于混合配筋混凝土构件同时与钢筋混凝土构件和 FRP 筋混凝土构件的性能对比分析。由于其能较好地对比三种混凝土结构,故将其作为有效配筋率:

$$\rho_{sf,E} = \rho_s + \frac{E_f}{E_s} \rho_f \tag{3.3}$$

式中,$\rho_s = A_s/(bh)$,$\rho_f = A_f/(bh)$。$A_s$ 为钢筋面积;$A_f$ 为 FRP 筋面积;$b$ 为截面宽度;$h$ 为截面高度;$f_y$ 为钢筋屈服强度;$f_{fu}$ 为 FRP 筋的极限强度;$E_f$ 为 FRP 筋弹性模量;$E_s$ 为钢筋弹性模量。

## 3.2 轴心受拉构件的受力分析

### 3.2.1 轴心受拉构件受力过程分析

  通过理论及试验研究可知,钢筋与 FRP 筋本构关系曲线可表现为图 3.1,并据此进行混合配筋混凝土构件受力过程分析。

通过对三个不同阶段的分析，可以深入了解混合配筋混凝土构件轴心受拉的受力过程：

（1）混凝土出现裂缝前：混凝土和筋材共同变形，共同受力。

（2）混凝土出现裂缝到钢筋屈服前：裂缝数量和宽度增加，混凝土承受的拉应力逐渐减小。

（3）受拉钢筋屈服到 FRP 筋极限应变前：承受荷载增加，同时能避免裂缝迅速扩展。

当 FRP 筋达到极限应变时，构件可能产生脆性破坏，应当尽量避免，所以可认为此时达到极限荷载 $N_{tu}$。

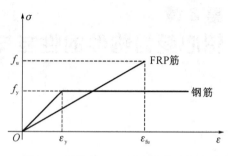

图 3.1　钢筋与 FRP 筋本构关系曲线

### 3.2.2　轴心受拉构件承载力计算公式推荐

目前没有混合配筋混凝土规范，中国规范对钢筋混凝土轴心受拉构件承载力计算公式进行了推荐，将钢筋刚屈服时的受拉承载力作为构件受拉承载力设计值。另外，规范规定构件达到抗弯强度时，钢筋极限拉应变应小于 0.01。

若将钢筋刚屈服时的承载力作为混合配筋混凝土构件轴心受拉承载力设计值 $N_u$，则构件具有充足的安全储备，但 FRP 筋的高抗拉强度利用率过低。若将 FRP 筋达到极限拉应变时的承载力作为混合配筋混凝土构件轴心受拉承载力设计值 $N_u$，则构件可能发生脆性破坏，危害过大。

因此，本书推荐取 $\varepsilon_{fy} = \min\{0.01, 0.75\varepsilon_{fu}\}$，即将纵筋拉应变达到 $\varepsilon_{fy}$ 时的承载力作为混合配筋混凝土构件轴心受拉承载力设计值 $N_u$，构件既具有适合的安全储备，又能尽可能充分利用 FRP 筋的高抗拉强度。因此，混合配筋混凝土构件轴心受拉承载力设计值和极限值计算公式如下：

$$N_u = f_y A_s + E_f \varepsilon_{fy} A_f \tag{3.4}$$

$$N_{tu} = f_y A_s + E_f \varepsilon_{fu} A_f \tag{3.5}$$

式中，$N_u$ 为轴心受拉承载力设计值；$N_{tu}$ 为轴心受拉承载力极限值；$f_y$ 为钢筋的抗拉强度设计值；$A_s$ 为受拉钢筋的截面积；$A_f$ 为受拉 FRP 筋的截面积；$E_f$ 为 FRP 筋受拉弹性模量；$\varepsilon_{fu}$ 为 FRP 筋的极限拉应变。

## 3.3　轴心受压柱的受力分析

### 3.3.1　轴心受压柱的试验研究

课题组进行了混合配筋混凝土柱轴心受压的试验研究[44]，简称为试验 3.1。

### 1. 试件设计及制作

课题组设计了 2 根轴压柱,试件尺寸为 $b \times h \times L = 300\,\text{mm} \times 300\,\text{mm} \times 1500\,\text{mm}$,长细比为 5,仅配筋不同。具体截面配筋如图 3.2 所示,具体配筋信息如表 3.1 所示。

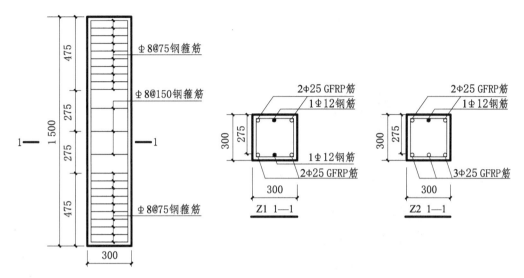

图 3.2　轴心受压短柱截面配筋图(单位:mm)

表 3.1　　　　　　　　　　　　轴心受压短柱配筋信息

| 试件编号 | 钢筋面积 $A_s/\text{mm}^2$ | GFRP 筋面积 $A_f/\text{mm}^2$ | 实际配筋率 $\rho/\%$ | 有效配筋率 $\rho_{sf,E}/\%$ | 纵筋刚度比 $\dfrac{A_f E_f}{A_s E_s}$ |
|---|---|---|---|---|---|
| Z1 | 226.2 | 1 964 | 2.43 | 0.66 | 1.61 |
| Z2 | 113.1 | 2 455 | 2.85 | 0.63 | 4.02 |

试件制作在同济大学结构试验室完成,两试件浇筑批次和浇筑环境均相同,另外浇筑时留下了 6 个 150 mm×150 mm×150 mm 混凝土试块。浇筑时进行充分振捣,养护期用麻袋、草衫覆盖并定期洒水保持湿润。14 d 后拆木模,试件养护时间大于 28 d。

### 2. 轴心受压试验

试验使用 10 t 液压材料试验机加载,为单调加载静力试验。确认试件为轴心受压后,开始预加载。根据标准方法操作,开始分级加载,每级荷载均为 20 kN,每级持续加载时间至少 10 min,确保变形稳定;达到计算荷载时,改为 2 mm/min 的位移控制。

试验中对以下内容进行了记录:

(1) 轴向变形:试件两侧均布置位移计,如图 3.3(a)所示,从而获得试件在受荷过程中的轴向变形变化。

(2) 混凝土的应变:试件四个外表面中间高度位置均布置电阻应变片,如图 3.3(b)所示。静态数据采集仪自动采集混凝土在受荷过程中的应变变化。

(3) 配筋的应变:钢纵筋、GFRP 纵筋和钢箍筋的试件中间高度位置均布置电阻应变片，如图 3.3(c)所示。静态数据采集仪自动采集配筋在受荷过程中的应变变化。

（4）试件的极限承载力。

（5）最终的破坏形态。

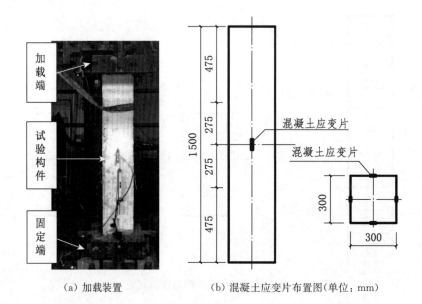

（a）加载装置　　　　　　（b）混凝土应变片布置图（单位：mm）

（c）纵筋及箍筋应变片布置图（单位：mm）

**图 3.3　试验加载装置及应变片布置图**

### 3. 试验现象分析

对于试验柱 Z1，初始破坏发生在柱子的中间区域，此时钢筋已经屈服；最大荷载时 FRP 筋仍能正常工作；荷载进一步增大，混凝土压碎脱落情况加重，混凝土对 FRP 筋的约束作用减弱，导致 FRP 筋弯曲折断，使混凝土产生最终的崩裂破坏，如图 3.4 所示。

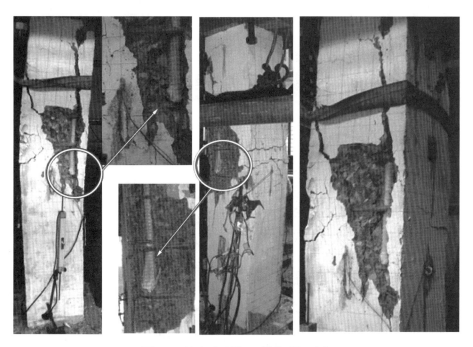

图 3.4　轴心受压柱 Z1 最终破坏形态

对于试验柱 Z2,初始破坏发生在柱子的端部,混凝土局部压碎;荷载进一步增大,混凝土竖向裂缝数量和宽度均增加,但未出现 Z1 混凝土崩裂的情形;最终破坏时伴有巨响,GFRP 筋仍保持完好,可见混凝土对 GFRP 筋具有约束和保护作用。Z2 最终破坏形态如图 3.5 所示。

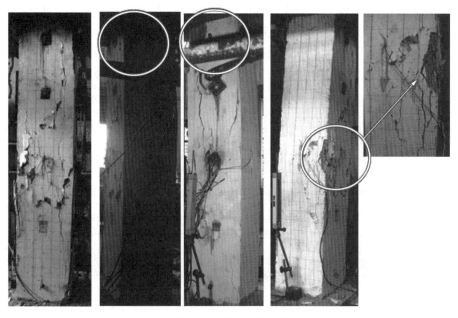

图 3.5　轴心受压柱 Z2 最终破坏形态

由试验现象可知,混合配筋混凝土柱和普通钢筋混凝土柱轴心受压的破坏形态较为相似。因此,混合配筋混凝土构件轴心受压的受力过程可分为三个阶段:

(1)混凝土出现裂缝前:混凝土和筋材共同变形,共同受力,并都处于弹性阶段。

(2)混凝土出现裂缝到破坏荷载前:柱中的裂缝增加,接近极限荷载时,表现为试件外表面清晰可见的竖向裂缝。

(3)破坏荷载后:混凝土保护层部分脱落,FRP筋失去混凝土约束而产生压曲,最终柱破坏。

试验中可观察到,GFRP筋压曲都是发生在混凝土压碎后,表明GFRP筋是适用于混凝土构件中的,在构件失效前均能正常工作。

**4. 试验结果分析**

图3.6将两根轴压柱荷载-变形关系曲线绘制在一幅图中,图中两曲线基本呈直线且非常相近,可知两试件的压缩变形量相近且均呈线性。Z1和Z2的外形、混凝土材料、制作流程均一致,其有效配筋率基本相同,差别在于纵筋刚度比,由此可推出纵筋刚度比对轴心受压构件的轴向变形基本无影响。

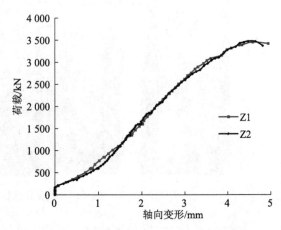

图 3.6　轴心受压柱荷载-变形关系曲线

试验还得到了试件破坏时纵筋、混凝土的应变和对应的极限荷载(表3.2)。通过分析试验结果,还可得到以下几点结论:

(1)混合配筋混凝土受压柱处于极限荷载时,钢筋是否屈服不能确定,但FRP筋一定保持完好。从表3.2中可知,钢筋最大压应变为0.0020左右,不能确定钢筋是否屈服;GFRP筋最大压应变为0.0025左右,远小于其试验测得的最大压应变0.0106,能够保持其完整性,从而发挥增强效用,但不能充分发挥其高抗压强度的优势。

(2)两试件受压的混凝土最大压应变分别为0.002310和0.002833,均达到常用的轴压极限压应变0.002。

(3)混合配筋混凝土受压柱的极限承载力主要与有效配筋率有关,与纵筋刚度比无关。两试件的极限荷载相差无几,而纵筋刚度比相差较大,实际配筋率也相差较大,配筋特性上仅有效配筋率基本一致,从而通过试验现象验证了这一推论。

表3.2　　　　　　　　　　　轴心受压柱破坏时的材料应变和荷载

| 试件编号 | GFRP筋<br>最大压应变/με | 钢筋<br>最大压应变/με | 混凝土<br>最大压应变/με | 极限荷载<br>$N_u$/kN |
|---|---|---|---|---|
| Z1 | 2 452 | 2 063 | 2 310 | 3 479 |
| Z2 | 2 675 | 1 817 | 2 833 | 3 507 |

（4）混合配筋混凝土柱和普通钢筋混凝土柱的轴心受压性能较为相似。在混合配筋混凝土构件轴心受压第一阶段，混凝土和筋材的压应变几乎一致，说明初期黏结效果很好；在第二阶段，三者应变开始出现差异，但整体趋势一致且差异不大，钢筋承受应力大于 FRP 筋承受应力；在第三阶段，混凝土已被压碎，提供的侧向约束作用减小，钢筋和 FRP 筋的应变差异会显著增大。不同于 FRP 筋混凝土柱，混合配筋混凝土柱中的受压钢筋承担了较大压应力，在混凝土压碎前不会出现 FRP 筋破坏的现象，与普通钢筋混凝土柱轴心受压性能相似。

### 3.3.2　轴心受压柱承载力计算公式推荐

影响混合配筋混凝土短柱轴心受压承载力的因素主要有：纵筋有效配筋率、箍筋间距（或配箍率）、混凝土强度等。纵向钢筋可以直接提高钢筋混凝土柱的承载力并增大混凝土的受压应变。从钢筋混凝土柱和 FRP 筋混凝土柱轴心受压性能的研究结果均发现：当混凝土强度和配箍情况不变时，轴心受压柱的承载力随纵筋率的提高而增大，故对混合配筋混凝土柱来说，其他条件不变时，轴心受压柱的承载力在一定范围内会随着纵筋有效配筋率的提高而增大。当混合配筋混凝土柱的配筋面积相同但截面配筋比不同时，对应不同的有效配筋率，构件承载力随配筋面积的变化可换算为有效配筋率后进行对比。

箍筋间距的大小将直接影响箍筋对纵筋的约束能力。箍筋间距越小，配置越密集，它对纵筋的约束越好，纵筋受压时越不易侧向屈曲，承载力会越高，但当箍筋间距减小到一定程度时，配箍率的影响将不明显。

混凝土强度对承载力的影响明显，在相同纵筋有效配筋率和配箍条件下，混合配筋混凝土轴心受压柱的承载力随着混凝土强度的提高明显增大。

对于钢筋混凝土轴心受压构件，我国规范推荐了承载力的计算公式，将混凝土压碎时的受压承载力作为构件受压承载力，是将混凝土抗压强度和钢筋抗压强度叠加后，再考虑可靠度和长细比的影响，计算公式如下：

$$N \leqslant 0.9\varphi(f_c A + f'_y A'_s) \tag{3.6}$$

式中，$N$ 为轴心压力设计值；0.9 为可靠度调整系数；$\varphi$ 为钢筋混凝土构件的稳定系数；$f_c$ 为混凝土轴心抗压强度设计值；$f'_y$ 为纵向钢筋抗压强度设计值；$A$ 为构件截面积（当纵向钢筋配筋率大于 3% 时，$A = A - A'_s$）；$A'_s$ 为全部纵向钢筋的截面积。

对于钢筋混凝土轴心受压构件，美国规范 ACI 319-11 也推荐了承载力计算公式，是将考虑了试件制作过程影响的混凝土抗压强度和钢筋屈服强度叠加后，再考虑荷载偏心和长细比的影响，计算公式如下：

$$N \leqslant 0.8\varphi(0.85f_c A + f_y A'_s) \tag{3.7}$$

式中，$N$ 为轴心压力设计值；0.8 为矩形钢箍筋考虑荷载偶然偏心的影响系数；$\varphi$ 为钢筋混凝土构件的稳定系数；0.85 为考虑试件尺寸和浇筑误差导致柱中混凝土强度降低的折减系数；$f_c$ 为混凝土圆柱体的抗压强度设计值；$f_y$ 为钢筋屈服强度。

通过试验可知,混合配筋混凝土柱与普通钢筋混凝土柱的轴心受压性能较为相似,极限荷载都是发生在混凝土压碎时刻。研究表明,钢筋混凝土轴心受压柱混凝土峰值应变约为0.002,通常取 $\varepsilon_0 = 0.002$;而此处混合配筋混凝土轴心受压柱混凝土最大压应变分别为0.002 31 和 0.002 833,均大于 $\varepsilon_0$。为保证安全和计算方便,建议混合配筋混凝土轴心受压柱混凝土的峰值应变取 0.002。

混合配筋混凝土轴心受压柱混凝土达到峰值应变时,认为截面的应变均相等,即 $\varepsilon_c = \varepsilon_s = \varepsilon_f = \varepsilon_0$;混凝土应力为其轴心抗压强度,即 $\sigma_c = f_c$;钢筋应力 $\sigma'_s = E_s \varepsilon_0$,不大于钢筋抗压设计强度;FRP 筋应力 $\sigma'_f = E'_f \varepsilon_0$,且不大于 FRP 筋的极限受压强度。

图 3.7 为混合配筋混凝土轴心受压柱在承载力极限状态下的截面应力图。由 $\sum X = 0$,得

$$N_u = f_c A_c + f'_y A_s + f'_f A_f \tag{3.8}$$

$$A_c = A - A'_s - A'_f \tag{3.9}$$

借鉴《混凝土结构设计规范》[GB 50010—2010(2015)],得

$$N_u = f_c A + f'_y A'_s + f'_f A'_f \tag{3.10}$$

式中,$N_u$ 为轴心受压柱承载力;$f_c$ 为混凝土棱柱体抗压强度;$f'_y$ 为纵向钢筋的抗压强度设计值;$f'_f$ 为 FRP 筋的抗压强度设计值;$A$ 为柱的毛截面积,当 $\rho > 3\%$ 时,应扣除筋材面积;$A'_s$ 为纵向受压钢筋面积;$A'_f$ 为纵向受压 FRP 筋面积。

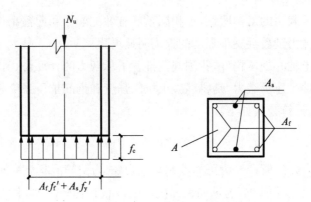

**图 3.7 轴心受压柱承载力计算简图**

按照推荐公式计算,可得 Z1 和 Z2 的理论承载力值,表 3.3 进行了推荐公式计算值和试验值的对比,推荐公式计算值与试验值之比都小于 1,说明推荐公式偏安全。

**表 3.3 混合配筋混凝土柱轴心受压承载力推荐公式计算值与试验值对比**

| 试件编号 | 推荐公式计算值 $N_{u,t}$/kN | 试验值 $N_{u,e}$/kN | $N_{u,t}/N_{u,e}$ |
|---|---|---|---|
| Z1 | 3 389.16 | 3 479 | 0.97 |
| Z2 | 3 383.08 | 3 507 | 0.96 |

对于混合配筋混凝土长柱承载力,还需考虑稳定系数,目前没有相关试验研究,借鉴钢筋混凝土长柱的承载力计算公式,得

$$N_u = 0.9\varphi(f_c A + f'_y A'_s + f'_f A'_f) \tag{3.11}$$

式中,0.9 为考虑荷载偏心的折减系数;$\varphi$ 为钢筋混凝土构件的稳定系数。

### 3.3.3 配筋设计算例分析

对于已知截面大小 $b$,$h$,计算长度 $l_0$,混凝土和钢筋强度 $f_c$,$f'_y$,FRP 筋受压弹性模量 $E'_f$,配筋面积比 $\alpha_A = A'_f/A'_s$,截面所受轴心压力 $N_c$ 的问题,可以求配筋 $A'_s$,$A'_f$。求解步骤如下:

(1) 计算 $l_0/h$,若 $l_0/h \leqslant 8$,试件为短柱;若 $l_0/h > 8$,试件为长柱。查表得 $\varphi$。

(2) 验算 $f'_y \leqslant 400 \ \text{N/mm}^2 = E_s \varepsilon_0$。

(3) 由相应推荐公式求 $A'_s$,$A'_f$。

(4) 若纵向配筋率 $\rho = (A'_f + A'_s)/(bh) \leqslant 3\%$,取 $A_c = bh$;若 $\rho > 3\%$,取 $A_c = bh - A'_s - A'_f$。重新计算 $A'_s$,$A'_f$。

(5) 验算最小配筋率要求,防止脆性破坏。计算纵向受压等刚度换算的名义配筋率 $\rho_{sf,E} = \rho_s + (E_f/E_s)\rho_f$,此配筋率需满足 GB 50010—2010(2015)中纵向受压钢筋最小配筋率相关要求取值。

以试验柱 Z1 为算例,具体计算如下:

已知 $b = h = 300 \ \text{mm}$,$l_0 = 1\,500 \ \text{mm}$,材料强度 $f_c = 35.1 \ \text{MPa}$,$f'_y = 375 \ \text{MPa}$,$E'_f = 37 \ \text{GPa}$,$\alpha_A = A'_f/A'_s = 8.7$,$N_c = 3\,479 \ \text{kN}$,求 $A'_s$,$A'_f$。

计算 $l_0/h = 5$,试件为短柱;$f'_y = 375 \ \text{N/mm}^2 \leqslant 400 \ \text{N/mm}^2$。

由已知条件得

$$\begin{cases} N_c = N_u = f_c A + f'_y A'_s + f'_f A'_f \\ \alpha_A = A'_f/A'_s = 8.7 \end{cases}$$

对上式计算整理得

$$A'_s = \frac{N_c - f_c bh}{f'_y + \alpha_A E'_f \varepsilon_0}$$
$$A'_f = \alpha_A A'_s$$

解得

$$A'_s = \frac{3\,479 \times 1\,000 - 35.1 \times 300 \times 300}{375 + 8.7 \times 37 \times 1\,000 \times 0.002} = 314.10 \ \text{mm}^2$$
$$A'_f = 8.7 \times 314.10 = 2\,732.67 \ \text{mm}^2$$

计算纵向配筋率:

$$\rho = \frac{A'_f + A'_s}{bh} = \frac{314.10 + 2\,732.67}{300 \times 300} = 3.39\% > 3\%$$

所以取

$$A_c = bh - A'_s - A'_f = 300 \times 300 - 314.10 - 2\,732.67 = 86\,953.23 \text{ mm}^2$$

重新计算得

$$A'_s = \frac{3\,479 \times 1\,000 - 35.1 \times 86\,953.23}{375 + 8.7 \times 37 \times 1\,000 \times 0.002} = 419.06 \text{ mm}^2$$

$$A'_f = 8.7 \times 419.06 = 3\,645.82 \text{ mm}^2$$

计算纵向受压等刚度换算的名义配筋率：

$$\rho_{sf,E} = \rho_s + \frac{E_f}{E_s}\rho_f = \frac{314.10}{300 \times 300} + \frac{37}{200} \times \frac{2\,732.67}{300 \times 300} = 0.91\%$$

均满足要求。

将算例计算得到的配筋面积值与 Z1 实际配筋值对比，计算得到的配筋面积值与 Z1 实际配筋值之比小于 1，从另一个角度说明推荐公式是偏安全的。

### 3.3.4 长期荷载对轴心受压柱承载力的影响

长期荷载施加在受压柱上，混凝土会产生徐变现象，即在保持应力不变的条件下，混凝土的应变也会随时间而增大。

长期荷载初始作用瞬间，试件会产生瞬时应变 $\varepsilon_e$，随着时间增加，产生徐变 $\varepsilon_{cr}$，约 3 年后可认为基本没有徐变增加，若进行卸载，试件会产生瞬时恢复应变 $\varepsilon'_e$，接下来数日，试件还会产生一部分弹性后效应变 $\varepsilon''_e$，最终很大一部分残余应变 $\varepsilon'_{cr}$ 无法恢复。

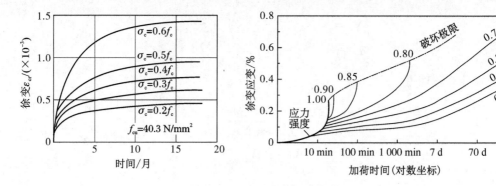

**图 3.8 徐变随时间的变化**

由图 3.8 可知，当混凝土应力 $\sigma_c \leqslant 0.5 f_c$ 时，混凝土产生的徐变为线性，试件内部较为稳定；当 $0.5 f_c < \sigma_c \leqslant 0.8 f_c$ 时，混凝土产生的徐变为非线性，试件内部趋于不稳定；当 $\sigma_c > 0.8 f_c$ 时，混凝土一段时间后会破坏，试件内部不稳定。

对于钢筋混凝土受压柱,长期荷载会降低其混凝土抗压强度,通常认为是其短期强度的75%~80%。同时,徐变会导致钢筋应力增大,在长期荷载撤去时,钢筋应力使得混凝土受拉,可能引起混凝土开裂。

对于混合配筋混凝土受压柱,长期荷载也会降低其混凝土抗压强度,同时徐变导致截面应力重分布,混凝土应力减小,钢筋应力和FRP筋应力增大。相同应变下,因为FRP筋的弹性模量比钢筋小,所以FRP筋对应的应力也较小,在长期荷载撤去时,钢筋和FRP筋的总拉力相对较小,可降低混凝土开裂的风险。

## 习　题

【3-1】 对于图3.9所示的轴心受拉构件,已知构件的截面尺寸为 $b \times h = 300 \, \text{mm} \times 300 \, \text{mm}$,构件长 $l_0 = 1500 \, \text{mm}$,钢筋的抗拉强度 $f_y = 376 \, \text{N/mm}^2$,弹性模量 $E_s = 205 \, \text{GPa}$,钢筋面积 $A_s = 226.2 \, \text{mm}^2$,GFRP筋的受拉弹性模量 $E_f = 40 \, \text{GPa}$,极限拉应变 $\varepsilon_{fu} = 2\%$,GFRP筋面积 $A_f = 1964 \, \text{mm}^2$,混凝土的抗拉强度 $f_t = 1.97 \, \text{N/mm}^2$,弹性模量 $E_c = 25.1 \, \text{GPa}$,计算:

(1) 当构件伸长 $\Delta l = 0.06 \, \text{mm}$ 时构件所承受的拉力是多少? 此时钢筋、GFRP筋和混凝土的应力各为多少?

(2) 构件的开裂荷载;

(3) 构件的受拉承载力设计值;

(4) 构件的受拉承载力极限值。

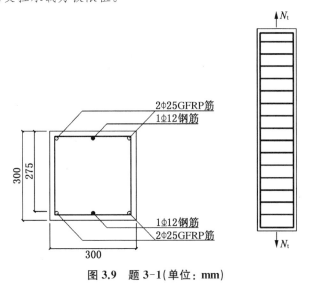

**图3.9　题3-1(单位:mm)**

【3-2】 某混合配筋混凝土受压柱 $b \times h = 400 \, \text{mm} \times 400 \, \text{mm}$,柱长2 m,配有纵筋2⏀12钢筋和4⏀25 FRP筋,$f_c = 19 \, \text{N/mm}^2$,认为混凝土的峰值应变为0.002,$f'_y = 357 \, \text{N/mm}^2$,$E_s = 1.96 \times 10^5 \, \text{N/mm}^2$,$E'_f = 37 \, \text{GPa}$,$A_s = 226.2 \, \text{mm}^2$,$A_f =$

1 964 mm²。试问：

(1) 作为受压短柱计算,此柱的极限承载力为多少?

(2) 在 $N_c=1\,200$ kN 作用下,柱的压缩变形量为多少? 此时钢筋、FRP 筋和混凝土各承受多少压力?

(3) 当柱的计算高度为 4.7 m 时,该柱所能承受的轴力为多少?

【3-3】 已知某混合配筋混凝土受压柱的计算高度 $l_0=2\,000$ mm,截面尺寸 $b\times h=100$ mm×160 mm,混凝土的棱柱体抗压强度 $f_c=18.8$ N/mm²,承受 $N_c=360$ kN 的轴心压力。若钢筋的屈服强度 $f_y'=362.6$ N/mm²,$E_s=1.97\times10^5$ N/mm²,$E_f'=37$ GPa,$\alpha_A=A_f'/A_s'=2$,压应力达到 $f_c$ 时混凝土的压应变 $\varepsilon_0=0.002$,求该柱所需的纵向钢筋 $A_s'$ 及 FRP 筋 $A_f'$。

# 第4章
# 受弯构件正截面的性能与计算

## 4.1 引言

为研究混合配筋混凝土梁的受弯破坏过程,设计制作了8根抗弯梁,其中,6根为混合配筋混凝土梁,另外2根分别为钢筋混凝土梁和FRP筋混凝土梁,分析试验现象和结果并总结相应规律。理论上,本章推荐了混合配筋混凝土适筋梁配筋率,并结合试验对其有效性进行了验证。通过分析受力过程,推荐了开裂弯矩和极限弯矩的计算公式。为了更好地运用极限弯矩计算公式,对极限弯矩影响因素进行了分析,另外对极限弯矩计算公式应用到配筋设计的步骤进行了总结和算例分析。此外还对混合配筋混凝土梁的截面延性系数进行了研究,并推荐了计算公式。

## 4.2 试验研究

为了更好地研究受弯构件正截面性能,课题组进行了混合配筋混凝土梁抗弯的试验研究[45],简称为试验4.1。

### 4.2.1 试验设计及制作

试验设计了8根抗弯梁,试件尺寸为 $b \times h \times L = 180\,\text{mm} \times 250\,\text{mm} \times 2\,100\,\text{mm}$,其中,1根为钢筋混凝土梁,1根为FRP筋混凝土梁,6根为混合配筋混凝土梁。图4.1为梁试件简图,表4.1为8根梁的配筋详情。

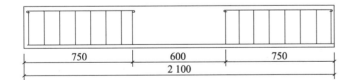

图 4.1　梁试件简图(单位: mm)

表 4.1　　　　　　　　　　　抗弯试验梁配筋情况

| 试件编号 | 浇筑批次 | 受拉区纵筋配置 | 截面有效高度/mm | 钢筋面积/mm² | GFRP筋面积/mm² |
|---|---|---|---|---|---|
| S1 | 1 | 4Φ12 钢筋 | 219 | 452 | 0 |

| 试件编号 | 浇筑批次 | 受拉区纵筋配置 | 截面有效高度/mm | 钢筋面积/mm² | GFRP筋面积/mm² |
|---|---|---|---|---|---|
| F1 | 1 | 4Φ12.7 GFRP 筋 | 219 | 0 | 504 |
| GF1 | 1 | 中间 2Φ12 钢筋，<br>角区 2Φ12.7 GFRP 筋 | 219 | 226 | 252 |
| GF2 | 1 | 中间 1Φ16 钢筋，<br>角区 2Φ15.9 GFRP 筋 | 217 | 201 | 400 |
| GF3 | 2 | 中间 2Φ16 钢筋，<br>角区 2Φ9.5 GFRP 筋 | 217 | 402 | 142 |
| GF4 | 2 | 中间 2Φ16 钢筋，<br>角区 2Φ12.7 GFRP 筋 | 217 | 402 | 252 |
| GF5 | 2 | 中间 1Φ12 钢筋，<br>角区 2Φ9.5 GFRP 筋 | 219 | 113 | 142 |
| GF6 | 2 | 6Φ16 钢筋，<br>角区 2Φ15.9 GFRP | 195 | 1 206 | 400 |

注：1. 第一批次配比(重量)为：水泥：砂：石=1：1.6：3.2。
　　2. 第二批次配比(重量)为：水泥：砂：石=1：1.4：2.8。
　　3. 梁架立筋为 2Φ10，计算后，箍筋为 Φ10@100。
　　4. 纵向钢筋均为 HRB335。
　　5. 试验所用 GFRP 筋和混凝土与轴心受压柱不同，均按照第 2 章的标准方法进行性能测定。

## 4.2.2　抗弯试验加载方案

试验采用四点弯曲方式，梁试件长 2 100 mm，两边支座均距试件边缘 150 mm，两荷载点将两支座间的距离三等分，间距均为 600 mm，具体加载方案如图 4.2 所示。

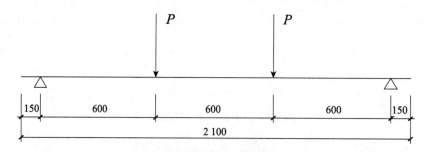

**图 4.2　加载方案示意图(单位：mm)**

梁下侧所有 GFRP 筋和钢筋的跨中位置均布置了 20 mm×30 mm 的应变片，如图 4.3 所示。

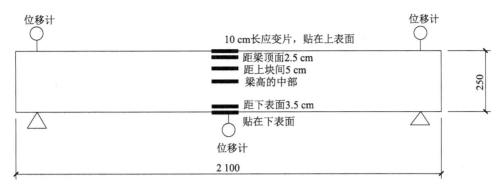

图 4.3　梁挠度和混凝土应变测点布置图(单位：mm)

### 4.2.3　试验现象分析

本试验中 6 根混合配筋梁的纵筋配筋率均适中,其受弯破坏模式与钢筋混凝土梁类似。结合理论和试验现象,混合配筋梁(适筋梁)正截面受弯破坏过程分为三个阶段:

(1) 弹性阶段。在混凝土开裂前,混合配筋梁挠度很小。此阶段结束的标志是裂缝的产生,此时的弯矩 $M_{cr}$ 为开裂弯矩。

(2) 带裂缝工作阶段。在此阶段,认为裂缝处混凝土承受的拉力为 0,纵筋与混凝土的黏结作用使得无裂缝混凝土的应力增加,导致裂缝的数量和宽度不断增加,但挠度还不明显。混凝土压应力变为非线性分布。此阶段结束的标志是受拉钢筋屈服,此时的弯矩 $M_y$ 为屈服弯矩。

(3) 破坏阶段。钢筋屈服后,FRP 筋仍可继续承受拉力,但 FRP 筋的弹性模量比钢筋的弹性模量低,所以会出现梁的挠度突然增大的现象,使得中和轴位置向上移。此阶段结束的标志是混凝土被压碎。

试验梁的裂缝发展描绘如图 4.4 所示。

### 4.2.4　试验结果分析

#### 1. 材料性能

本试验所用 GFRP 筋和混凝土按照标准方法进行了性能测定。表 4.2、表 4.3 分别列出了测得的 GFRP 筋和混凝土的力学性能。

表 4.2　　　　　　　　　　　　　　　GFRP 筋的力学性能

| GFRP 筋直径/mm | 弹性模量 $E_f$/MPa | 极限强度 $f_{fu}$/MPa |
| --- | --- | --- |
| 9.5 | $3.77 \times 10^4$ | 778 |
| 12.7 | $4.5 \times 10^4$ | 782 |
| 15.9 | $4.1 \times 10^4$ | 755 |

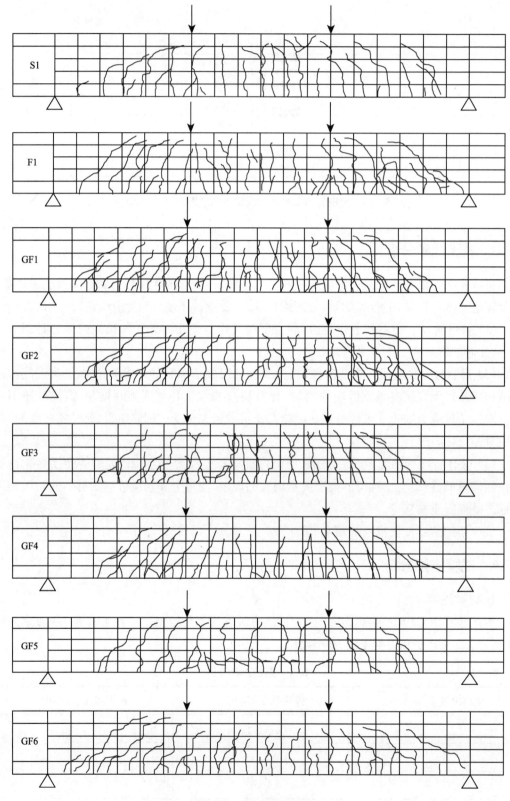

图 4.4　试验梁的裂缝图

| 表 4.3 | | 混凝土的力学性能 | | (单位：MPa) |

表 4.3　　　　　　　　　　　　混凝土的力学性能　　　　　　　　　　　（单位：MPa）

| 立方体强度 $f_{cu}$ | 棱柱体强度 $f_c$ | 弹性模量 $E_c$ | 抗拉强度 $f_t$ |
|---|---|---|---|
| 31 | 20.8 | $3.04 \times 10^4$ | 2.05 |

**2. 梁开裂弯矩、极限弯矩及破坏形式**

将试验数据汇总在表 4.4 中，由表可知所有试验梁的开裂弯矩、极限弯矩和破坏形式。其中，只有梁 GF5 的破坏形式为 FRP 纵筋拉坏，因为梁 GF5 的配筋率非常低，所以发生了少筋破坏，属于脆性破坏。

表 4.4　　　　　　　　　　试验梁的开裂弯矩、极限弯矩及破坏形式

| 试件编号 | 钢筋面积/ mm² | GFRP 筋面积/ mm² | $M_{cr}$/ (kN·m) | $M_u$/ (kN·m) | 实际破坏 形式 |
|---|---|---|---|---|---|
| S1 | 452 | 0 | 6.96 | 33.1 | 混凝土压坏 |
| F1 | 0 | 504 | 6.09 | 40.9 | 混凝土压坏 |
| GF1 | 226 | 252 | 6.51 | 34.3 | 混凝土压坏 |
| GF2 | 201 | 400 | 6.63 | 36.5 | 混凝土压坏 |
| GF3 | 402 | 142 | 6.99 | 33.8 | 混凝土压坏 |
| GF4 | 402 | 252 | 6.66 | 40.6 | 混凝土压坏 |
| GF5 | 113 | 142 | 6.07 | 17.5 | FRP 筋拉坏 |
| GF6 | 1 206 | 400 | 7.8 | 62.3 | 混凝土压坏 |

试验梁的破坏形式，除梁 GF5 外都是发生类似于钢筋混凝土适筋梁的破坏，即受拉钢筋屈服，FRP 筋未能拉断，最后受压区混凝土被压碎，梁截面破坏。

加强筋的含量影响了梁的破坏形式，与钢筋混凝土结构一样，定义三种梁的破坏形式。

**1）适筋梁破坏**

从加载开始到梁截面破坏，经历了三个比较明显的阶段：

第一阶段：加载开始到梁截面受拉混凝土开裂，从图 4.5 可以看到，荷载-挠度曲线基本呈线性，梁截面抗弯刚度相对较大。

第二阶段：梁截面开裂到梁截面受拉钢筋屈服，从图 4.5 可以看到，荷载-挠度曲线出现转折点，梁截面抗弯刚度下降。

第三阶段：梁截面受拉钢筋屈服到梁截面破坏，从图 4.5 可以看到，由于 FRP 筋的线弹性，尽管荷载-挠度曲线出现新的转折点，但还能保持近似线性，直至梁截面受压区外边缘混凝土达到极限压应变 $\varepsilon_u$，混凝土被压碎，梁截面破坏，该阶段梁截面的抗弯刚度更小。

破坏特点：从截面内钢筋屈服到受压区混凝土被压碎，截面发生较大的转动，梁挠度迅速增大，梁截面裂缝急剧发展，有明显的预兆，是推荐的破坏模式。

**2）超筋梁破坏**

由于加强筋配量相对较多，梁截面开裂后，裂缝发展较慢，在受拉钢筋屈服前，受压区混

凝土突然被压碎,梁截面破坏,破坏前无明显征兆,承受变形的能力小,属于脆性破坏。

**3) 少筋梁破坏**

加强筋配筋量相对较少,梁截面一旦开裂,截面受拉区混凝土的拉力转嫁给加强筋,使加强筋应力突增,钢筋就立即屈服,由于FRP筋相对低的弹性模量和相对高的强度,截面发生突变的转角,FRP筋被拉断,梁截面突然破坏。

**3. 试验梁的荷载-挠度曲线**

从图4.5中可以看到三种不同配筋形式试验梁的荷载-挠度曲线。三根梁的配筋面积相近,配筋率为1.2%左右,其中梁GF1配置的钢筋和GFRP筋面积之比约为1。结合试验,从图中可分析出以下几点:

(1) 在混凝土开裂前,三种梁的荷载-挠度曲线基本一致,表明此阶段它们的受力性能相似。

(2) 在混凝土开裂时,三者曲线出现转折点,斜率都变小,表明三者刚度均下降。

(3) 在混凝土开裂后至钢筋屈服前,三者曲线都保持直线,斜率大小排序为S1>GF1>F1,同荷载下挠度大小排序为F1>GF1>S1,表明此阶段三者刚度大小排序为S1>GF1>F1,与纵筋弹性模量大小排序相符合,说明控制FRP筋和钢筋的配筋面积比有利于混合配筋混凝土梁的变形控制。

(4) 三者极限荷载大小排序为F1>GF1>S1,表明FRP筋的使用对提高构件极限承载力有较大帮助。

(5) 卸载后,梁的变形恢复能力排序为F1>GF1>S1,因为钢筋屈服后已产生塑性变形,表明混合配筋混凝土梁中FRP筋的存在可以提高其受荷后的变形恢复能力。

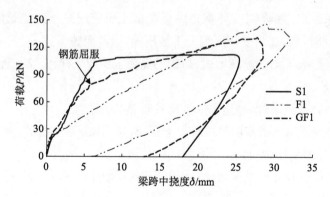

**图4.5 试验梁的荷载-挠度曲线**

**4. 中和轴高度变化**

将钢筋混凝土梁(S1)和混合配筋混凝土梁(GF2)通过试验得到的$\xi_n$-$M$曲线绘制在图4.6中。结合试验,从图中可分析出以下几点:

(1) 混凝土开裂前,两曲线均保持同一直线,即中和轴位置基本不变,均处于弹性阶段。

(2) 开裂时,两曲线均迅速大幅度下降,即中和轴位置大幅度上升,且钢筋混凝土梁的中和轴上升幅度小于混合配筋混凝土梁的中和轴上升幅度,因为FRP筋弹性模量小,同应变下混合配筋中的纵筋所承受的应力较小,只能通过增大纵筋应力的力矩来平衡相应的弯矩。

(3) 开裂后至钢筋屈服,两曲线又基本保持直线,即中和轴位置基本不变。

(4) 钢筋屈服后,钢筋混凝土梁的 $\xi_n$ 大幅度减小,混合配筋梁的 $\xi_n$ 小幅度减小,因为钢筋混凝土梁的钢筋应力不变,只能增大钢筋应力的力矩来抵抗增大的弯矩,而混合配筋则由 FRP 筋增大应力来承担。

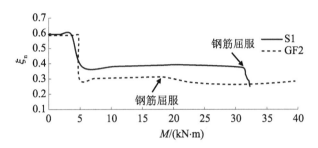

图 4.6　相对中和轴高度 $\xi_n$ 和弯矩 $M$ 的关系曲线

### 5. 截面上混凝土应变

在梁的纯弯段,沿梁截面高度贴了混凝土应变片。测量结果显示,应变变化情况与钢筋混凝土梁类似,即符合平均平截面假定。

## 4.3　配筋率研究

### 4.3.1　界限配筋率限值

混合配筋梁少筋破坏、适筋破坏和超筋破坏三种情况的界限配筋率可以从图 4.7 中推导得到,同时可得到界限受压区相对高度 $\xi_{nb}$。

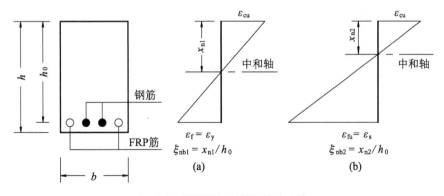

图 4.7　界限破坏时截面应变分布

适筋破坏与超筋破坏的界限破坏为:受拉钢筋屈服的同时,受压边缘混凝土的应变达到极限压应变。图 4.7(a)为截面应变分布图,分析得:

$$\xi_{nb1} = \frac{x_{n1}}{h_0} = \frac{\varepsilon_{cu}}{\varepsilon_{cu} + \varepsilon_y} = \frac{1}{1 + f_y/(\varepsilon_{cu}E_s)} \tag{4.1}$$

适筋破坏与少筋破坏的界限破坏为：受拉纤维被拉断的同时，受压边缘混凝土达极限压应变，即避免混凝土被压碎前发生纤维筋被拉断的突然破坏。图4.7(b)为截面应变分布图，分析得：

$$\xi_{nb2} = \frac{x_{n2}}{h_0} = \frac{\varepsilon_{cu}}{\varepsilon_{cu} + \varepsilon_{fu}} = \frac{1}{1 + f_{fu}/(\varepsilon_{cu}E_f)} \tag{4.2}$$

式中，$\varepsilon_y$ 为受拉钢筋的屈服应变；$\varepsilon_{fu}$ 为 FRP 筋的极限拉应变；$\varepsilon_{cu}$ 为混凝土的极限压应变。

根据受压区相对高度可以判断受弯构件类型：

当 $\xi_n < \xi_{nb2}$ 时，为少筋构件；当 $\xi_{nb1} \leqslant \xi_n \leqslant \xi_{nb2}$ 时，为适筋构件；当 $\xi_n > \xi_{nb1}$ 时，为超筋构件。

### 4.3.2  平衡配筋率

图 4.7 所示两种情形的配筋率正是平衡配筋率，图 4.7(a)对应的情形是钢筋屈服时混凝土刚好被压碎，图 4.7(b)对应的情形是 FRP 筋达到极限拉应力时混凝土刚好被压碎。

**1. 平衡配筋率的推导**

**1）中国规范**

图 4.8 为根据等效矩形方法得到的应力分布图，其中 $\alpha_1$，$\beta_1$ 的数值与混凝土强度等级有关，参考规范进行取值。

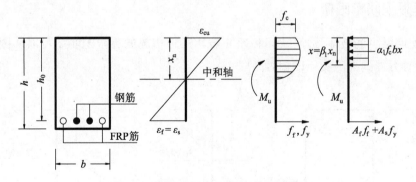

**图 4.8  等效矩形应力分布(中国规范)**

根据图 4.7(a)，(b)两种界限情形下的截面应变关系和图 4.8 等效矩形应力分布，可以得到两种界限情形对应的平衡配筋率的要求。

第一平衡配筋：即钢筋屈服的同时，受压区边缘混凝土达到极限压应变，即最大配筋率。

$$\rho_s f_y + \rho_f \frac{E_f}{E_s} f_y = \alpha_1 \beta_1 f_c \frac{\varepsilon_{cu}}{\varepsilon_{cu} + \varepsilon_y} \tag{4.3}$$

第二平衡配筋：即受拉 FRP 筋达到极限拉应变的同时，受压区边缘混凝土达到极限压应变,即最小配筋率。

$$\rho_{s}f_{y}+\rho_{f}f_{fu}=\alpha_{1}\beta_{1}f_{c}\frac{\varepsilon_{cu}}{\varepsilon_{cu}+\varepsilon_{fu}} \tag{4.4}$$

式中,$\rho_{s}=\dfrac{A_{s}}{bh_{0}}$,$\rho_{f}=\dfrac{A_{f}}{bh_{0}}$。

适筋梁的配筋率处于两种界限情形对应的平衡配筋率之间,即破坏时钢筋已屈服,FRP 筋还保持完整,最后受压区边缘混凝土被压碎。因此,适筋梁配筋率需满足式(4.5)。

$$\begin{cases} \rho_{sf,E}=\rho_{s}+\dfrac{E_{f}}{E_{s}}\rho_{f}<\dfrac{\alpha_{1}\beta_{1}f_{c}}{f_{y}}\cdot\dfrac{\varepsilon_{cu}}{\varepsilon_{cu}+\varepsilon_{y}}=\rho_{sf,Eb} \\ \rho_{sf,S}=\dfrac{f_{y}}{f_{fu}}\rho_{s}+\rho_{f}>\dfrac{\alpha_{1}\beta_{1}f_{c}}{f_{u}}\cdot\dfrac{\varepsilon_{cu}}{\varepsilon_{cu}+\varepsilon_{fu}}=\rho_{sf,Sb} \end{cases} \tag{4.5}$$

式中,$\rho_{sf,Eb}$ 为等刚代换的平衡配筋率;$\rho_{sf,Sb}$ 为等强代换的平衡配筋率;$E_{f}$ 为 FRP 筋弹性模量;$f_{c}$ 为混凝土棱柱体轴心抗压强度;等效矩形应力图形系数 $\alpha_{1}$ 和 $\beta_{1}$ 按《混凝土结构设计规范》[GB 50010—2010(2015)]取值。

**2) 美国规范**

图 4.9 为根据 ACI 440.1R - 06 简化的等效矩形应力分布,其中 $\alpha_{1}$,$\beta_{1}$ 的数值与混凝土强度等级有关,参考规范进行取值。

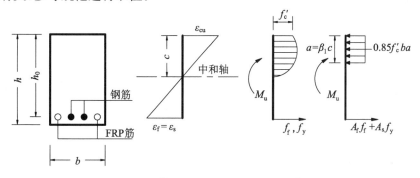

**图 4.9　等效矩形应力分布(美国规范)**

根据图 4.7(a),(b)两种界限情形下的截面应变关系和图 4.9 等效矩形应力分布,可以得到以下两种界限情形对应的平衡配筋率的要求。

$$\rho_{s}f_{y}+\rho_{f}\frac{E_{f}}{E_{s}}f_{y}=0.85\beta_{1}f'_{c}\frac{\varepsilon_{cu}}{\varepsilon_{cu}+\varepsilon_{y}} \tag{4.6}$$

$$\rho_{s}f_{y}+\rho_{f}f_{fu}=0.85\beta_{1}f'_{c}\frac{\varepsilon_{cu}}{\varepsilon_{cu}+\varepsilon_{fu}} \tag{4.7}$$

**2. 平衡配筋率有效性的验证**

表 4.5 总结了现有研究混合配筋梁抗弯性能文献中的 37 根试验梁,并分别按中国规范和美国规范计算了它们的平衡配筋率,以此判断梁所属类型。从表中可知,按中国规范和美

国规范计算出的平衡配筋率相差很小,对梁所属类型的判断无影响。

表 4.5 研究抗弯性能的混合配筋试验梁信息

| 数据来源 | 梁 | $\rho/\%$ 式(3.1) | $\rho_{sf,S}/\%$ 式(3.2) | $\rho_{sf,E}/\%$ 式(3.3) | $\rho_{sf,Eb}/\%$ 式(4.5) | $\rho_{sf,Sb}/\%$ 式(4.5) | $\rho_{s,b}/\%$ 式(4.7) | $\rho_{f,b}/\%$ 式(4.6) | 类型 |
|---|---|---|---|---|---|---|---|---|---|
| Tan[46] | A2 | 0.35 | 0.14 | 0.29 | 4.04 | 0.09 | 4.01 | 0.09 | 适筋梁 |
| | A3 | 0.57 | 0.14 | 0.54 | 4.04 | 0.09 | 4.01 | 0.09 | 适筋梁 |
| | B2 | 0.23 | 0.07 | 0.21 | 3.90 | 0.09 | 4.01 | 0.09 | 少筋梁 |
| Aiello, Ombres[47] | A1 | 0.72 | 0.44 | 0.47 | 4.18 | 0.17 | 3.64 | 0.15 | 适筋梁 |
| | A2 | 0.98 | 0.73 | 0.53 | 4.18 | 0.25 | 3.64 | 0.22 | 适筋梁 |
| | A3 | 1.76 | 1.19 | 1.09 | 4.18 | 0.25 | 3.64 | 0.22 | 适筋梁 |
| | C1 | 0.72 | 0.44 | 0.47 | 4.18 | 0.17 | 3.64 | 0.15 | 适筋梁 |
| Leung, Balendra[48] | L2 | 1.25 | 0.99 | 0.78 | 2.40 | 0.37 | 2.45 | 0.36 | 适筋梁 |
| | L5 | 1.55 | 1.29 | 0.84 | 2.40 | 0.37 | 2.45 | 0.36 | 适筋梁 |
| | H2 | 1.25 | 0.99 | 0.78 | 3.97 | 0.61 | 3.51 | 0.52 | 适筋梁 |
| | H5 | 1.55 | 1.29 | 0.84 | 3.97 | 0.61 | 3.51 | 0.52 | 适筋梁 |
| 黄海群[45] | GF1 | 1.21 | 0.91 | 0.72 | 3.14 | 0.36 | 3.24 | 0.36 | 适筋梁 |
| | GF2 | 1.54 | 1.25 | 0.72 | 3.49 | 0.36 | 3.60 | 0.35 | 适筋梁 |
| | GF3 | 1.39 | 0.81 | 1.10 | 3.63 | 0.33 | 3.75 | 0.32 | 适筋梁 |
| | GF4 | 1.67 | 1.09 | 1.17 | 3.63 | 0.38 | 3.75 | 0.37 | 适筋梁 |
| | GF5 | 0.65 | 0.49 | 0.35 | 3.87 | 0.39 | 3.84 | 0.37 | 适筋梁 |
| | GF6 | 4.58 | 2.67 | 3.67 | 4.29 | 0.44 | 4.27 | 0.42 | 适筋梁 |
| 葛文杰等[49] | FS1 | 1.12 | 0.78 | 0.74 | 3.89 | 0.44 | 3.81 | 0.41 | 适筋梁 |
| | FS2 | 1.17 | 0.75 | 0.85 | 3.89 | 0.44 | 3.81 | 0.41 | 适筋梁 |
| | FS3 | 1.22 | 0.72 | 0.97 | 3.89 | 0.44 | 3.81 | 0.41 | 适筋梁 |
| Lau, Pam[50] | G0.3-MD1.0 | 1.29 | 0.86 | 1.07 | 4.77 | 0.77 | 4.87 | 0.76 | 适筋梁 |
| | G0.6-T1.0 | 1.58 | 1.51 | 1.12 | 2.42 | 0.76 | 2.61 | 0.79 | 适筋梁 |
| | G1.0-T0.7 | 1.64 | 1.66 | 0.84 | 2.07 | 0.73 | 2.12 | 0.73 | 适筋梁 |
| 陈辉[51] | HCBS-2 | 0.89 | 0.64 | 0.65 | 4.64 | 0.83 | 4.74 | 0.81 | 少筋梁 |
| | HCBS-3 | 0.89 | 0.77 | 0.42 | 4.64 | 0.83 | 4.74 | 0.81 | 少筋梁 |
| | HCBC-2 | 5.03 | 3.36 | 4.22 | 4.64 | 0.83 | 4.74 | 0.81 | 适筋梁 |
| | HCBC-3 | 5.03 | 3.72 | 3.55 | 4.64 | 0.83 | 4.74 | 0.81 | 适筋梁 |
| | HCBC-4 | 5.03 | 4.26 | 2.51 | 4.64 | 0.83 | 4.74 | 0.81 | 适筋梁 |
| | HCBC-5 | 5.03 | 4.61 | 1.84 | 4.64 | 0.83 | 4.74 | 0.81 | 适筋梁 |

| 数据来源 | 梁 | $\rho$/% | $\rho_{sf,S}$/% | $\rho_{sf,E}$/% | $\rho_{sf,Eb}$/% | $\rho_{sf,Sb}$/% | $\rho_{s,b}$/% | $\rho_{f,b}$/% | 类型 |
|---|---|---|---|---|---|---|---|---|---|
| | | 式(3.1) | 式(3.2) | 式(3.3) | 式(4.5) | 式(4.5) | 式(4.7) | 式(4.6) | |
| Safan[52] | B10/6 | 1.20 | 0.92 | 0.95 | 2.13 | 0.39 | 2.15 | 0.37 | 适筋梁 |
| | B10/8 | 1.45 | 1.18 | 0.99 | 2.13 | 0.39 | 2.15 | 0.38 | 适筋梁 |
| | B12/6 | 1.59 | 1.08 | 1.33 | 2.52 | 0.39 | 2.56 | 0.37 | 适筋梁 |
| | B12/8 | 1.83 | 1.36 | 1.38 | 2.52 | 0.39 | 2.56 | 0.38 | 适筋梁 |
| | B10/6S | 1.20 | 0.92 | 0.95 | 2.13 | 0.39 | 2.15 | 0.37 | 适筋梁 |
| | B10/8S | 1.45 | 1.18 | 0.99 | 2.13 | 0.39 | 2.15 | 0.38 | 适筋梁 |
| | B12/6S | 1.59 | 1.08 | 1.33 | 2.52 | 0.39 | 2.56 | 0.37 | 适筋梁 |
| | B12/8S | 1.83 | 1.36 | 1.38 | 2.52 | 0.39 | 2.56 | 0.38 | 适筋梁 |

对于 37 根梁,理论判断的破坏类型与试验得到的现象基本相符,除了梁 GF5。按理论判断,梁 GF5 应为适筋梁,但在表 4.5 中的试验破坏形式属于少筋梁。理论上,当梁处于适筋破坏和少筋破坏的界限平衡配筋率(即 $\rho_{sf,S}=\rho_{sf,Sb}$)时,破坏时 FRP 筋被拉断,混凝土同时被压碎。梁 GF5 处于该界限平衡配筋率($\rho_{sf,S}=0.49$ 与 $\rho_{sf,Sb}=0.39$ 相差不大)附近,而 FRP 筋的强度具有离散性,不能完全保证 FRP 筋的拉断发生在混凝土被压碎之后,所以可能出现梁 GF5 这样的脆性破坏。

通过对 37 根试验梁的验证,可以说平衡配筋率是具有一定有效性的。但由于混凝土和纵筋的强度离散性,当梁的配筋率处于界限配筋率附近时,需要更加谨慎地去判断。

### 4.3.3　混合配筋梁配筋率推荐

理论上,当混合配筋梁的配筋率处于两种平衡配筋率 $\rho_{sf,Eb}$ 和 $\rho_{sf,Sb}$ 之间时,梁发生适筋破坏。但考虑到材料的离散性和利用率,为得到合适的配筋率还需要进一步分析。

当梁处于适筋破坏和超筋破坏的界限平衡配筋率时,即 $\rho_{sf,E}=\rho_{sf,Eb}$,破坏时钢筋屈服,但 FRP 筋的应力强度还远低于其极限拉应力,未被充分利用;当梁处于适筋破坏和少筋破坏的界限平衡配筋率时,即 $\rho_{sf,S}=\rho_{sf,Sb}$,理论上 FRP 筋拉断是发生在破坏的那一时刻,但 FRP 筋的强度具有离散性,不能完全保证 FRP 筋的拉断发生在混凝土被压碎之后,可能产生脆性破坏。

为了保证现实工程中构件破坏时钢筋已经屈服,推荐钢筋混凝土梁的配筋率小于其平衡配筋率的 0.75 倍;而 FRP 筋材料的离散性导致在 $\rho_{bf}\leqslant\rho_f\leqslant1.4\rho_{bf}$ 时,均有可能产生脆性破坏,因此推荐配筋率大于相应界限平衡配筋率的 1.4 倍。

综上,本书推荐混合配筋梁配筋率满足以下要求:

$$\begin{cases} \rho_{sf,E}=\rho_s+\dfrac{E_f}{E_s}\rho_f\leqslant0.75\dfrac{\alpha_1\beta_1f_c}{f_y}\cdot\dfrac{\varepsilon_{cu}}{\varepsilon_{cu}+\varepsilon_y}=0.75\rho_{sf,Eb} \\[3mm] \rho_{sf,S}=\dfrac{f_y}{f_{fu}}\rho_s+\rho_f\geqslant1.4\dfrac{\alpha_1\beta_1f_c}{f_u}\cdot\dfrac{\varepsilon_{cu}}{\varepsilon_{cu}+\varepsilon_{fu}}=1.4\rho_{sf,Sb} \end{cases} \tag{4.8}$$

## 4.4 受弯构件正截面的受力分析

根据混合配筋梁的抗弯承载力试验结果和现象,为简化计算,进行如下基本假定。

### 4.4.1 基本假定

(1) 平截面假定。

(2) 纵筋与混凝土均黏结良好,共同工作。

(3) 开裂后忽略混凝土抗拉作用。

(4) 纵筋、混凝土的本构关系采用简化模型,如图 4.10 所示。

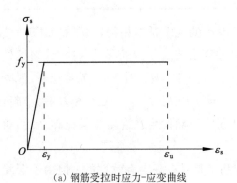

（a）钢筋受拉时应力-应变曲线　　　　（b）混凝土受压时应力-应变曲线

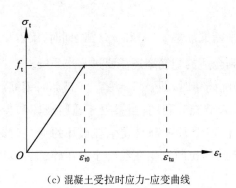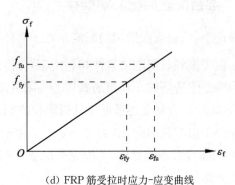

（c）混凝土受拉时应力-应变曲线　　　　（d）FRP 筋受拉时应力-应变曲线

**图 4.10　各材料的本构关系**

#### 1. 钢筋的本构关系

对于钢筋受拉,极限拉应变限定为 1%,采用两直线模型:

$$\sigma_s = \begin{cases} E_s \varepsilon_s, & \varepsilon_s < \varepsilon_y \\ f_y, & \varepsilon_y \leqslant \varepsilon_s \leqslant \varepsilon_u \end{cases} \tag{4.9}$$

#### 2. 混凝土的本构关系

对于混凝土受压,应力-应变关系如下:

$$\sigma_c = \begin{cases} f_c\left[1-\left(1-\dfrac{\varepsilon_c}{\varepsilon_0}\right)^2\right], & \varepsilon_c < \varepsilon_0 = 0.002 \\[2mm] f_c, & \varepsilon_0 \leqslant \varepsilon_c \leqslant \varepsilon_{cu} = 0.003\,3 \end{cases} \tag{4.10}$$

对于混凝土受拉,极限拉应变 $\varepsilon_{tu}$ 为应力峰值应变的 2 倍,应力-应变关系如下:

$$\sigma_t = \begin{cases} E_c\varepsilon_t, & \varepsilon_t < \varepsilon_{t0} \\[1mm] f_t, & \varepsilon_{t0} \leqslant \varepsilon_t \leqslant \varepsilon_{tu} \end{cases} \tag{4.11}$$

### 3. FRP 筋的本构关系

对于 FRP 筋,破坏前为弹性材料,本构关系如图 4.10(d)所示,其中 $\varepsilon_{fy}$ 为 FRP 筋的允许拉应变,$\varepsilon_{fu}$ 为 FRP 筋的极限拉应变。

我国规范规定,构件达到抗弯强度时,钢筋极限拉应变应小于 0.01,建议 FRP 筋的允许拉应变 $\varepsilon_{fy}$ 取 0.01 和 $0.75\varepsilon_{fu}$ 的较小值,通常 $0.01 < 0.75\varepsilon_{fu}$。因此,本书推荐取 $\varepsilon_{fy} = \min\{0.01, 0.75\varepsilon_{fu}\}$。

FRP 筋应力-应变关系如下:

$$\sigma_f = E_f\varepsilon_f, \quad \varepsilon_f \leqslant \varepsilon_{fy} = \min\{0.01, 0.75\varepsilon_{fu}\} \tag{4.12}$$

## 4.4.2　开裂弯矩计算

根据《混凝土结构设计规范》[GB 50010—2010(2015)]的假定,图 4.11 为开裂弯矩计算简图。

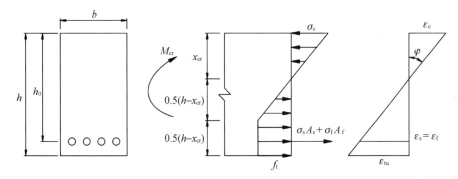

**图 4.11　开裂弯矩计算简图**

由平截面假定,得

$$\frac{\varepsilon_c}{x_{cr}} = \frac{\varepsilon_{tu}}{h-x_{cr}} = \frac{\varepsilon_s}{h_0-x_{cr}} \tag{4.13}$$

由受力平衡 $\sum X = 0$,得

$$0.5x_{cr}bE_c\varepsilon_c = 0.75f_tb(h-x_{cr}) + \sigma_sA_s + \sigma_fA_f \tag{4.14}$$

$$\sigma_s = E_s \varepsilon_s \tag{4.15}$$

$$\sigma_f = E_f \varepsilon_f \tag{4.16}$$

由力矩平衡 $\sum M = 0$，得

$$M_{cr} = \frac{1}{24} f_t b (h - x_{cr})(11h + x_{cr}) + (\sigma_s A_s + \sigma_f A_f)(h_0 - x_{cr}) \tag{4.17}$$

为简化计算，取 $x_{cr} \approx 0.5h$，$h_0 \approx 0.9h$，$M_{cr}$ 的表达式可简化为

$$M_{cr} = 0.24 f_t b h^2 [1 + 4.4(a_S \rho_s + a_F \rho_f)] \tag{4.18}$$

式中，$a_S = \dfrac{E_s}{E_c}$；$a_F = \dfrac{E_f}{E_c}$。

### 4.4.3　极限弯矩计算

计算简图如图 4.8 所示，由平截面假定，得

$$\frac{\varepsilon_{cu}}{\varepsilon_f} = \frac{x_n}{h_0 - x_n} \tag{4.19}$$

由受力平衡 $\sum X = 0$，得

$$\alpha_1 f_c b x = f_y A_s + E_f \varepsilon_f A_f \tag{4.20}$$

联立式（4.19）和式（4.20），得

$$x_n = \frac{h_0 \varepsilon_{cu}}{\varepsilon_{cu} + f_f / E_f} \tag{4.21}$$

$$f_f = \sqrt{\frac{1}{4}\left(\frac{A_s f_y}{A_f} + E_f \varepsilon_{cu}\right)^2 - \left(\frac{A_s f_y}{A_f} - \frac{\alpha_1 f_c \beta_1}{\rho_f}\right) E_f \varepsilon_{cu}} - \frac{1}{2}\left(\frac{A_s f_y}{A_f} + E_f \varepsilon_{cu}\right) \tag{4.22}$$

对合力点取矩，得到抗弯承载力 $M_u$：

$$M_u = \alpha_1 f_c \beta_1 x_n b \left(h_0 - \frac{\beta_1 x_n}{2}\right) = (A_f f_f + A_s f_y)\left(h_0 - \frac{\beta_1 x_n}{2}\right) \tag{4.23}$$

为保证构件安全，推荐纵筋极限拉应变小于允许拉应变 $\varepsilon_{fy} = \min\{0.01, 0.75\varepsilon_{fu}\}$，所以 $f_f$ 应满足下式：

$$f_f \leqslant f_{fy} = E_f \varepsilon_{fy} \tag{4.24}$$

当 $f_f > f_{fy}$ 时，取 $f_f = f_{fy}$。

按照推荐的式（4.23）计算了现有研究混合配筋梁抗弯性能文献中 37 根试验梁的理论承载力，并与试验值进行对比（表 4.6）。从表中可知，推荐公式计算的理论值小于试验值，并且标准差和变异系数较小，所以推荐公式具有足够的可靠性和安全性。

表 4.6　　　　　　　　已有试验梁抗弯承载力试验值与理论值对比

| 数据来源 | 梁 | $M_{u,e}$/(kN·m) | $M_{u,t}$/(kN·m) | $\dfrac{M_{u,t}}{M_{u,e}}$ |
|---|---|---|---|---|
| Tan[46] | A2 | 36.0 | 21.7 | 0.60 |
| | A3 | 43.5 | 32.3 | 0.74 |
| | B2* | 35.3 | 20.7 | 0.59 |
| Aiello，Ombres[47] | A1 | 25.1 | 14.3 | 0.57 |
| | A2 | 28.4 | 19.9 | 0.70 |
| | A3 | 35.6 | 35.3 | 0.99 |
| | C1 | 25.1 | 14.3 | 0.57 |
| Leung，Balendra[48] | L2 | 22.2 | 17.5 | 0.79 |
| | L5 | 23.1 | 19.3 | 0.84 |
| | H2 | 21.1 | 18.8 | 0.89 |
| | H5 | 27.1 | 23.0 | 0.85 |
| 黄海群[45] | GF1 | 34.3 | 36.3 | 1.06 |
| | GF2 | 36.5 | 38.4 | 1.05 |
| | GF3 | 33.8 | 36.1 | 1.07 |
| | GF4 | 40.6 | 41.8 | 1.03 |
| | GF5 | 27.5 | 18.7 | 0.68 |
| | GF6 | 62.3 | 66.4 | 1.07 |
| 葛文杰等[49] | FS1 | 74.4 | 69.1 | 0.93 |
| | FS2 | 73.5 | 69.4 | 0.94 |
| | FS3 | 72.8 | 69.4 | 0.95 |
| Lau，Pam[50] | G0.3 - MD1.0 | 147.0 | 139.3 | 0.95 |
| | G0.6 - T1.0 | 229.0 | 220.5 | 0.96 |
| | G1.0 - T0.7 | 261.0 | 224.3 | 0.86 |
| 陈辉[51] | HCBS - 2* | 6.6 | 3.8 | 0.57 |
| | HCBS - 3* | 5.7 | 4.1 | 0.72 |
| | HCBC - 2 | 15.9 | 10.8 | 0.68 |
| | HCBC - 3 | 15.0 | 10.0 | 0.66 |
| | HCBC - 4 | 12.4 | 9.0 | 0.73 |
| | HCBC - 5 | 11.1 | 10.7 | 0.96 |

（续表）

| 数据来源 | 梁 | $M_{u, e}/(kN \cdot m)$ | $M_{u, t}/(kN \cdot m)$ | $\dfrac{M_{u, t}}{M_{u, e}}$ |
|---|---|---|---|---|
| Safan[52] | B10/6 | 13.5 | 13.7 | 1.02 |
| | B10/8 | 13.6 | 14.7 | 1.08 |
| | B12/6 | 14.1 | 15.9 | 1.13 |
| | B12/8 | 14.7 | 16.7 | 1.14 |
| | B10/6S | 14.1 | 13.7 | 0.97 |
| | B10/8S | 14.4 | 14.7 | 1.02 |
| | B12/6S | 14.9 | 15.9 | 1.07 |
| | B12/8S | 16.4 | 16.7 | 1.02 |
| 理论值与试验值之比 | 平均值 | | | 0.88 |
| | 标准差 | | | 0.18 |
| | 变异系数 | | | 0.21 |

注：$M_{u, e}$—抗弯承载力试验值；$M_{u, t}$—抗弯承载力理论值。

### 4.4.4 极限弯矩影响因素分析

由推荐公式（4.23）可知，极限弯矩影响因素包括：混凝土强度 $f_c$、纵向钢筋种类、纵向 FRP 筋种类、有效配筋率 $\rho_{sf, E}$ 和截面内 FRP 筋配筋刚度比 $E_f A_f/(E_f A_f + E_s A_s)$。限定纵筋最大拉应变 $\varepsilon_f \leqslant \varepsilon_{fy} = \min\{0.01, 0.75\varepsilon_{fu}\}$；采用控制变量法，每次仅进行一个影响因素的研究；横坐标取截面内 FRP 筋配筋刚度比，其取值范围为 0~1.0；纵坐标分别取 FRP 筋拉应力值 $f_f$ 和截面极限弯矩 $M_u$。参考梁具体参数如下：截面尺寸 $b \times h = 300\,mm \times 500\,mm$，纵筋种类为 GFRP 筋和 HRB335 级钢筋，混凝土强度等级为 C40，$f_c = 19.1\,MPa$，$f_y = 300\,MPa$，$E_s = 200\,GPa$，$E_f = 40\,GPa$，纵筋最大拉应变 $\varepsilon_f \leqslant \varepsilon_{fy} = 0.01$，$f_f \leqslant f_{fy} = 400\,MPa$，$\rho_{sf, E} = 1.0\%$。

#### 1. 混凝土强度

控制其他变量，通过推荐公式（4.23）对采用不同混凝土强度的混合配筋梁进行分析，探究混凝土强度这个变量对极限弯矩与 FRP 筋应力值的影响。混凝土强度等级选择 C25~C45 五个等级，对应的抗压强度设计值分别为 11.9 MPa，14.3 MPa，16.7 MPa，19.1 MPa 和 21.1 MPa。保持有效配筋率 $\rho_{sf, E} = 1.0\%$，得到在不同混凝土强度下，极限弯矩与 FRP 筋应力值随截面内 FRP 筋配筋刚度比的变化，如图 4.12 所示。

通过分析可发现：

（1）当其他条件不变时，随着截面内 FRP 筋配筋刚度比的增大，混合配筋梁的理论极限

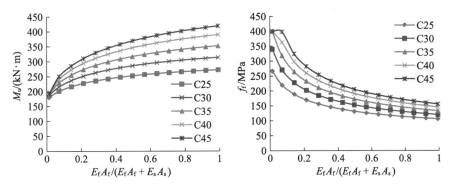

**图 4.12　极限弯矩 $M_u$ 与 FRP 筋应力理论值 $f_f$ 随混凝土强度的变化**

弯矩增大,破坏时 FRP 筋的应力理论值减小,FRP 筋的强度利用率减小。表明工程中使用 FRP 筋能够提高构件的抗弯承载力,但最好控制截面内 FRP 筋配筋刚度比的大小,从而使得 FRP 筋的增强、耐久效用充分发挥,提高经济效益。

（2）当仅混凝土强度改变时,随着混凝土强度的提高,混合配筋梁的理论极限弯矩增大,并且 FRP 筋配筋刚度比越大,混凝土强度的变化对极限弯矩的影响越大。

（3）当混凝土强度等级选为 C45 时,在该参考梁截面内 FRP 筋配筋刚度比较小的情况下,FRP 筋应力值达到了最大限定值 400 MPa（限定应变 0.01 对应的应力值）,即破坏时 FRP 筋应变均大于 0.01。表明这种情况下可能会出现少筋破坏现象,即出现 FRP 筋拉断的脆性破坏,工程中应该尽量避免这种情况发生。

（4）当仅混凝土强度改变时,随着混凝土强度的提高,破坏时 FRP 筋的应力理论值减小,并且在破坏时 FRP 筋应变小于 0.01 的情况下,FRP 筋配筋刚度比越大,混凝土强度的变化对 FRP 筋的应力理论值的影响越小。

**2. 纵向钢筋种类**

控制其他变量,通过推荐公式(4.23)对采用不同纵向钢筋种类的混合配筋梁进行分析,探究纵向钢筋种类这个变量对极限弯矩与 FRP 筋应力值的影响。纵向钢筋种类选择 HRB335 级、HRB400 级与 HRB500 级。保持有效配筋率 $\rho_{sf,E}=1.0\%$,得到在不同纵向钢筋种类下,极限弯矩与 FRP 筋应力值随截面内 FRP 筋配筋刚度比的变化,如图 4.13 所示。

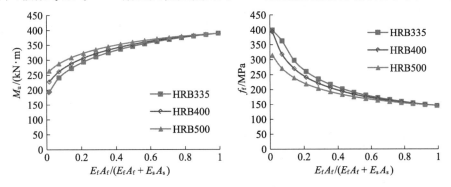

**图 4.13　极限弯矩 $M_u$ 与 FRP 筋应力理论值 $f_f$ 随纵向钢筋种类的变化**

通过分析可发现：

（1）当仅纵向钢筋种类改变时，随着纵向钢筋屈服强度的提高，混合配筋梁的理论极限弯矩增大，并且 FRP 筋配筋刚度比越大，纵向钢筋屈服强度的变化对极限弯矩的影响越小。

（2）当仅纵向钢筋种类改变时，随着纵向钢筋屈服强度的提高，破坏时 FRP 筋的应力理论值减小，并且 FRP 筋配筋刚度比越大，纵向钢筋屈服强度的变化对 FRP 筋的应力理论值的影响越小。

（3）对比图 4.12 和图 4.13 可知，混凝土强度对极限弯矩的影响大于纵向钢筋屈服强度的影响。

### 3. 纵向 FRP 筋种类

控制其他变量，通过推荐公式(4.23)对采用不同纵向 FRP 筋种类的混合配筋梁进行分析，探究纵向 FRP 筋种类这个变量对极限弯矩与 FRP 筋应力值的影响。纵向 FRP 筋种类选择 GFRP 筋、AFRP 筋与 CFRP 筋，对应的弹性模量分别为 40 GPa，55 GPa 与 120 GPa。保持有效配筋率 $\rho_{sf, E}=1.0\%$，得到在不同纵向 FRP 筋种类下，极限弯矩与 FRP 筋应力值随截面内 FRP 筋配筋刚度比的变化，如图 4.14 所示。保持纵筋配筋面积 $A_f+A_s=2\,000\,mm^2$ 不变，得到在不同纵向 FRP 筋种类下，极限弯矩与 FRP 筋应力值随截面内 FRP 筋配筋刚度比的变化，如图 4.15 所示。

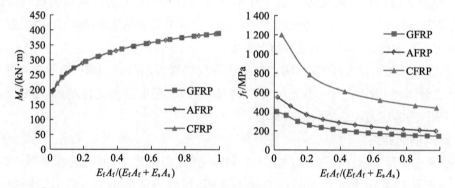

**图 4.14** 极限弯矩 $M_u$ 与 FRP 筋应力理论值 $f_f$ 随纵向 FRP 筋种类的变化（$\rho_{sf, E}=1.0\%$）

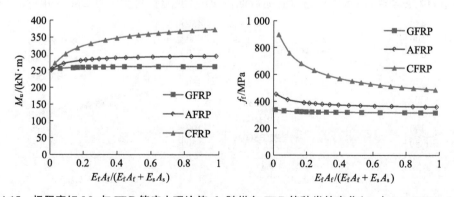

**图 4.15** 极限弯矩 $M_u$ 与 FRP 筋应力理论值 $f_f$ 随纵向 FRP 筋种类的变化（$A_f+A_s=2\,000\,mm^2$）

通过分析可发现：

（1）当保持有效配筋率 $\rho_{sf,E}=1.0\%$ 时，仅改变 FRP 筋的种类即 FRP 筋的弹性模量，在试件梁破坏时 FRP 筋应变小于允许拉应变的情况下，混合配筋梁的理论极限弯矩不会随 FRP 筋配筋刚度比的变化而变化。因为各种 FRP 筋的极限抗拉强度都很高，对极限弯矩有影响的是 FRP 筋的弹性模量，而保持有效配筋率 $\rho_{sf,E}=\rho_s+(E_f/E_s)\rho_f=1.0\%$ 时，可消除它们弹性模量的差异，所以它们的极限弯矩保持不变。

（2）当保持纵筋配筋面积 $A_f+A_s=2\,000\ mm^2$ 时，仅改变 FRP 筋的种类即 FRP 筋的弹性模量，随着 FRP 筋弹性模量的增大，混合配筋梁的理论极限弯矩增大，并且 FRP 筋配筋刚度比越大，纵向钢筋屈服强度的变化对极限弯矩的影响越大。

（3）当保持纵筋配筋面积 $A_f+A_s=2\,000\ mm^2$ 时，仅改变 FRP 筋的种类，随着 FRP 筋弹性模量的增大，试件梁破坏时 FRP 筋的应力理论值增大，并且 FRP 筋配筋刚度比越大，纵向钢筋屈服强度的变化对 FRP 筋的应力理论值的影响越小。

**4. 有效配筋率 $\rho_{sf,E}$**

控制其他变量，通过推荐公式（4.23）对采用不同有效配筋率的混合配筋梁进行分析，探究有效配筋率这个变量对极限弯矩与 FRP 筋应力值的影响。有效配筋率选择 $0.5\%\sim2.0\%$ 四个等级，得到在不同有效配筋率下，极限弯矩与 FRP 筋应力值随截面内 FRP 筋配筋刚度比的变化，如图 4.16 所示。

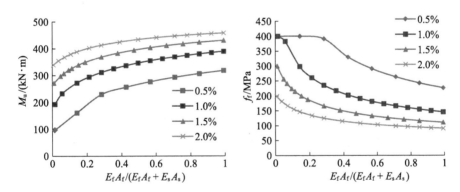

**图 4.16　极限弯矩 $M_u$ 与 FRP 筋应力理论值 $f_f$ 随有效配筋率的变化**

通过分析可发现：

（1）当仅有效配筋率改变时，随着有效配筋率的增大，混合配筋梁的理论极限弯矩增大，并且 FRP 筋配筋刚度比越大，混凝土强度的变化对极限弯矩的影响越小。

（2）当有效配筋率选为 $0.5\%$ 时，在该参考梁截面内 FRP 筋配筋刚度比较小的情况下，FRP 筋应力值达到了最大限定值 400 MPa（限定应变 0.01 对应的应力值），即破坏时 FRP 筋应变均大于 0.01。表明这种情况下可能会出现少筋破坏现象，即出现 FRP 筋拉断的脆性破坏，工程中应该尽量避免这种情况发生。

（3）当仅有效配筋率改变时，随着有效配筋率的增大，破坏时 FRP 筋的应力理论值减小，并且在破坏时 FRP 筋应变小于 0.01 的情况下，FRP 筋配筋刚度比越大，混凝土强度的变化对 FRP 筋应力理论值的影响越小。

### 4.4.5　配筋设计算例分析

对于已知截面大小 $b$，$h$，混凝土和钢筋强度 $f_c$，$f_y$，FRP 筋受拉弹性模量 $E_f$，配筋面积比 $\alpha_A = A_f / A_s$，截面所受弯矩 $M$ 的问题，可以求配筋 $A_s$，$A_f$。求解步骤如下：

（1）由式（4.23）得 $x_n$，验算 $\xi_{nb1} \leqslant \xi_n = x_n / h_0 \leqslant \xi_{nb2}$。如果 $\xi_n < \xi_{nb1}$，取 $\xi_n = \xi_{nb1}$ 进行下一步计算；如果 $\xi_n > \xi_{nb2}$，加大截面或改为双筋截面。

（2）由式（4.21）的变换式（4.25）得 $f_f$：

$$f_f = \left( \frac{h_0 \varepsilon_{cu}}{x_n} - \varepsilon_{cu} \right) E_f \tag{4.25}$$

（3）若纵筋极限拉应变不大于允许拉应变 $\varepsilon_{fy}$，即 $f_f \leqslant f_{fy} = E_f \varepsilon_f$，$\varepsilon_f \leqslant \varepsilon_{fy} = \min\{0.01, 0.75\varepsilon_{fu}\}$，进行下一步计算；若纵筋极限拉应变大于允许拉应变 $\varepsilon_{fy}$，即 $f_f > f_{fy} = E_f \varepsilon_{fy}$，$\varepsilon_f \leqslant \varepsilon_{fy} = \min\{0.01, 0.75\varepsilon_{fu}\}$，为避免发生少筋破坏，令 $f_f = f_{fy}$，再进行下一步计算。

（4）由式（4.22）得 $A_s$，$A_f$。

（5）验算配筋率。若配筋率满足式（4.26），结束计算；若不满足则可能发生超筋破坏，应加大截面重新进行设计。

$$\rho_{sf,E} = \rho_s + \frac{E_f}{E_s}\rho_f \leqslant 0.75 \frac{\alpha_1 \beta_1 f_c}{f_y} \cdot \frac{\varepsilon_{cu}}{\varepsilon_{cu} + \varepsilon_y} = 0.75\rho_{sf,Eb} \tag{4.26}$$

计算时，$h_0$ 取值参照中国规范：对混合配筋梁，当使用单排配筋时，$h_0 = h - 35$（mm）；当使用双排配筋时，$h_0 = h - 60$（mm）。

以影响因素分析中的参考梁为算例，计算如下：

已知 $b = 300\,\mathrm{mm}$，$h = 500\,\mathrm{mm}$，材料强度 $f_c = 19.1\,\mathrm{MPa}$，$f_y = 300\,\mathrm{MPa}$，$E_s = 200\,\mathrm{GPa}$，$E_f = 40\,\mathrm{GPa}$，$f_f \leqslant f_{fu} = 400\,\mathrm{MPa}$，$\alpha_A = 1$，$M = 300\,\mathrm{kN \cdot m}$。

将已知条件代入式（4.23）得

$$M_u = \alpha_1 f_c \beta_1 x_n b \left( h_0 - \frac{\beta_1 x_n}{2} \right)$$

$$300 \times 10^6 = 1 \times 19.1 \times 0.8 \times x_n \times 300 \times \left( 500 - 35 - \frac{0.8 \times x_n}{2} \right)$$

解一元二次方程得

$$x_n = 163.830\,6\ \mathrm{mm}$$

由式（4.25）得

$$f_f = \left( \frac{h_0 \varepsilon_{cu}}{x_n} - \varepsilon_{cu} \right) E_f$$

$$= \left[ \frac{(500 - 35) \times 0.003\,3}{163.830\,6} - 0.003\,3 \right] \times 40 \times 1\,000\ \mathrm{MPa} = 242.66\ \mathrm{MPa}$$

$f_f \leqslant f_{fu} = 0.01E_f = 400\,\text{MPa}$，纵筋极限拉应变不大于 0.01，进行下一步计算。

联立得

$$\begin{cases} f_f = \sqrt{\dfrac{1}{4}\left(\dfrac{A_s f_y}{A_f} + E_f \varepsilon_{cu}\right)^2 - \left(\dfrac{A_s f_y}{A_f} - \dfrac{\alpha_1 f_c \beta_1}{\rho_f}\right)E_f \varepsilon_{cu}} - \dfrac{1}{2}\left(\dfrac{A_s f_y}{A_f} + E_f \varepsilon_{cu}\right) \\[3mm] \alpha_A = \dfrac{A_f}{A_s} \\[3mm] \rho_f = \dfrac{A_f}{bh_0} \end{cases}$$

代入数据得

$$242.66 = \left[\dfrac{1}{4}(1 \times 300 + 40 \times 1\,000 \times 0.003\,3)^2 - \right.$$

$$\left. \dfrac{\left(1 \times 300 - \dfrac{1 \times 19.1 \times 0.8}{A_f}\right) \times 40 \times 1\,000 \times 0.003\,3}{300 \times 465}\right]^{0.5} -$$

$$\dfrac{1}{2}(1 \times 300 + 40 \times 1\,000 \times 0.003\,3)$$

$$A_f = A_s = 1\,383.90\,\text{mm}^2$$

验算配筋率得

$$\rho_{sf,E} = \dfrac{1\,383.90}{300 \times 465} + \dfrac{40}{200} \times \dfrac{1\,383.90}{300 \times 465} = 0.012$$

$$< 0.75 \times \dfrac{1 \times 0.8 \times 19.1}{300} \times \dfrac{0.003\,3}{\left(0.003\,3 + \dfrac{300}{2.0 \times 10^5}\right)} = 0.026\,5$$

$$\rho_{sf,S} = \dfrac{1\,383.90}{300 \times 465} \times \dfrac{300}{400} + \dfrac{1\,383.90}{300 \times 465} = 0.017\,3$$

$$> 1.4 \times \dfrac{1 \times 0.8 \times 19.1}{400} \times \dfrac{0.003\,3}{(0.003\,3 + 0.01)} = 0.013\,3$$

配筋满足要求。

## 4.5　梁截面延性系数研究

因为 FRP 筋为线弹性材料，混合配筋梁的延性系数不能使用经典公式进行计算。本节从定义出发，对梁截面延性系数进行研究。

### 4.5.1　计算公式推荐

根据延性系数定义可知：

$$\mu = \frac{\Delta_u}{\Delta_y} \tag{4.27}$$

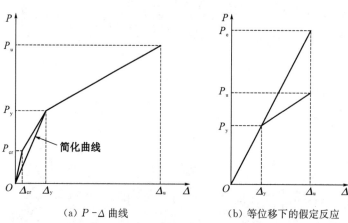

(a) $P$-$\Delta$ 曲线        (b) 等位移下的假定反应

**图 4.17 混合配筋梁 $P$-$\Delta$ 简图**

为方便分析,对混合配筋梁的 $P$-$\Delta$ 曲线进行简化,如图 4.17 所示。认为混合配筋梁是理想弹塑性体,在承受动力荷载时,其与弹性结构的最大位移是一样的,因此可得:

$$\frac{\Delta_u}{\Delta_y} = \frac{P_e}{P_y} \tag{4.28}$$

根据地震力降低系数 $C$ 的定义可知:

$$C = \frac{P_e}{P_u} \tag{4.29}$$

将式(4.29)代入式(4.28)得:

$$\frac{\Delta_u}{\Delta_y} = C \frac{P_u}{P_y} \tag{4.30}$$

$$\mu' = \frac{\Delta_u}{\Delta_y} \cdot \frac{P_y}{P_u} \geqslant C \tag{4.31}$$

因此,梁截面延性系数推荐计算公式如下:

$$\mu = \frac{\varphi_u}{\varphi_y} \cdot \frac{M_y}{M_u} \tag{4.32}$$

### 4.5.2　推荐公式的验证

表 4.7 按照推荐公式(4.32)计算了现有研究混合配筋梁的延性系数,各组试验中计算得到的 $\mu$ 值与其延性排序相一致,验证了推荐公式的有效性。

表 4.7　　　　　　　　　　现有研究混合配筋梁验证推荐公式

| 数据来源 | 梁 | $\rho$/% | $\mu$ | $\mu$ 值排序与延性排序是否一致 |
|---|---|---|---|---|
|  |  | 式(3.1) | 式(4.32) |  |
| Aiello，Ombres[47] | A1 | 0.72 | 3.44 | 一致 |
|  | A2 | 0.98 | 2.50 |  |
|  | A3 | 1.76 | 8.59 |  |
|  | C1 | 0.72 | 1.41 |  |
| Leung，Balendra[48] | L2 | 1.25 | 2.77 | 一致 |
|  | L5 | 1.55 | 2.36 |  |
|  | H2 | 1.25 | 3.20 |  |
|  | H5 | 1.55 | 2.63 |  |
| 黄海群[45] | GF1 | 1.21 | 3.05 | 一致 |
|  | GF2 | 1.54 | 2.54 |  |
|  | GF3 | 1.39 | 4.17 |  |
|  | GF4 | 1.67 | 3.18 |  |
| 葛文杰等[49] | FS1 | 1.12 | 2.76 | 一致 |
|  | FS2 | 1.17 | 3.10 |  |
|  | FS3 | 1.22 | 3.42 |  |
| Lau，Pam[50] | G0.3 - MD1.0 | 1.29 | 5.28 | 一致 |
|  | G0.6 - T1.0 | 1.58 | 2.76 |  |
|  | G1.0 - T0.7 | 1.64 | 2.11 |  |
| 陈辉[51] | HCBC - 2 | 5.03 | 2.33 | 一致 |
|  | HCBC - 3 | 5.03 | 2.32 |  |
|  | HCBC - 4 | 5.03 | 2.12 |  |
|  | HCBC - 5 | 5.03 | 1.81 |  |

## 4.5.3　加筋混凝土梁截面延性系数影响因素分析

加筋混凝土受弯梁的破坏会随着截面内受拉区 FRP 筋配筋刚度比 $[A_f E_f/(A_f E_f + A_s E_s)]$ 的变化而表现出亲塑性或亲脆性的特点。本节对具有相同尺寸 $b \times h = 200 \text{ mm} \times 400 \text{ mm}$ 的加筋混凝土适筋(单筋)梁进行变参数延性分析,从有效配筋率 $\rho_{eq, E}$、钢筋强度、混凝土强度和混凝土极限压应变四个角度,探究影响加筋混凝土梁延性的主要因素。

如图 4.18 所示,有效配筋率 $\rho_{eq, E}$ 对截面延性有显著影响,有效配筋率 $\rho_{eq, E}$ 越大,截面延性越小。FRP 筋配筋刚度比越小,有效配筋率对截面延性的影响越大。

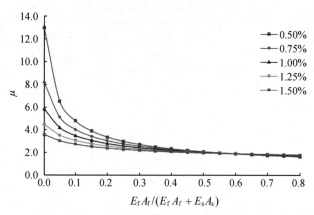

**图 4.18    有效配筋率对截面延性的影响**

如图 4.19 所示，延性系数随钢筋强度的提高而减小。FRP 筋配筋刚度比越小，钢筋强度对截面延性的影响越大。

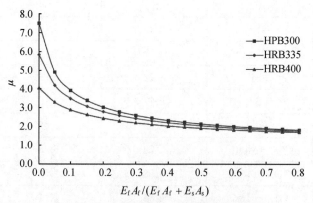

**图 4.19    钢筋强度对截面延性的影响**

如图 4.20 所示，延性系数随 FRP 筋配筋刚度比的增大而减小。当 FRP 筋配筋刚度比小于 0.2 时，混凝土强度对截面延性影响较为显著。对于 C25～C50 的混凝土，混凝土强度越低，延性系数越小。

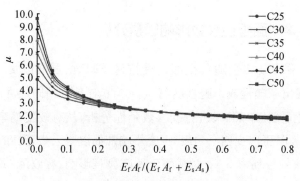

**图 4.20    混凝土强度对截面延性的影响**

如图 4.21 所示,截面延性随混凝土极限压应变的增大而增大,这与现有加筋混凝土梁延性研究成果一致。但相较于其他影响因素,混凝土极限压应变对截面延性的影响不大。

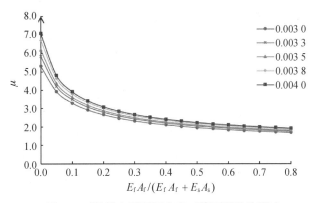

**图 4.21　混凝土极限压应变对截面延性的影响**

## 习　题

【4-1】 混合配筋混凝土梁的截面如图 4.22 所示。已知 $b = 250\,\text{mm}$,$h = 600\,\text{mm}$,混凝土保护层厚度 $c = 25\,\text{mm}$,混凝土、钢筋和 FRP 筋材料的性能指标为:$f_c = 23\,\text{N/mm}^2$,$f_t = 2.6\,\text{N/mm}^2$,$E_c = 2.51 \times 10^4\,\text{N/mm}^2$;$f_y = 357\,\text{N/mm}^2$,$E_s = 1.97 \times 10^5\,\text{N/mm}^2$;$E_f = 45\,\text{GPa}$。试计算:

(1) 当受拉区配有 $2\Phi22$($A_s = 760\,\text{mm}^2$)的纵向受拉钢筋及 $1\Phi12.7$($A_f = 126.68\,\text{mm}^2$)的纵向受拉 FRP 筋时,截面的开裂弯矩 $M_{cr}$(分别用一般方法和简化方法计算)及相应的 $\sigma_s$ 和 $\sigma_c^t$。

(2) 当受拉区配有 $2\Phi22$($A_s = 760\,\text{mm}^2$)的纵向受拉钢筋及 $2\Phi12.7$($A_f = 253.36\,\text{mm}^2$)的纵向受拉 FRP 筋时,截面的开裂弯矩 $M_{cr}$(分别用一般方法和简化方法计算)及相应的 $\sigma_s$ 和 $\sigma_c^t$。

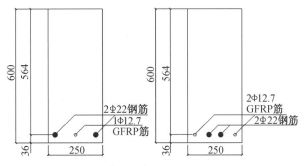

**图 4.22　题 4-1(单位:mm)**

【4-2】 条件同习题 4-1,求以下两种情况下截面的抗弯承载力。

(1) 截面的纵向受拉筋为 2$\Phi$22 的钢筋和 1$\Phi$12.7 FRP 筋。

(2) 截面的纵向受拉筋为 2$\Phi$22 的钢筋和 2$\Phi$12.7 FRP 筋。

**【4-3】** 混合配筋混凝土简支梁的截面尺寸为 $b = 220$ mm，$h = 500$ mm，计算跨度 $l_0 = 6\,000$ mm，承受均布荷载 $q = 24$ kN/m（包括梁的自重），配有受拉纵筋 2$\Phi$22 钢筋和 2$\Phi$20 FRP 筋，混凝土、钢筋和 FRP 筋材料的性能指标为：$f_c = 13$ N/mm²，$f_t = 1.2$ N/mm²，$E_c = 3 \times 10^4$ N/mm²；$f_y = 365$ N/mm²，$E_s = 1.97 \times 10^5$ N/mm²；$E_f = 45$ GPa。试问此梁的正截面是否安全？

**【4-4】** 某混合配筋混凝土简支梁尺寸为 $b = 200$ mm，$h = 500$ mm，混凝土、钢筋和 FRP 筋材料的性能指标为：$f_c = 16$ N/mm²，$f_t = 1.2$ N/mm²；$f_y = 310$ N/mm²，$E_s = 1.97 \times 10^5$ N/mm²；$E_f = 45$ GPa，$\varepsilon_{fu} = 0.017\,4$，$\alpha_A = A_f / A_s = 1$。当其所受的弯矩 $M = 200$ kN·m 时，求相应的配筋 $A_s$ 和 $A_f$ 分别为多少？

**【4-5】** 已知混合配筋混凝土简支梁尺寸为 $b = 300$ mm，$h = 500$ mm，材料强度 $f_c = 19.1$ N/mm²，$f_y = 300$ N/mm²，$E_s = 2 \times 10^5$ N/mm²，$E_f = 40$ GPa，$f_f \leqslant f_{fy} = 400$ N/mm²，$\alpha_A = A_f / A_s = 1$，$M = 600$ kN·m，求截面的配筋。

**【4-6】** 条件同习题【4-1】，求当截面的纵向受拉筋为 2$\Phi$22 的钢筋和 2$\Phi$12 GFRP 筋时梁截面的延性系数 $\mu$。

# 第 5 章
# 混合配筋混凝土梁疲劳受弯性能

## 5.1 引言

为研究混合配筋混凝土梁疲劳受弯性能,设计制作了 8 根混合配筋混凝土梁,完成了疲劳受弯破坏试验(简称为试验 5.1),分析了不同因素的影响,建立了疲劳过程中的挠度预测模型和刚度预测模型;考虑材料的疲劳损伤和疲劳破坏准则,推导了混合配筋混凝土梁受弯疲劳全过程分析方法,并通过 MATLAB 实现了混合配筋混凝土梁受弯疲劳破坏全过程模拟;总结了各国现行规范对抗弯疲劳的相关要求,采用合适的理论结合数值模拟后,推荐了抗弯疲劳计算公式,并通过试验数据进行了验证。

## 5.2 试验研究

### 5.2.1 试验设计及制作

8 根试验梁的尺寸均为 $b×h×L = 180 \text{ mm}×250 \text{ mm}×2\ 200 \text{ mm}$,配筋面积比、有效配筋率及疲劳荷载不同,具体截面配筋如图 5.1 所示,具体配筋信息如表 5.1 所示。SF 为静力受弯试件,FF 为疲劳受弯试件。全部试件分两批浇筑完成,第一批包括试件 SF 和 FF1~FF3,第二批包括试件 FF4~FF7。

表 5.1                            试验梁配筋信息

| 梁编号 | 配筋信息 | 有效配筋率 | $A_f/A_s$ |
|:---:|:---:|:---:|:---:|
| SF | 2$\Phi$16+2$\Phi$8 | 1.13% | 0.25 |
| FF1 | 2$\Phi$16+2$\Phi$8 | 1.13% | 0.25 |
| FF2 | 2$\Phi$16+2$\Phi$8 | 1.13% | 0.25 |
| FF3 | 2$\Phi$20+2$\Phi$10 | 1.76% | 0.25 |
| FF4 | 2$\Phi$20+2$\Phi$10 | 1.76% | 0.25 |
| FF5 | 2$\Phi$16+2$\Phi$8 | 1.13% | 0.25 |
| FF6 | 2$\Phi$12+2$\Phi$6 | 0.63% | 0.25 |
| FF7 | 2$\Phi$14+2$\Phi$20 | 1.13% | 2.0 |

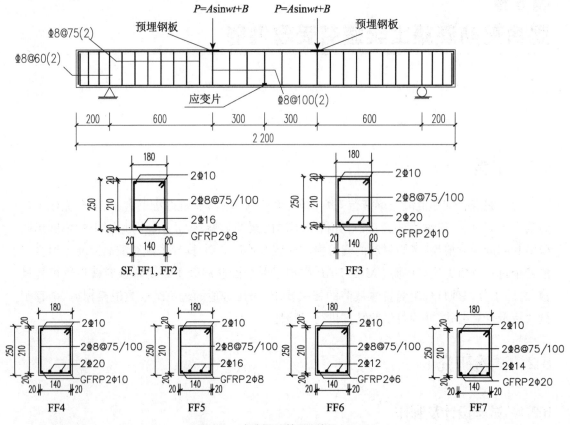

图 5.1 试验梁配筋图(单位：mm)

## 5.2.2 试验材料

筋材力学性能试验结果如表 5.2 所示,混凝土力学性能试验结果如表 5.3 所示。

表 5.2(a)　　　　　　　　　筋材力学性能试验结果(SF，FF1～FF3)

| 筋材类型 | 钢筋直径/mm | 屈服强度/MPa | 极限强度/MPa | 弹性模量/GPa |
|---|---|---|---|---|
| 钢箍筋 | 8 | 464 | 580 | 192 |
| 受压钢纵筋 | 10 | 541 | 643 | 191 |
| 受拉钢纵筋 | 16 | 450 | 611 | 188 |
| | 20 | 510 | 627 | 194 |
| 受拉 GFRP 纵筋 | 8 | — | 1 210 | 46 |
| | 10 | — | 1 163 | 44 |

表 5.2(b)　　　　　　　　　　筋材力学性能试验结果(FF4~FF7)

| 筋材类型 | 钢筋直径<br>/mm | 屈服强度<br>/MPa | 极限强度<br>/MPa | 弹性模量<br>/GPa |
|---|---|---|---|---|
| 钢箍筋 | 8 | 456 | 592 | 190 |
| 受压钢纵筋 | 10 | 450 | 588 | 194 |
| 受拉钢纵筋 | 12 | 511 | 675 | 197 |
| | 14 | 476 | 634 | 194 |
| | 16 | 435 | 606 | 200 |
| | 20 | 473 | 626 | 202 |
| 受拉 GFRP 纵筋 | 6 | — | 1 235 | 48 |
| | 8 | — | 1 205 | 48 |
| | 10 | — | 1 184 | 44 |
| | 20 | — | 695 | 42 |

表 5.3　　　　　　　　　　混凝土力学性能试验结果

| 批次 | 立方体抗压强度/MPa | 棱柱体抗压强度/MPa | 弹性模量/MPa |
|---|---|---|---|
| 1 | 36.0 | 30.0 | $2.96×10^4$ |
| 2 | 43.2 | 35.1 | $3.43×10^4$ |

## 5.2.3　试验加载方案

试验采用四点弯曲加载,使用 MTS 液压疲劳试验机,梁两端均为简支支座。在试件两个支座截面处和跨中截面处布置激光位移传感器测试试件变形,在试件跨中混凝土表面粘贴应变片测试混凝土的应变,在纵筋的跨中位置布置电阻应变片测试纵筋应变。测试仪器布置如图 5.2 所示。

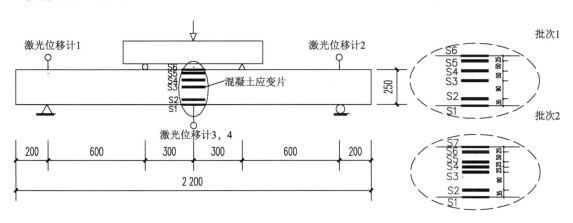

图 5.2　试验加载装置及测试仪器布置(单位:mm)

加载制度采用等幅疲劳加载,疲劳荷载采用等幅正弦交变荷载,具体加载信息如表 5.4 所示。

表 5.4 疲劳加载信息及试验结果

| 试件编号 | 下限荷载/kN | 上限荷载/kN | 频率/Hz | 疲劳寿命/次 |
|---|---|---|---|---|
| FF1 | $13.3[0.09P_u/(0.1P_y)]$ | $66.3[0.42P_u/(0.51P_y)]$ | 4(100 万次前) 6(100 万次后) | 1 353 667 |
| FF2 | $13.3[0.09P_u/(0.1P_y)]$ | $79.6[0.51P_u/(0.61P_y)]$ | 6 | 461 376 |
| FF3 | $19.6[0.09P_u/(0.1P_y)]$ | $108.0[0.46P_u/(0.51P_y)]$ | 6 | 1 677 774 |
| FF4 | $20.2[0.09P_u/(0.1P_y)]$ | $131.3[0.58P_u/(0.64P_y)]$ | 6 | 319 365 |
| FF5 | $13.8[0.09P_u/(0.11P_y)]$ | $89.7[0.58P_u/(0.71P_y)]$ | 6 | 365 967 |
| FF6 | $10.2[0.09P_u/(0.12P_y)]$ | $66.3[0.58P_u/(0.77P_y)]$ | 6 | 165 677 |
| FF7 | $19.4[0.09P_u/(0.13P_y)]$ | $126.1[0.58P_u/(0.88P_y)]$ | 6 | 82 792 |

## 5.2.4 试验现象分析

### 1. 构件破坏模式

本试验 7 根疲劳受弯梁破坏过程相似,均为钢筋疲劳破坏后发生破坏,具体的钢筋、GFRP 筋和混凝土破坏情况有所不同,试验梁破坏形态汇总在表 5.5 中,试验梁破坏形态照片如图 5.3 所示。

表 5.5 试验梁破坏形态汇总

| 试件编号 | 钢筋情况 | GFRP 筋情况 | 混凝土情况 |
|---|---|---|---|
| FF1 | 2 根钢筋均断裂 | 2 根 GFRP 筋均折断 | 压碎 |
| FF2 | 1 根钢筋断裂 | 1 根 GFRP 筋折断, 另 1 根 GFRP 筋树脂剥离 | 压碎 |
| FF3 | 2 根钢筋均断裂 | 2 根 GFRP 筋树脂层有纵向裂缝 | 压碎 |
| FF4 | 1 根钢筋完全断裂, 另 1 根钢筋部分断裂 | 未破坏 | 未压碎 |
| FF5 | 1 根钢筋完全断裂, 另 1 根钢筋部分断裂 | 未破坏 | 未压碎 |
| FF6 | 1 根钢筋完全断裂, 另 1 根钢筋部分断裂 | 未破坏 | 未压碎 |
| FF7 | 1 根钢筋完全断裂, 另 1 根钢筋部分断裂 | 未破坏 | 压碎 |

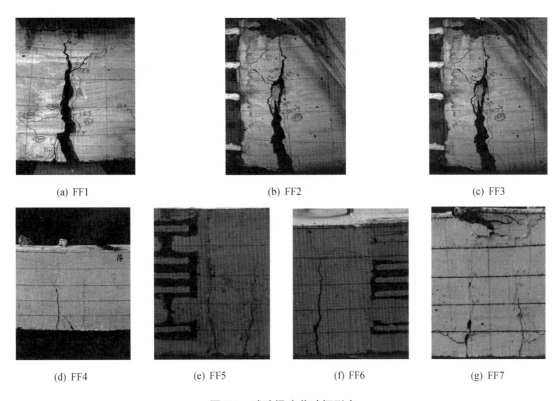

(a) FF1　　　　　　　　(b) FF2　　　　　　　　(c) FF3

(d) FF4　　　(e) FF5　　　(f) FF6　　　(g) FF7

**图 5.3　试验梁疲劳破坏形态**

#### 2. 筋材破坏形态分析

Abbaschian 等[19]提出了钢筋疲劳破坏时的典型断口形貌（图 5.4），疲劳破坏的断口为脆性破坏，无显著的宏观塑性变形。图 5.5 为钢筋和 GFRP 筋破坏模式图，疲劳断裂的钢筋断口平整，未显示普通钢筋拉断的屈服、颈缩等特征，与 Abbaschian 等的观点一致。试件 FF2 只有 1 根钢筋断裂，可能是由于断裂钢筋自身缺陷较大，而同时该试件的疲劳寿命较短，所以另 1 根钢筋还未形成较大的疲劳裂纹。试件 FF4 和 FF7 都是 1 根钢筋断裂，另 1 根钢筋部分断裂，可能是由于它们的上限荷载偏大，第 1 根钢筋断裂时，另 1 根钢筋和 GFRP 筋共同分担现有荷载，使得钢筋部分断裂。

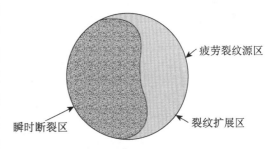

疲劳裂纹源区

裂纹扩展区

瞬时断裂区

**图 5.4　钢筋疲劳破坏时的典型断口形貌**

所有 GFRP 筋破坏的断面纤维不同于静力拉伸破坏的蓬松发散模式，这是由于疲劳试验中 GFRP 筋的应力远未达到极限抗拉强度，纤维未出现拉断破坏现象。试件 FF2 和 FF3 的 GFRP 筋均出现了表面树脂层开裂，可能是由于 GFRP 筋还未形成较大的疲劳裂纹，同时抗剪强度较低的树脂层更容易在疲劳试验中开裂甚至剥落。

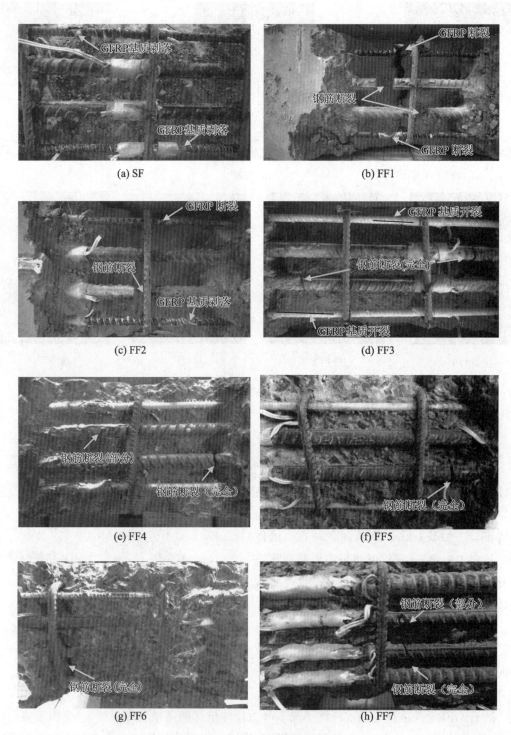

图 5.5　钢筋和 GFRP 筋破坏情况

### 5.2.5　疲劳影响因素分析

#### 1. 疲劳荷载幅的影响

为了研究疲劳荷载幅对混合配筋混凝土梁受弯疲劳性能的影响,选取试验梁 FF1 $[0.09P_u/(0.42P_u)]$,FF2$[0.09P_u/(0.51P_u)]$,FF5$[0.09P_u/(0.58P_u)]$进行分析,三根梁截面尺寸$(180\,\text{mm} \times 250\,\text{mm})$、有效配筋率$(1.13\%)$、配筋面积比$(A_f/A_s = 0.25)$均相同,仅疲劳荷载幅不同。试件疲劳寿命如表 5.4 所示,其中,FF1,FF2,FF5 的疲劳寿命分别是 135.4 万次、46.1 万次、36.6 万次。随着疲劳荷载幅的增大,试验梁的疲劳寿命显著减小。疲劳上限荷载作用下钢筋应变、GFRP 筋应变、混凝土应变、跨中挠度以及最大裂缝宽度的发展情况如图 5.6 所示,从图中可以看出:荷载幅对梁的力学性能有显著影响。随着荷载幅的增大,钢筋应变逐渐增大,上限荷载从 $0.42P_u$ 增大到 $0.51P_u$ 时,钢筋应变显著增大;上限荷载从 $0.51P_u$ 增大到 $0.58P_u$ 时,钢筋应变略微增大。混凝土应变随着疲劳上限荷载的增大而不断增大。在疲劳上限荷载作用下,FF2 的跨中挠度大于 FF5 的跨中挠度,这主要是因为 FF5 的混凝土强度和弹性模量均较高,使其截面抗弯刚度较大,挠度较小。下限荷载不变时,随着上限荷载的增加,持荷状态下最大裂缝宽度增大。

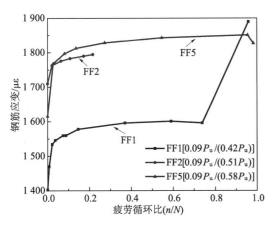

（a）钢筋应变随疲劳加载次数变化情况

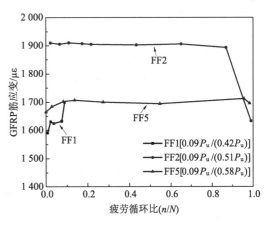

（b）GFRP 筋应变随疲劳加载次数变化情况

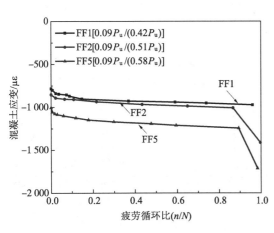

（c）混凝土应变随疲劳加载次数变化情况

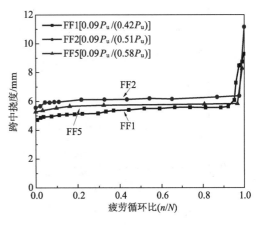

（d）跨中挠度随疲劳加载次数变化情况

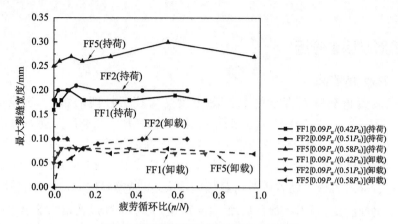

（e）最大裂缝宽度随疲劳加载次数变化情况

**图5.6 疲劳上限荷载作用下梁材料应变、变形和裂缝宽度发展情况**

疲劳下限荷载作用下钢筋应变、GFRP筋应变、混凝土应变以及跨中挠度的发展情况如图5.7所示（三根梁的疲劳下限荷载均为$0.09P_\mathrm{u}$），从图中可以看出：相同下限荷载水平作用下，试验梁FF5的筋材应变、混凝土应变和跨中挠度均较小，这主要是因为FF5混凝土弹性模量较大，截面抗弯刚度较大。

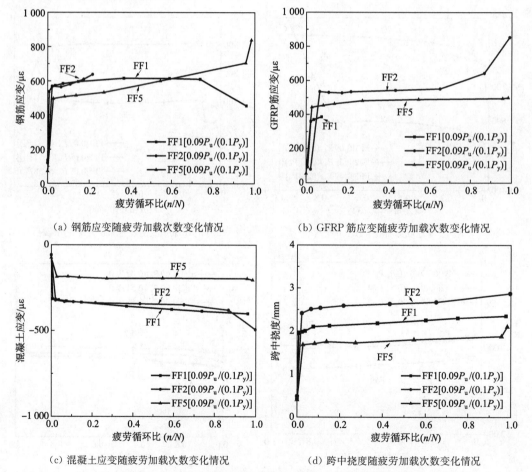

（a）钢筋应变随疲劳加载次数变化情况　　（b）GFRP筋应变随疲劳加载次数变化情况

（c）混凝土应变随疲劳加载次数变化情况　　（d）跨中挠度随疲劳加载次数变化情况

**图5.7 疲劳下限荷载作用下梁材料应变和变形发展情况**

### 2. 有效配筋率的影响

为了研究有效配筋率对混合配筋混凝土梁受弯疲劳性能的影响,选取试验梁 FF4 (1.76%),FF5(1.13%),FF6(0.63%)进行分析,三根梁截面尺寸(180 mm×250 mm)、配筋面积比($A_f/A_s=0.25$)、疲劳荷载幅 $[0.09P_u/(0.58P_u)]$ 均相同,仅有效配筋率不同。FF4,FF5,FF6 的疲劳寿命分别是 31.9 万次、36.6 万次、16.6 万次。疲劳上限荷载作用下筋材应变、混凝土应变、跨中挠度及最大裂缝宽度的发展情况如图 5.8 所示,从图中可以看出:随着有效配筋率从 0.63% 增大至 1.13%,钢筋应变、GFRP 筋应变显著减小;随着有效配筋率从 1.13% 增大至 1.76%,钢筋应变、GFRP 筋应变减小幅度较小。随着有效配筋的增大,混凝土应变逐渐增大,这主要是因为有效配筋率的增大会导致极限承载力 $P_u$ 增大,从而增大疲劳上限荷载 $P_{max}$ 的数值,更大的荷载作用导致混凝土应变增大。随着有效配筋率的增大,梁跨中挠度和最大裂缝宽度均减小,正常使用性能改善。随着有效配筋率的增大,相同荷载水平下,梁中钢筋、GFRP 筋应力逐渐减小,跨中挠度、最大裂缝宽度减小,可以推测:梁的疲劳寿命会增加。本次试验中 FF4 的配筋率高于 FF5,但其疲劳寿命略小于 FF5,这可能是因为钢筋直径不同造成的,FF4 是 2 根直径 20 mm 的钢筋,FF5 是 2 根直径 16 mm 的钢筋,钢筋疲劳强度随着直径的增大而逐渐降低,所以导致了 FF4 的疲劳寿命较小。

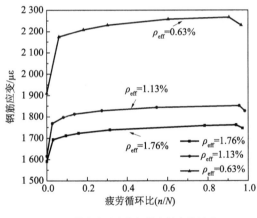

（a）钢筋应变随疲劳加载次数变化情况

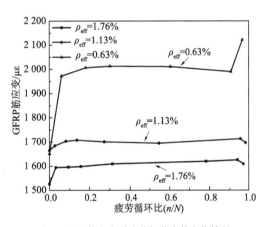

（b）GFRP 筋应变随疲劳加载次数变化情况

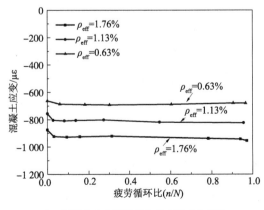

（c）混凝土应变随疲劳加载次数变化情况

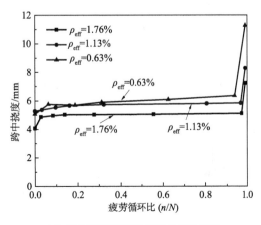

（d）跨中挠度随疲劳加载次数变化情况

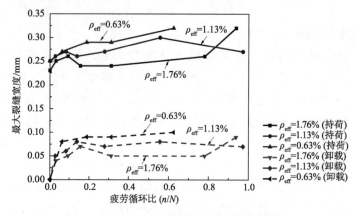

（e）最大裂缝宽度随疲劳加载次数变化情况

**图 5.8  疲劳上限荷载作用下梁材料应变、变形和裂缝宽度发展情况**

疲劳下限荷载作用下筋材应变、混凝土应变、跨中挠度的发展情况如图 5.9 所示，从图中可以看出：随着有效配筋率的增大，钢筋应变、GFRP 筋应变逐渐减小。混凝土应变随着有效配筋率的增大而逐渐增大，这主要是因为虽然下限荷载水平相同（均为 $0.09P_u$），有效配筋率更高的梁的极限承载力更大，导致其下限荷载 $P_{min}$ 数值越大，需要受压区以更多的混凝土来抵抗荷载。

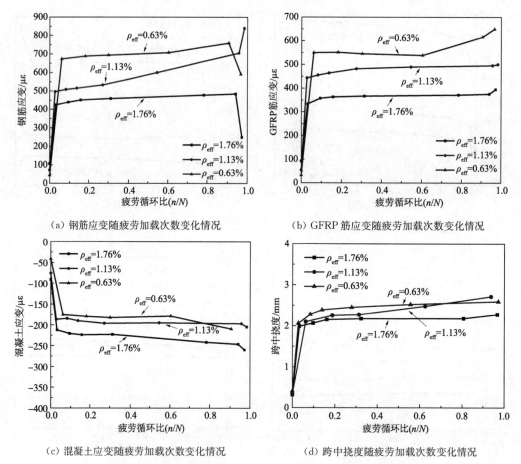

（a）钢筋应变随疲劳加载次数变化情况  （b）GFRP 筋应变随疲劳加载次数变化情况

（c）混凝土应变随疲劳加载次数变化情况  （d）跨中挠度随疲劳加载次数变化情况

**图 5.9  疲劳下限荷载作用下梁材料应变和变形发展情况**

### 3. 配筋面积比的影响

为了研究配筋面积比对混合配筋混凝土梁受弯疲劳性能的影响,选取试验梁 FF5($A_f/A_s$=0.25),FF7($A_f/A_s$=2.0) 进行分析。两根梁截面尺寸(180 mm×250 mm)、疲劳上下限荷载 [$0.09P_u/(0.58P_u)$]、有效配筋率(1.13%)均相同。FF5,FF7 的疲劳寿命分别是36.6万次、8.3 万次。随着配筋面积比 $A_f/A_s$ 的增大,疲劳寿命显著减小。疲劳上限荷载作用下筋材应变、混凝土应变、跨中挠度及最大裂缝宽度的发展情况如图 5.10 所示,从图中可以看出:随着配筋面积比 $A_f/A_s$ 的增大,钢筋应变、GFRP 筋应变、混凝土应变、跨中挠度和最大裂缝宽度显著增大,这主要是因为对于混合配筋混凝土梁而言,钢筋屈服后,GFRP 筋还能继续承担荷载。随着 $A_f/A_s$ 的增大,GFRP 筋在钢筋屈服后继续承担荷载的能力增强,梁的极限承载力 $P_u$ 也增大。在相同荷载水平下,$A_f/A_s$ 越大的试验梁,疲劳上限荷载 $P_{max}$ 的数值越大,导致梁内钢筋和 GFRP 筋承担的应力越大,疲劳荷载作用对梁的损伤也越大,表现为较大的挠度和裂缝宽度。

疲劳下限荷载作用下筋材应变、混凝土应变、跨中挠度的发展情况如图 5.11 所示,从图中可以看出:随着 $A_f/A_s$ 的增大,梁内钢筋应变、GFRP 筋应变、混凝土应变和跨中挠度均显著增大,梁的各项力学性能明显退化。

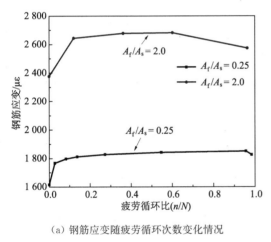

(a) 钢筋应变随疲劳循环次数变化情况

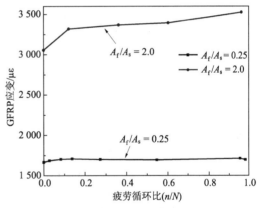

(b) GFRP 筋应变随疲劳循环次数变化情况

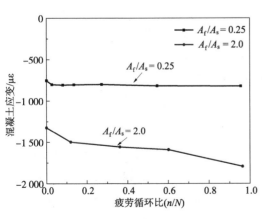

(c) 混凝土应变随疲劳循环次数变化情况

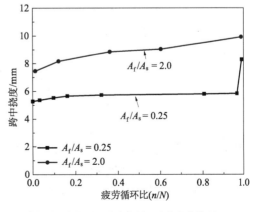

(d) 跨中挠度随疲劳循环次数变化情况

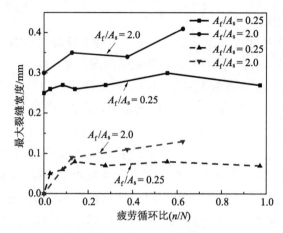

（e）最大裂缝宽度随疲劳加载次数变化情况

**图 5.10　疲劳上限荷载作用下梁材料应变、变形和裂缝宽度发展情况**

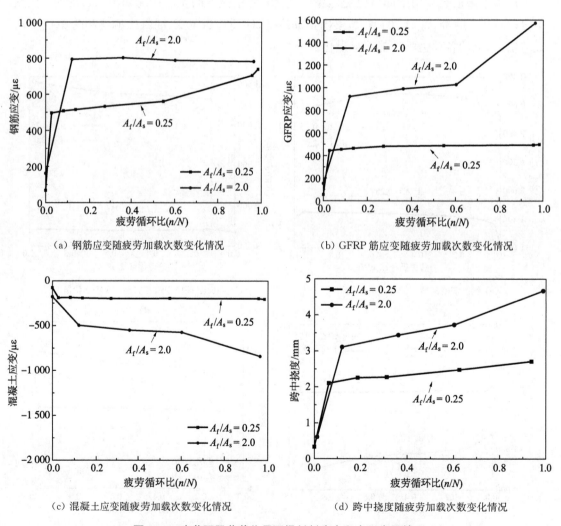

（a）钢筋应变随疲劳加载次数变化情况　　　　（b）GFRP 筋应变随疲劳加载次数变化情况

（c）混凝土应变随疲劳加载次数变化情况　　　　（d）跨中挠度随疲劳加载次数变化情况

**图 5.11　疲劳下限荷载作用下梁材料应变和变形发展情况**

## 5.3　理论计算模型

### 5.3.1　跨中挠度预测

目前对疲劳荷载作用下构件挠度的计算公式大多是在初始静载挠度的基础上,根据试验结果利用统计方法得到一个增大系数的表达式,增大系数仅考虑疲劳次数的影响。

Balaguru 等[53]在 1979 年提出了如下公式预测疲劳荷载作用下的构件挠度,公式不考虑接近破坏时的挠度,即最后 5% 的疲劳寿命。

$$f_n = f_0 \mathrm{e}^{Br} \tag{5.1}$$

式中,$f_0$ 为疲劳上限荷载下初始挠度;$f_n$ 为疲劳 $n$ 次后疲劳上限荷载下的挠度;$B$ 为常数,根据 Shah[54]的建议取值 0.667;$r$ 为疲劳循环比 $n/N$,其中 $N$ 为疲劳寿命。

1981 年,Lovegrove 等[55]提出如下公式:

$$f_n = 0.225 f_0 \lg n \tag{5.2}$$

CEB-FIP 2010[23]给出如下计算公式:

$$f_n = f_0 \left[ 1.5 - 0.5 \exp(-0.03 n^{0.25}) \right] \tag{5.3}$$

跨中挠度的三种预测模型计算值和试验值的比较如图 5.12 所示。不考虑最后 5% 的疲劳寿命阶段,三种预测方法计算值与试验值之比 $f_{\mathrm{the}}/f_{\mathrm{exp}}$ 的统计结果如表 5.6 所示。

表 5.6　　　　　　　　　　跨中挠度计算值与试验值之比统计结果

| 试件编号 | Balaguru | | Lovegrove | | CEB-FIP 2010 | |
|---|---|---|---|---|---|---|
| | 均值 | 变异系数 | 均值 | 变异系数 | 均值 | 变异系数 |
| FF1 | 1.04 | 15.95% | 0.95 | 7.30% | 0.97 | 5.85% |
| FF2 | 1.02 | 23.45% | 0.92 | 7.85% | 0.99 | 1.45% |
| FF3 | 1.03 | 16.05% | 0.95 | 6.38% | 0.96 | 2.07% |
| FF4 | 1.17 | 23.28% | 0.92 | 7.90% | 1.00 | 1.24% |
| FF5 | 1.09 | 22.55% | 0.91 | 8.97% | 0.97 | 2.35% |
| FF6 | 1.13 | 19.13% | 0.87 | 12.89% | 0.99 | 2.41% |
| FF7 | 1.04 | 16.88% | 0.73 | 9.63% | 0.90 | 6.64% |

从图表中可以看出:Balaguru 预测挠度曲线呈指数增长,疲劳后期增长较快。$n/N \leqslant 0.4$ 时,计算值小于试验值;$n/N > 0.4$ 时,计算值大于试验值,Balaguru 预测公式得到的变异系数较大,所有试验梁的变异系数均超过 15%,离散性较大。Lovegrove 预测公式得到的变异系数介于 Balaguru 和 CEB-FIP 2010 之间,均在 10% 左右。$n/N \leqslant 0.2$ 时,计算值与试验值相差较大;$n/N > 0.2$ 时,计算值与试验值符合较好,计算值小于试验值。CEB-FIP 2010 的计算值略小于试验值,对于试验梁 FF1~FF6,计算值与试验值都符合得较好,变异

系数较小,基本在 5% 以内,离散性较小。对于试验梁 FF7,计算值与试验值偏差较大,这主要是因为 FF7 在疲劳上限荷载作用下,钢筋已经屈服,出现较大的挠度,试验值大于计算值。

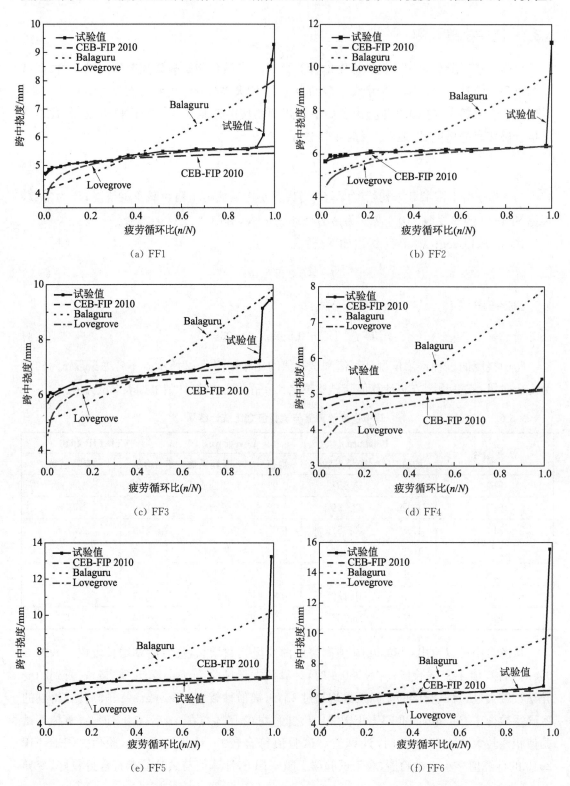

(a) FF1

(b) FF2

(c) FF3

(d) FF4

(e) FF5

(f) FF6

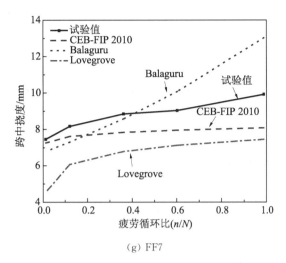

（g）FF7

**图 5.12　跨中挠度试验值和理论值对比**

## 5.3.2　截面抗弯刚度分析

　　在疲劳荷载作用下，材料性能不断退化，截面抗弯刚度也不断退化。构件承受疲劳荷载时，截面抗弯刚度主要有以下三种定义：切线刚度、割线刚度和疲劳刚度，如图 5.13 所示。

切线刚度为疲劳过程中弯矩-曲率曲线上任一点的切线斜率，表征的是构件的瞬时刚度。割线刚度为某次荷载循环时弯矩-曲率曲线上起始点与峰值点连线的斜率，表征的是当前荷载循环时构件的整体刚度。疲劳刚度是坐标原点 $O$ 与某次荷载循环时弯矩-曲率曲线峰值点连线的斜率，是一个损伤累积量，可以表征疲劳寿命周期内构件整体刚度的变化。由于疲劳刚度考虑了残余挠度（或残余变形）等效应的影响，割线刚度很好地对应了当前的损伤状态，所以本节基于试验结果的抗弯刚度计算采用割线刚度。

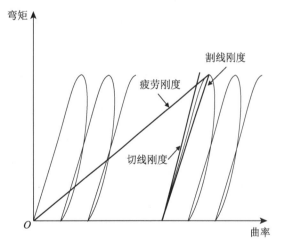

**图 5.13　疲劳荷载下三种抗弯刚度定义示意图**

### 1. 基于试验结果的抗弯刚度计算

　　承受多次重复荷载作用的钢筋混凝土梁的总挠度可以分为三个组成部分：静力荷载长期作用产生的挠度、重复荷载产生的弹性挠度以及多次重复荷载产生的残余挠度。本试验不考虑由静载长期作用产生的挠度，故第 $n$ 次疲劳荷载作用下跨中总挠度 $f_n$ 可分为残余挠度 $f_{rn}$ 和弹性挠度 $f_{ln}$，则

$$f_n = f_{rn} + f_{ln} \tag{5.4}$$

由材料力学公式可计算构件的弹性变形：

$$f_{ln} = K \frac{M_a L^2}{B_n} \quad (5.5)$$

式中，$K$ 为与荷载形式、支撑条件有关的挠度系数；$M_a$ 为计算截面最大弯矩（N·mm）；$L$ 为净跨（mm）；$B_n$ 为 $n$ 次疲劳加载后截面抗弯刚度（N·mm$^2$）。

针对跨度为 $L$ 的简支梁，采取四点弯曲、三分点加载，加载点荷载均为 $P/2$，与支座距离均为 $a$，跨中弹性挠度可由下式计算：

$$f_{ln} = \frac{Pa}{48B_n}(3L^2 - 4a^2) \quad (5.6)$$

经过特定疲劳次数后，静力加载至疲劳荷载上限值时跨中总挠度和残余挠度均可实测，因此，由式（5.4）可计算出由荷载作用产生的弹性挠度。由式（5.7）可计算出梁疲劳抗弯刚度。

$$B_n = \frac{Pa(3L^2 - 4a^2)}{48f_{ln}} \quad (5.7)$$

### 2. 基于有效惯性矩法的抗弯刚度计算

Balaguru 和 Shah[56]在 1982 年提出理论模型计算钢筋混凝土梁疲劳荷载作用下的刚度，该方法是分别计算出疲劳荷载下混凝土弹性模量和梁截面有效惯性矩，将两者相乘得到构件刚度。式（5.8）—式（5.11）给出了 $n$ 次重复荷载作用后受压区混凝土残余应变 $\varepsilon_{cr,n}$、弹性模量 $E_{c,n}$、断裂模量 $f_{r,n}$ 及开裂弯矩 $M_{cr,n}$ 的计算公式。

$$\varepsilon_{cr,n} = 129\sigma_m t^{1/3} + 17.8\sigma_m \Delta\sigma_{cr} n^{1/3} \quad (5.8)$$

$$E_{c,n} = \frac{\sigma_{max}}{\dfrac{\sigma_{max}}{E_c} + \varepsilon_{cr,n}} \quad (5.9)$$

$$f_{r,n} = f_r\left(1 - \frac{\lg n}{10.954}\right) \quad (5.10)$$

$$M_{cr,n} = \frac{I_g f_{r,n}}{kh_0} \quad (5.11)$$

式中，$\sigma_m$ 为混凝土平均应力；$\Delta\sigma_{cr}$ 为混凝土应力幅；$\sigma_{max}$ 为混凝土最大应力；$t$ 为疲劳加载时间（h）；$n$ 为疲劳加载次数；$E_c$ 为混凝土初始切线刚度；$f_r$ 为混凝土断裂模量；$I_g$ 为未开裂截面惯性矩；$kh_0$ 为换算截面受压区高度。

2007 年，Bischoff[57]提出了一个既适用于钢筋混凝土梁又适用于 FRP 筋混凝土梁的有效截面惯性矩计算公式，根据文献[58]，该公式适用于混合配筋混凝土梁。因此，本书以

Bischoff 提出的公式为依据,给出了重复荷载作用下混合配筋混凝土梁截面有效惯性矩的计算公式[式(5.12)—式(5.15)]。根据 Zhu 等[59]的研究结果,疲劳荷载作用下中和轴高度变化不大,计算时认为中和轴高度不变。式(5.15)给出了 $n$ 次重复荷载后梁截面抗弯刚度 $B_n$。

$$k = \sqrt{(n_s\rho_s + n_f\rho_f)^2 + 2(n_s\rho_s + n_f\rho_f)} - (n_s\rho_s + n_f\rho_f) \tag{5.12}$$

$$I_{cr,n} = \frac{1}{3}b(kh_0)^3 + (n_{s,n}A_s + n_{f,n}A_f)d^2(1-k)^2 \tag{5.13}$$

$$I_{e,n} = \frac{I_{cr,n}}{1 - (1 - I_{cr,n}/I_g)(M_{cr,n}/M_a)^2} \leqslant I_g \tag{5.14}$$

$$B_n = E_{c,n}I_{e,n} \tag{5.15}$$

式中, $I_{cr,n}$ 为 $n$ 次疲劳加载后开裂截面惯性矩; $I_{e,n}$ 为 $n$ 次疲劳加载后截面有效惯性矩; $n_s = E_s/E_c$; $n_{s,n} = E_s/E_{c,n}$; $n_f = E_f/E_c$; $n_{f,n} = E_f/E_{c,n}$; $\rho_s = A_s/(bd)$; $\rho_f = A_f/(bd)$; $E_s$ 为钢筋弹性模量; $E_f$ 为 GFRP 筋弹性模量; $A_s$ 为受拉钢筋面积; $A_f$ 为受拉 GFRP 筋面积; $b$ 为截面宽度; $h_0$ 为截面有效高度。

### 3. 基于刚度解析法的抗弯刚度计算

我国混凝土结构设计规范根据典型的弯矩-曲率关系,采用刚度解析法,给出了钢筋混凝土受弯构件短期刚度计算公式[式(5.16)]。考虑到在重复荷载作用下,钢筋应力不断改变,从而使钢筋与混凝土间的黏结破坏,因此将重复荷载作用下裂缝间钢筋的应变不均匀系数 $\psi$ 调整为 1。

$$B = \frac{E_s A_s d^2}{1.15\psi + 0.2 + \dfrac{6n_s\rho_s}{1 + 3.5\gamma_f'}} \tag{5.16}$$

式中, $\psi$ 为裂缝间纵向受拉普通钢筋应变不均匀系数,对直接承受重复荷载的构件,取 $\psi = 1.0$; $\gamma_f'$ 为受压翼缘截面积与腹板有效截面积的比值,对于矩形截面, $\gamma_f' = 0$。

对于混合配筋混凝土梁,考虑钢纵筋和 GFRP 纵筋对刚度的贡献, $n$ 次疲劳加载后刚度计算公式如下:

$$B_n = \frac{(E_s A_s + E_f A_f)d^2}{1.15\psi + 0.2 + 6(n_{s,n}\rho_s + n_{f,n}\rho_f)} \tag{5.17}$$

### 4. 基于 BS EN 1992-1-1: 2004 的抗弯刚度计算

欧洲规范 BS EN 1992-1-1: 2004[6]计算钢筋混凝土受弯构件短期刚度时,采用的是在未开裂截面和完全开裂截面之间对曲率进行插值计算得到带裂缝工作状态下截面曲率的方法,抗弯刚度表达式如下:

$$B = \frac{B_0}{\left(\dfrac{M_{cr}}{M_a}\right)^2 + \left[1 - \beta\left(\dfrac{M_{cr}}{M_a}\right)^2\right]\dfrac{B_0}{B_{cr}}} \tag{5.18}$$

式中，$B$ 为受弯构件短期刚度；$B_0$ 为未开裂截面刚度，$B_0 = E_c I_g$；$B_{cr}$ 为开裂截面刚度，$B_{cr} = E_c I_{cr}$；$M_{cr}$ 为开裂弯矩；$M_a$ 为荷载作用弯矩；$\beta$ 为考虑荷载持续时间对平均应变影响的系数，对于短期荷载取 1.0，对于长期荷载或重复荷载取 0.5。

以上四种疲劳抗弯刚度计算结果如图 5.14 所示，从图中可以看出：基于有效惯性矩法的刚度计算值明显大于试验刚度值，偏不安全。这主要是因为基于有效惯性矩法计算抗弯刚度时，是分别计算疲劳荷载下混凝土的弹性模量和有效惯性矩，再将两者相乘得到抗弯刚度，混凝土弹性模量在疲劳荷载下不断退化，但是梁截面有效惯性矩却是不断增大的，导致计算得到的疲劳抗弯刚度较大。GB 50010—2010（2015）基于刚度解析法的抗弯刚度计算，计算值也大于试验值，这主要是因为公式中的 $0.2 + 6(n_{s,n}\rho_s + n_{f,n}\rho_f)$ 这一项是根据钢筋混凝土矩形截面梁回归分析得到的，是一个半经验半理论的公式，将公式应用于混合配筋混凝土梁计算时可能会有一定误差。BS EN 1992-1-1：2004 的刚度计算值和试验值的误差相对较小，误差都在 10% 以内，能够较好地预测疲劳全过程梁的抗弯刚度。

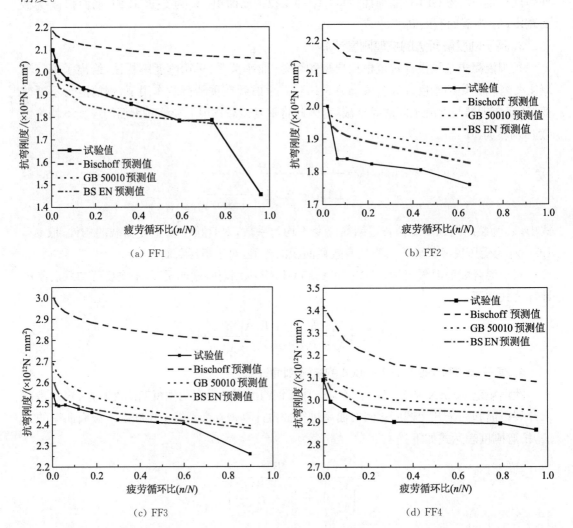

（a）FF1　　　　　　　　　　　　　　（b）FF2

（c）FF3　　　　　　　　　　　　　　（d）FF4

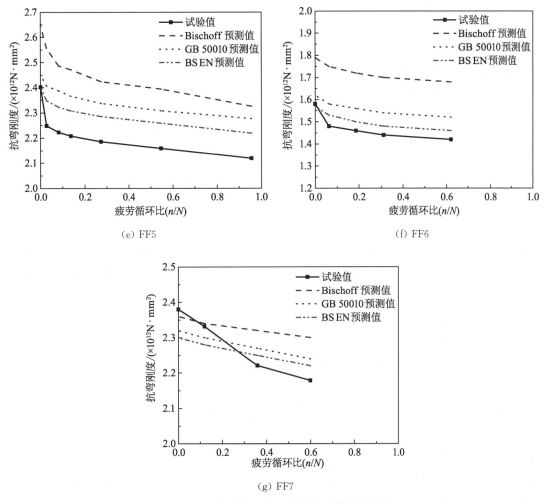

（e）FF5　　　　　　　　　（f）FF6

（g）FF7

**图 5.14　疲劳抗弯刚度不同方法计算结果比较**

## 5.4　混合配筋混凝土梁受弯疲劳性能全过程分析

　　试验研究表明，疲劳荷载作用下混合配筋混凝土梁内部会发生疲劳损伤累积，钢筋应力、GFRP 筋应力、混凝土应力、挠度、裂缝宽度及抗弯刚度均会随着疲劳次数的增加而不断发生变化，梁截面不断发生着应力重分布。混合配筋混凝土梁由混凝土、钢筋和 GFRP 筋三种材料组成，筋材握裹在混凝土中共同受力，其疲劳问题比单一材料的疲劳问题复杂得多。混合配筋混凝土梁在疲劳荷载作用下的破坏过程本质上是一个复杂的非线性过程。疲劳试验经济成本和时间成本较高，并且疲劳试验结果具有一定的离散性。目前亟须向理论方向推进，建立一套受弯疲劳全过程分析模型来模拟疲劳全过程钢筋、GFRP 筋和混凝土的应力响应。

　　本节在混合配筋混凝土梁受弯静力全过程分析模型[60]的基础上，结合混凝土、钢筋和 GFRP 筋三种材料的疲劳损伤累积理论和疲劳破坏准则，考虑筋材残余应变的影响，建立了混合配筋混凝土梁受弯疲劳全过程分析模型。

### 5.4.1　材料疲劳性能

#### 1. 混凝土疲劳性能

##### 1）混凝土受压疲劳性能

混凝土材料内部存在大量的微裂纹和微孔隙。在疲劳荷载作用下，混凝土内部微裂缝贯穿形成连续、不稳定的宏观裂缝，最终发生破坏。混凝土疲劳是材料内部微裂缝快速开裂、稳定扩展直至迅速破坏的三阶段过程。随着疲劳荷载次数的增加，混凝土总应变不断增大，混凝土总应变由弹性应变 $\varepsilon_{ce}$ 和不可恢复的塑性应变 $\varepsilon_{cr}$ 两部分组成[16]，如图 5.15 所示。不可恢复的塑性应变表征微裂纹和微塑性应变的不可恢复程度，反映混凝土的疲劳损伤程度。Whaley 和 Neville[61] 基于试验数据提出了计算混凝土塑性应变的公式[式(5.19)]，其试验是在 585 次/min 的恒定频率下进行的，式(5.19)考虑了疲劳加载时间 $t$ 的影响，没有考虑疲劳次数 $n$ 的影响。Balaguru 和 Shah[56] 基于试验结果，同时考虑了疲劳加载总时间和加载次数的影响，提出了式(5.20)。相关研究[17]表明，在疲劳荷载作用下，梁受压区混凝土总应变和不可恢复的塑性应变增长较快，疲劳变形模量减小较明显，而混凝土压应力增加不大，钢筋疲劳破坏时，混凝土压应力还比较小。本节采用混凝土弯曲受压疲劳变性模量 $E_{c,n}$ 表征混凝土的疲劳损伤程度，如图 5.15 所示。Balaguru 和 Shah[56] 在考虑塑性应变的基础上提出了混凝土弯曲受压疲劳变形模量的计算式(5.21)。式(5.20)和式(5.21)综合考虑了应力幅、平均应力、加载时间和加载频率等因素的影响，具有较高精度，且已在诸多文献[62, 63]中得到了应用。

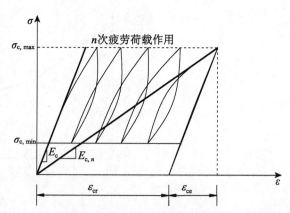

图 5.15　疲劳荷载下混凝土不可恢复塑性应变发展

$$\varepsilon_{cr,n} = 129\sigma_{cm}(1 + 3.87\Delta\sigma_{cr})t^{\frac{1}{3}} \tag{5.19}$$

$$\varepsilon_{cr,n} = 129\sigma_{cm}t^{\frac{1}{3}} + 17.8\sigma_{cm}\Delta\sigma_{cr}n^{\frac{1}{3}} \tag{5.20}$$

$$E_{c,n} = \frac{\sigma_{c,max}}{\dfrac{\sigma_{c,max}}{E_c} + \varepsilon_{cr,n}} \tag{5.21}$$

式中，$\varepsilon_{cr,n}$ 为 $n$ 次疲劳加载后混凝土的残余应变；$\sigma_{cm}$ 为混凝土相对平均应力水平，$\sigma_{cm} = (\sigma_{c,max} + \sigma_{c,min})/(2f'_c)$；$\Delta\sigma_{cr}$ 为混凝土的相对应力幅，$\Delta\sigma_{cr} = (\sigma_{c,max} - \sigma_{c,min})/f'_c$；$f'_c$ 为混凝土圆柱体抗压强度；$\sigma_{c,max}$ 为混凝土疲劳应力最大值；$\sigma_{c,min}$ 为混凝土疲劳应力最小值；$t$ 为加载时间(h)；$n$ 为疲劳次数；$E_{c,n}$ 为混凝土疲劳变形模量；$E_c$ 为混凝土初始弹性模量。

**2）混凝土受拉疲劳性能**

混凝土受拉疲劳性能的退化会影响构件开裂状况,从而对构件截面应力分布产生影响。本节采用混凝土疲劳抗拉强度 $f_{t,n}$ 来表征混凝土受拉疲劳性能的退化情况。混凝土抗拉疲劳强度可以通过几种不同的试验方法获得,包括弯拉、劈拉和轴心受拉疲劳试验。弯拉和劈拉试验较难确定试件实际应力分布情况,而轴心受拉疲劳试验试件应力均为等应力分布,能够直接且较为准确地得出混凝土抗拉疲劳强度。本节采用吕培印等[64]根据混凝土单轴受拉等幅疲劳试验结果推荐的混凝土抗拉疲劳强度公式[式(5.22)],混凝土抗拉疲劳强度随疲劳次数的变化规律如图5.16所示。

$$f_{t,n} = f_t \cdot 10^{-0.002\,3 - 0.027\,5\lg n} \tag{5.22}$$

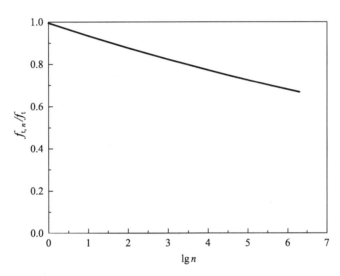

**图 5.16 混凝土疲劳抗拉强度随疲劳次数变化规律**

**3）混凝土受压疲劳破坏准则**

混凝土是一种存在大量微缺陷的材料,在疲劳荷载作用下,微缺陷逐渐发展,使混凝土力学性能受到很大影响。因此,即使混凝土尚未达到最终的破损状态,但其耐久性已有很大降低,不能再继续安全使用。因此,本节采用不可恢复的塑性应变作为混凝土疲劳损伤变量,认为受压区混凝土累积残余应变达到其临界值时,混凝土已有严重损伤,不能再有效使用,可作为判定其破坏的条件,则混凝土的受压疲劳破坏准则可表达为

$$\varepsilon_{cr,n} \geqslant 0.4 \frac{f_c}{E_c} \tag{5.23}$$

**2. 钢筋疲劳性能**

**1）钢筋受拉疲劳性能**

对于钢筋混凝土梁的疲劳而言,按静载设计的适筋梁,在发生弯曲疲劳破坏时,通常是由于受拉纵筋的疲劳断裂造成的。影响钢筋疲劳强度和疲劳寿命的主要因素是应力幅

$S^{[65]}$,通常用应力幅 $S$ 和疲劳寿命 $N$ 来描述钢筋的疲劳性能。国内外学者对光圆钢筋和变形钢筋分别进行了钢筋疲劳试验,获得了相应的 $S$-$N$ 表达式(表 5.7)。本次试验的钢纵筋和钢箍筋采用的都是变形钢筋,$\lg S$-$\lg N$ 曲线对比如图 5.17 所示。

表 5.7　　　　　　　　　　　　　国内外钢筋疲劳 $S$-$N$ 表达式

| 资料来源 | $S$-$N$ 表达式 |
|---|---|
| 铁道部科学研究院[66] | $\begin{cases} \lg N = 15.13 - 4.38\lg S, & N \leqslant 10^7 \\ \lg N = 18.85 - 6.38\lg S, & N > 10^7 \end{cases}$ |
| Tilly[67] | $\begin{cases} \lg N = 26.88 - 8.02\lg S, & \text{直径} \leqslant 16 \text{ mm} \\ \lg N = 24.85 - 9.00\lg S, & \text{直径} > 16 \text{ mm} \end{cases}$ |
| Helgason 和 Hanson[68] | $\lg N = 6.969 - 0.005\,5S$ |
| 钟铭等[69] | $\lg N = 26.46 - 9.04\lg S$ |
| CEB-FIP 2010[23] | $\begin{cases} \lg N = 17.6 - 5.0\lg S, & N < 10^6 \\ \lg N = 26.9 - 9.0\lg S, & N \geqslant 10^6 \end{cases}$ (直径 $\leqslant 16$ mm) |
| ACI 215R‐74 (1992)[25] | $S_r = 161 - 0.33S_{min}$ |
| AASHTO(2017)[24] | $(\Delta F)_{TH} = 179 - 152 f_{min}/f_y$ |

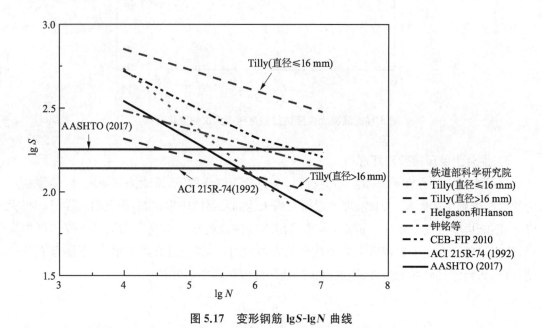

图 5.17　变形钢筋 $\lg S$-$\lg N$ 曲线

### 2) 钢筋疲劳破坏准则

工程实践中,结构很少在单一荷载水平下承受重复荷载,通常是变幅疲劳荷载作用,多级加载和复杂的加载历史使得疲劳损伤逐渐累积,最终导致结构疲劳失效。疲劳损伤很难定量测量,目前广泛使用的是 Miner 线性累积损伤准则,如式(5.24)所示。Miner 线性累积损伤示意图如图 5.18 所示。

$$D_i = \frac{n_1}{N_1} + \frac{n_2}{N_2} + \cdots + \frac{n_k}{N_k} = \frac{\sum n_i}{N_i} = 1 \tag{5.24}$$

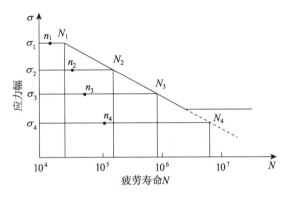

**图 5.18  Miner 线性累积损伤示意图**

### 3. GFRP 筋疲劳性能

**1) GFRP 筋疲劳损伤模型**

目前,关于复合材料的疲劳损伤模型主要有:剩余强度模型、剩余刚度模型、剩余寿命模型、耗散能模型、马尔可夫链模型等。其中,剩余强度模型和剩余刚度模型因其定义的疲劳损伤物理意义明确,得到了较为广泛的应用,本节主要对这两种模型进行介绍。

(1) 剩余强度模型

Halpin 等[70]最先提出通过材料剩余强度预测疲劳寿命,当剩余强度达到外界最大应力时,材料发生失效断裂。

$$\frac{dR(n)}{dn} = \frac{-A(\sigma)}{m[R(n)]^{m-1}} \tag{5.25}$$

Sendeckyj[71]于 1981 年根据强度寿命等效假设(即构件强度越大,其疲劳寿命也越大),提出了将疲劳有效应力转化为等效静力强度,如式(5.26)所示。

剩余强度模型主要有以下三个缺点:①剩余疲劳寿命不能用无损检测方法得到,测量材料剩余强度的试验需要花费较多的时间和经费;②剩余强度前期退化很慢,直至临近破坏时退化才较为显著,导致前期不易评估损伤累积情况,对于复合材料,这种疲劳力学行为也被称为"突然死亡现象";③需要大量试验数据来为各种复合材料建立剩余强度数据库[72]。

$$\sigma_e = \sigma_{max} \left[ \left( \frac{\sigma_r}{\sigma_{max}} \right)^{1/G} + (n-1)C \right]^G \tag{5.26}$$

式中,$\sigma_e$ 为等效静力强度;$\sigma_{max}$ 为疲劳上限应力;$\sigma_r$ 为剩余静力强度;$n$ 为疲劳次数;$G$ 和 $C$ 为模型参数。

当 $\sigma_r = \sigma_{\max}$ 和 $n = N$ 时,式(5.26)变为式(5.27):

$$\sigma_e = \sigma_{\max}(1 - C + NC)^G \tag{5.27}$$

假设等效静力强度服从两参数 Weibull 分布,则失效概率满足式(5.28)。

$$P_s(\sigma_e) = \exp\left[-\left(\frac{\sigma_e}{\beta}\right)^{\alpha}\right] \tag{5.28}$$

$$\sigma_{\max} = \beta\{-\ln[P_s(n)]\}^{\frac{1}{\alpha}}[(n - A)C]^{-G} \tag{5.29}$$

$$A = -\frac{1 - C}{C} \tag{5.30}$$

式中,$\alpha$ 和 $\beta$ 分别为 Weibull 分布形状参数和尺寸参数;$C$ 为位置参数。

(2) 剩余刚度模型

为了克服剩余强度模型的缺点,以及尝试采用无损方法来评估复合材料损伤,提出了剩余刚度模型。剩余刚度这个损伤变量在试验中容易测量,是一种广泛使用的无损测量参量,如图 5.19 所示。Brondsted 等[73]对风轮机进行了常幅荷载、变幅荷载、随机荷载的疲劳试验,得出的刚度退化公式如下:

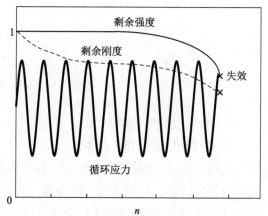

图 5.19  剩余强度模型和剩余刚度模型对比

$$\frac{\mathrm{d}(E/E_1)}{\mathrm{d}n} = -K\left(\frac{\sigma}{E_0}\right)^m \tag{5.31}$$

$$E_{f, n} = E_0\left[1 - Kn\left(\frac{\sigma}{E_0}\right)^m\right] \tag{5.32}$$

式中,$\dfrac{\mathrm{d}(E/E_1)}{\mathrm{d}n}$ 为刚度退化率;$E_{f, n}$ 为 $n$ 次疲劳加载后的弹性模量;$E_0$ 为静态弹性模量;$\sigma$ 为最大应力;$K$ 和 $m$ 为待定常系数。

根据 Noël 和 Soudki[35]对 16 mm 表面粘砂 GFRP 筋进行的 15 组轴拉疲劳试验和 15 组梁式疲劳试验,疲劳荷载下 GFRP 筋弹性模量退化公式如下:

$$E_{f, n} = E_0\left[1 - 1.153 \times 10^{12} n\left(\frac{\sigma}{E_0}\right)^{8.062}\right] \tag{5.33}$$

**2) FRP 筋疲劳破坏准则**

美国 FRP 筋混凝土结构设计规范[1]给出了 FRP 筋在疲劳荷载下的应力限值,如表 5.8 所示。

| 表 5.8 | FRP 筋疲劳应力限值 |
| :---: | :---: |
| **FRP 筋类型** | **疲劳上限应力限值** |
| GFRP | $0.20f_{\mathrm{fu}}$ |
| AFRP | $0.30f_{\mathrm{fu}}$ |
| CFRP | $0.55f_{\mathrm{fu}}$ |

## 5.4.2　混合配筋混凝土梁受弯疲劳全过程分析

混合配筋混凝土梁受弯疲劳全过程分析是基于静力受弯破坏全过程分析模型,考虑材料在疲劳荷载作用下性能不断退化和材料的疲劳破坏准则,建立了分析模型,主要包括以下内容:

(1)混合配筋混凝土梁截面初始状态求解:采用混合配筋混凝土梁静力受弯破坏全过程分析模型,计算得到钢筋、GFRP 筋和混凝土的初始应力和应变。

(2)疲劳荷载作用下应力状态求解:引入筋材和混凝土的材料疲劳损伤模型和疲劳累积损伤准则,计算各材料的疲劳损伤,进而求解不同疲劳次数下材料的应力和应变。

(3)疲劳破坏的判断:引入钢筋、GFRP 筋、混凝土的疲劳破坏准则,判断不同疲劳次数后,材料是否满足相应的疲劳破坏准则。若满足,则发生疲劳破坏,并判断相应的破坏模式;若未达到破坏准则,则继续计算,直至满足任一破坏准则,认为构件发生疲劳破坏。

疲劳加载过程中,材料损伤不断累积,梁截面不断发生应力重分布。因此,本节采用分段线性法分析疲劳荷载作用下构件的响应。即假设在疲劳加载次数 $n_i$ 到 $n_{i+1}$ 的 $\Delta n$ 增量步长内,认为截面受力状态和材料性能不变。每一级增量步计算完成后,根据各组成材料的疲劳累积损伤准则更新材料参数,再进行下一步的计算和分析,从而实现疲劳全过程的非线性分析。随着 $\Delta n$ 的减小,计算精度提高,计算效率降低。综合考虑到计算精度和计算效率的影响,文献一般取 $\Delta n = 10\,000$ [63,74],故本节也取步长 $\Delta n = 10\,000$ 进行分析。

### 1. 基本假定

(1)在疲劳荷载作用下的全过程分析中,平截面假定成立。卸载后,残余应变分布也服从平截面假定。

(2)不考虑受拉区混凝土作用。受压区混凝土应力服从线性分布。

(3)疲劳荷载作用下钢筋与混凝土、GFRP 筋与混凝土均保持良好的黏结性能。

(4)筋材疲劳断裂后,梁的受力机制不再稳定,较难继续预估梁的疲劳性能退化规律。因此,以第一根筋材疲劳断裂时的疲劳次数作为梁的疲劳寿命。

### 2. 截面分析法

对于混合配筋混凝土梁截面,沿高度方向的各层混凝土纤维所承受的应力水平和应力幅都不一样。随着疲劳次数的增加,各层混凝土纤维不可恢复塑性应变和弯曲疲劳变形模量的退化都不同,这也进一步导致梁截面的应力重分布。因此,将梁截面沿高度划分为 $k$ 个条带,假设每个条带上的应变是均匀分布的,分别计算其在疲劳荷载作用下的响应和损伤,如图 5.20 所示。

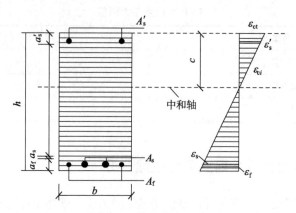

图 5.20　截面应变分布

设定混凝土受压区顶部应变 $\varepsilon_{ct}$ 和中和轴高度 $c$ 的初始值,则受压区混凝土各层条带应变可表示为式(5.34),受压区钢筋应变、受拉区钢筋应变、受拉区 GFRP 筋应变可分别表示为式(5.35)—式(5.37)。混凝土和筋材应变受拉为正,受压为负。

$$\varepsilon_{ci}=\varepsilon_{ct}\dfrac{c-\dfrac{h}{k}\left(i-\dfrac{1}{2}\right)}{c} \tag{5.34}$$

$$\varepsilon'_{s}=\varepsilon_{ct}\dfrac{c-a'_{s}}{c} \tag{5.35}$$

$$\varepsilon_{s}=\varepsilon_{ct}\dfrac{a_{s}+c-h}{c} \tag{5.36}$$

$$\varepsilon_{f}=\varepsilon_{ct}\dfrac{a_{f}+c-h}{c} \tag{5.37}$$

根据上述应变可分别求得混凝土、受压钢筋、受拉钢筋和受拉 GFRP 筋应力,分别如式(5.38)—式(5.41)所示。

$$\sigma_{ci}=E_{ci}\varepsilon_{ci} \tag{5.38}$$

$$\sigma'_{s}=E_{s}\varepsilon'_{s} \tag{5.39}$$

$$\sigma_{s}=E_{s}\varepsilon_{s} \tag{5.40}$$

$$\sigma_{f}=E_{fn}\varepsilon_{f} \tag{5.41}$$

根据截面力平衡和弯矩平衡条件,可建立方程式(5.42)、式(5.43):

$$N_{f}=\sum_{i=1}^{k}\mid\sigma_{ci}\mid b\dfrac{h}{k}+\mid\sigma'_{s}\mid A'_{s}-\mid\sigma_{s}\mid A_{s}-\mid\sigma_{f}\mid A_{f}=0 \tag{5.42}$$

$$M_{f} = \sum_{i=1}^{k} \mid \sigma_{ci} \mid b \frac{h}{k} \left[ c - \frac{h}{k} \left( i - \frac{1}{2} \right) \right] + \mid \sigma_{s}' \mid A_{s}'(c - a_{s}') + \tag{5.43}$$
$$\mid \sigma_{s} \mid A_{s}(h - a_{s} - c) + \mid \sigma_{f} \mid A_{f}(h - a_{f} - c)$$

通过迭代求解以上公式,可以得到各材料的应力和应变响应,具体流程如图 5.21 所示。

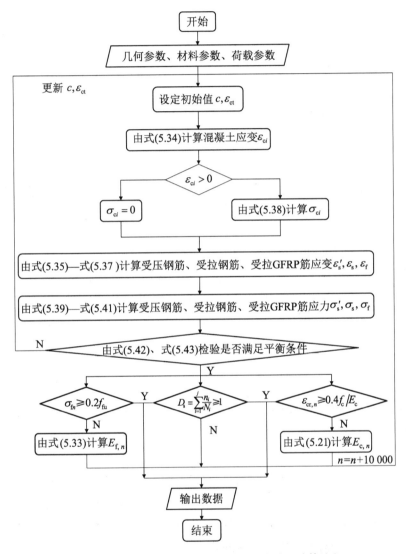

**图 5.21　混合配筋混凝土梁受弯疲劳全过程计算流程**

针对疲劳荷载作用下混合配筋混凝土梁受弯性能全过程分析,采用 MATLAB 软件编制了计算分析程序,主要计算步骤如下:

**1) 输入梁的基本信息**

几何参数:截面尺寸$(b, h)$,保护层厚度$(c_{s})$,钢筋面积$(A_{s})$,GFRP 筋面积$(A_{f})$,净跨$(L)$。

材料参数:混凝土强度$(f_{c})$,混凝土弹性模量$(E_{c})$,钢筋强度$(f_{y}, f_{u})$,钢筋弹性模量

$(E_s)$,GFRP 筋强度$(f_{fu})$,GFRP 筋弹性模量$(E_f)$。

荷载参数：疲劳上限荷载 $P_{max}$,下限荷载 $P_{min}$,上限弯矩 $M_{max}$,下限弯矩 $M_{min}$。

**2) 梁的初始状态求解$(n=1)$**

设定混凝土受压区顶部应变 $\varepsilon_{ct}$ 和中和轴高度 $c$。通过式(5.34)和式(5.38)求得混凝土应变和应力;通过式(5.35)—式(5.37)分别计算受压钢筋、受拉钢筋和受拉 GFRP 筋应变;通过式(5.39)—式(5.41)分别计算受压钢筋、受拉钢筋和受拉 GFRP 筋应力。由式(5.42)计算截面轴向合力是否等于 0 或在容许误差内,若不是,则重新调整中和轴高度 $c$ 的值;由式(5.43)计算截面弯矩是否等于输入的弯矩($M_{max}$ 或 $M_{min}$)或在容许误差内,若不是,则重新调整受压区混凝土顶部应变 $\varepsilon_{ct}$。由此可求得梁的初始状态。

**3) 疲劳加载过程中关键截面求解**

疲劳加载过程中,材料损伤不断累积,截面不断发生应力重分布。由前一步的计算结果,分别通过式(5.20)和式(5.21)计算混凝土不可恢复塑性应变和弯曲受压疲劳变形模量;通过式(5.33)计算 GFRP 筋疲劳模量,引入疲劳损伤。重新设定混凝土受压区顶部应变 $\varepsilon_{ct}$ 和中和轴高度 $c$,采用修正后的材料应力-应变关系重复步骤 2),求得 $n$ 次疲劳加载后梁的响应。

**4) 判定材料是否发生疲劳破坏**

分别计算混凝土不可恢复塑性应变 $\varepsilon_{cr,n}$、钢筋疲劳损伤因子 $D_s$、GFRP 筋应力 $\sigma_{fn}$。通过式(5.23)、式(5.24)和表 5.8 判断混凝土、钢筋、GFRP 筋是否发生破坏。若均未发生破坏,则进行下一次迭代计算;若混凝土、钢筋、GFRP 筋任一材料满足破坏条件,则停止计算,输出梁的破坏寿命以及相应的应力、应变。

## 5.4.3 残余应变

疲劳加载特定次数后卸载,混凝土会产生残余应变,目前关于钢筋的疲劳研究普遍认为钢筋是理想弹塑性材料,疲劳荷载作用时,钢筋应力处于弹性阶段,不会产生残余应变。在疲劳荷载作用下,梁内钢筋和 GFRP 筋会产生不可恢复的残余应变。原因可能为:①疲劳引起受压区混凝土残余应变,为了保持筋材与混凝土之间的应变协调,钢筋和 GFRP 筋也存在相应的残余应变。②混合配筋混凝土梁在疲劳荷载作用下,混凝土微裂缝和筋材滑移均已产生,卸载后,微裂缝无法完全闭合,混凝土与筋材之间的滑移无法完全恢复,宏观上表现为梁的残余裂缝宽度,微观上表现为筋材的残余应变。

**1. 残余应变计算模型**

按 5.4.2 节计算疲劳全过程筋材和混凝土应变,计算值小于试验值,主要是因为没有考虑疲劳过程中的残余应变。以往的理论一般认为疲劳过程中混凝土会产生残余应变,钢筋是线弹性材料,疲劳过程中没有残余应变,本次试验发现,筋材在疲劳过程中也会产生残余应变。因此,在预测总应变 $\varepsilon_{tn}^P$ 时需同时考虑弹性应变和残余应变,如式(5.44)所示。5.4.2 节受弯疲劳全过程计算模型中没有考虑筋材残余应变的影响,可以认为根据全过程计算模型得到的筋材应变为弹性应变 $\varepsilon_{en}^P$,残余应变 $\varepsilon_{rn}^P$ 采用本节提出的方法求解。

$$\varepsilon_{tn}^{P} = \varepsilon_{en}^{P} + \varepsilon_{rn}^{P} \tag{5.44}$$

在疲劳荷载下,开裂的混合配筋混凝土梁已处于稳定开裂状态,受拉区纯弯段两条竖向裂缝之间的混凝土处于受拉状态。随着疲劳次数的增加,两条竖向裂缝之间某一位置处的混凝土会先达到疲劳抗拉极限强度。裂缝间应力分布如图 5.22 所示,对于 1—1 开裂截面,钢筋应力 $f_{s1}$ 为

$$f_{s1} = \gamma \frac{E_{s}}{E_{c,n}} f_{ct,n} \tag{5.45}$$

式中,$\gamma$ 为未知比例系数;$f_{ct,n}$ 为混凝土抗拉疲劳强度,与钢筋同一高度处的混凝土应力 $f_{c1}$ 为

$$f_{c1} = 0 \tag{5.46}$$

对于已达到抗拉极限状态,即将开裂的 2—2 截面,钢筋应力 $f_{s2}$ 为

$$f_{s2} = \frac{E_{s}}{E_{c,n}} f_{ct,n} \tag{5.47}$$

与钢筋同一高度处的混凝土应力 $f_{c2}$ 为

$$f_{c2} = f_{ct,n} \tag{5.48}$$

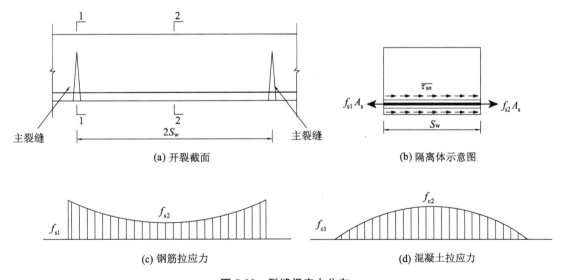

(a) 开裂截面　　　　　　　　　　　　　　(b) 隔离体示意图

(c) 钢筋拉应力　　　　　　　　　　　　　(d) 混凝土拉应力

图 5.22　裂缝间应力分布

钢筋残余应变可通过钢筋与混凝土之间的应变差求得,假定裂缝间黏结应力是二次曲线分布,则有式(5.49)—式(5.51)。

$$w = (\overline{\varepsilon_{s}} - \overline{\varepsilon_{c}}) S_{w} \tag{5.49}$$

$$\overline{\varepsilon_s} = \frac{\frac{1}{3}f_{s1} + \frac{2}{3}f_{s2}}{E_s} \tag{5.50}$$

$$\overline{\varepsilon_c} = \frac{\frac{1}{3}f_{c1} + \frac{2}{3}f_{c2}}{E_{c,n}} \tag{5.51}$$

式中，$\overline{\varepsilon_s}$ 为钢筋在裂缝间距 $S_w$ 的平均应变；$\overline{\varepsilon_c}$ 为混凝土在裂缝间距 $S_w$ 的平均应变。

将式(5.50)—式(5.51)代入式(5.49)，可得式(5.52)：

$$\varepsilon_{m,s}^0 = \frac{W_{m,s}^0}{S_w} = \frac{\gamma f_{ct,n}}{3E_{c,n}} \tag{5.52}$$

式中，$\varepsilon_{m,s}^0$ 为荷载为 0 kN 时钢筋残余应变；$W_{m,s}^0$ 为荷载为 0 kN 时残余裂缝宽度。

根据图 5.22(b)隔离体受力平衡，可得式(5.53)：

$$A_s f_{s1} - A_s f_{s2} = \pi d_s S_w \overline{\tau_{sn}} \tag{5.53}$$

式中，$\overline{\tau_{sn}}$ 为疲劳荷载下钢筋与混凝土的平均黏结应力。

结合式(5.52)、式(5.53)可求得系数 $\gamma$：

$$\gamma = \frac{1 + \sqrt{1 + \dfrac{12W_{m,s}^0 \pi d_s \overline{\tau_{sn}} E_{c,n}^2}{A_s E_s f_{ct,n}^2}}}{2} \tag{5.54}$$

将式(5.54)代入式(5.52)可以求得钢筋残余应变：

$$\varepsilon_{m,s}^0 = \frac{\left(1 + \sqrt{1 + \dfrac{12W_{m,s}^0 \pi d_s \overline{\tau_{sn}} E_{c,n}^2}{A_s E_s f_{ct,n}^2}}\right) f_{ct,n}}{6E_{c,n}} \tag{5.55}$$

平均黏结应力 $\overline{\tau_{sn}}$ 的影响因素较多，如钢筋应力、混凝土保护层、荷载形式等，Marti 等[75]提出可近似认为 $\overline{\tau} = 2f_{ct}$，在疲劳荷载下，本书近似取 $\overline{\tau_{sn}} = 2f_{ct,n}$ 进行计算。$W_{m,s}^0$ 为卸载后的残余裂缝宽度，其影响因素包括疲劳荷载大小、配筋面积比 $(A_f/A_s)$。本次试验在疲劳上限荷载 $0.58P_u$ 作用下，$W_{m,s}^0$ 为 0.04～0.07 mm，计算中取 $W_{m,s}^0 = 0.05$ mm。

以上是计算钢筋残余应变的理论模型，对于混合配筋混凝土梁，在疲劳荷载作用下，钢筋和 GFRP 筋协同工作，但是受筋材种类、筋材表面处理方式、筋材直径等因素影响，GFRP 筋平均黏结强度 $\overline{\tau_{fn}}$ 和钢筋平均黏结强度 $\overline{\tau_{sn}}$ 有差异，$\overline{\tau_{fn}}$ 不易定量确定。所以疲劳荷载下 GFRP 筋残余应变的确定方法不能直接应用钢筋残余应变的确定方法。本次试验 GFRP 筋残余应变 $\varepsilon_{m,f}^0$ 和钢筋残余应变 $\varepsilon_{m,s}^0$ 统计得到的规律如图 5.23 所示，$\varepsilon_{m,f}^0/\varepsilon_{m,s}^0$ 约在 0.8 附近，因此简化取为式(5.56)：

$$\varepsilon_{m,f}^0 = 0.8\varepsilon_{m,s}^0 \tag{5.56}$$

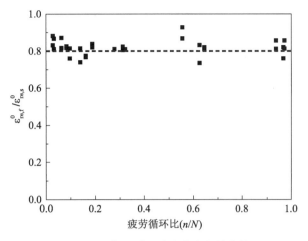

图 5.23　$\varepsilon_{rn,\,f}^{0}/\varepsilon_{rn,\,s}^{0}$ 随疲劳次数的变化

## 2. 残余应变随荷载变化规律

本次试验发现,在一次疲劳加载从下限荷载 $P_{\min}$ 至上限荷载 $P_{\max}$ 过程中,残余应变并不是恒定的数值,而是随外荷载的增大而减小的,这可能是因为外荷载的作用改变了卸载时筋材与混凝土之间相互作用的状态,在研究金属材料残余应力时也观察到这一现象。5.4.2 节受弯疲劳全过程计算模型中没有考虑筋材残余应变的影响,可以认为根据全过程计算模型得到的筋材应变为弹性应变,试验中实测的筋材应变为总应变,两部分的差值可以近似认为是筋材的残余应变,按照式(5.57)计算。

$$\varepsilon_{rn}^{P} = \varepsilon_{tn}^{P} - \varepsilon_{en}^{P} \tag{5.57}$$

按照式(5.57)计算试验梁 FF4～FF7 残余应变随外荷载变化的曲线如图 5.24 所示,从图中可以看出:在一次疲劳加载过程 $P_{\min}$—$P_{\max}$ 中,残余应变随荷载的增大逐渐减小,尤其是从 0 kN 加载至开裂荷载附近时,残余应变显著减小,开裂荷载加载至疲劳上限荷载 $P_{\max}$ 时,残余应变缓慢减小。

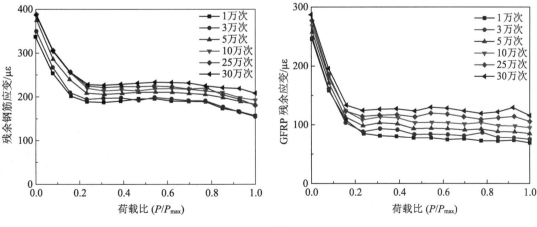

（a）FF4

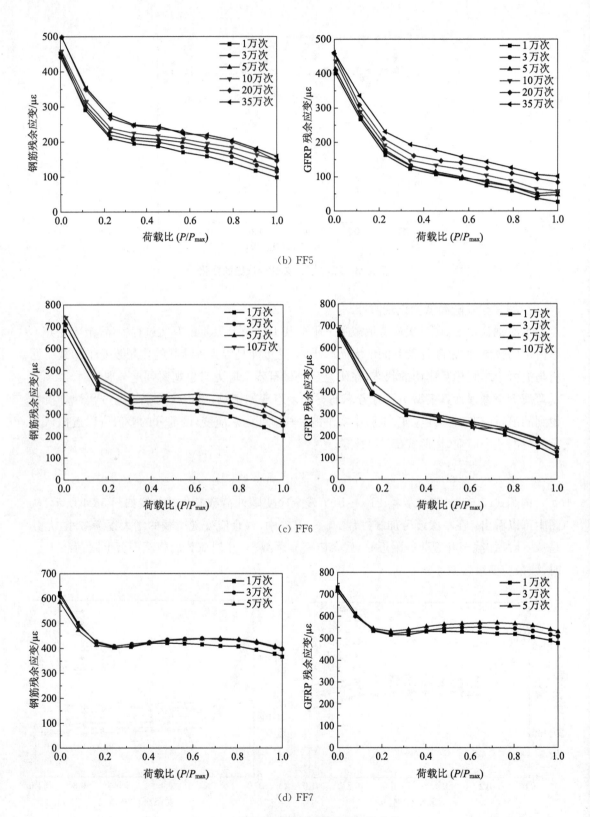

（b）FF5

（c）FF6

（d）FF7

**图 5.24　筋材残余应变随外荷载变化曲线**

根据试验梁 FF4～FF7 的筋材残余应变随外荷载变化曲线拟合得到式(5.58)，可以根据该公式计算任意荷载 $P(0 < P \leqslant P_{\max})$ 下的筋材残余应变。

$$\varepsilon_{rm}^{P} = \begin{cases} -900\dfrac{P}{P_{\max}} + \varepsilon_{rm}^{0}, & P \leqslant P_{cr} \\[2mm] \varepsilon_{rm}^{P_{cr}}, & P > P_{cr} \end{cases} \tag{5.58}$$

式中，$\varepsilon_{rm}^{P}$ 为 $n$ 次疲劳加载结束时，外荷载为 $P$ 时的残余应变；$\varepsilon_{rm}^{0}$ 为 $n$ 次疲劳加载结束时，外荷载为 0 kN 时的残余应变；$\varepsilon_{rm}^{P_{cr}}$ 为 $n$ 次疲劳加载结束时，外荷载为开裂荷载 $P_{cr}$ 时的残余应变。

根据 5.4.2 节截面分析法求解弹性应变和 5.4.3 节求解残余应变，最终可以得到混合配筋混凝土梁疲劳全过程总应变求解流程(图 5.25)。

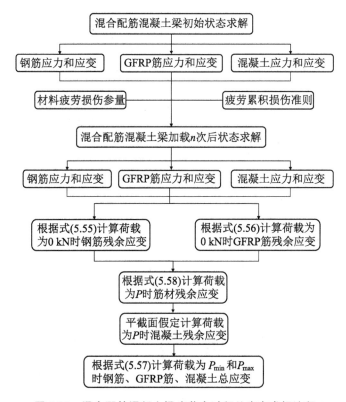

**图 5.25　混合配筋混凝土梁疲劳全过程总应变求解流程**

### 5.4.4　模型验证

选取第一批试验梁 FF1～FF3 对模型进行对比验证，结果如图 5.26 所示，从图中可以看出：不考虑混凝土和筋材残余应变时，计算应变小于试验应变，尤其是在下限荷载 $P_{\min}$ 作用下，不考虑残余应变时，计算值和试验值相差较大。考虑残余应变后，计算值和试验值符合较好。

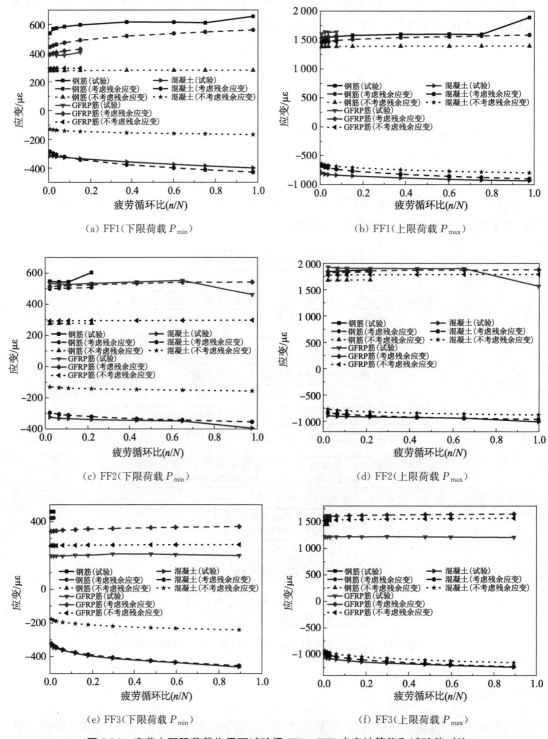

(a) FF1(下限荷载 $P_{min}$)　　　　　　　　(b) FF1(上限荷载 $P_{max}$)

(c) FF2(下限荷载 $P_{min}$)　　　　　　　　(d) FF2(上限荷载 $P_{max}$)

(e) FF3(下限荷载 $P_{min}$)　　　　　　　　(f) FF3(上限荷载 $P_{max}$)

**图 5.26　疲劳上下限荷载作用下试验梁 FF1～FF3 应变计算值和试验值对比**

目前没有文献进行过混合配筋混凝土梁受弯疲劳性能的试验研究,关于普通钢筋混凝土梁的受弯疲劳性能试验研究的开展主要集中在 20 世纪五六十年代,由于当时试验条件的限制,很多学者没有给出受拉纵筋在疲劳全过程的应变发展。近年来,关于 FRP 筋混凝土构件的疲劳性能研究主要集中在 FRP 筋桥面板的疲劳性能试验研究,没有纯 FRP 筋混凝土梁的疲劳性能试验研究。因此,本节另外选取了 2 根文献[76]中的钢筋混凝土梁的疲劳试验对模型进行验证。加载情况和截面信息如图 5.27 所示。

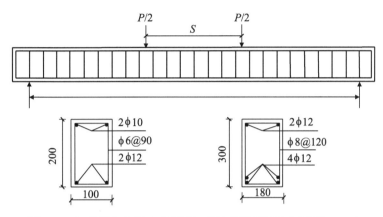

图 5.27　钢筋混凝土梁疲劳试验加载情况及截面信息(单位：mm)

疲劳上下限荷载作用下钢筋应变计算结果和试验结果对比如图 5.28 所示,从图中可以看出：不考虑残余应变时,计算应变小于试验应变,尤其是在下限荷载作用下。考虑残余应变后,计算应变和试验应变符合较好。

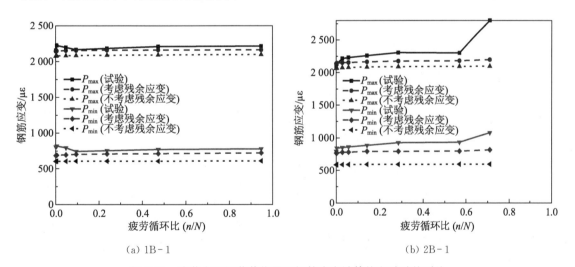

图 5.28　疲劳上下限荷载作用下钢筋应变计算值和试验值对比

## 5.5　现有规范中抗弯疲劳要求

### 5.5.1　中国规范

在 GB 50010—2010(2015)[2] 中,抗弯疲劳验算分为两大项,一项是受压区边缘纤维混凝土应力的验算,另一项是纵向受拉钢筋应力幅的验算。

混凝土应力验算如下:

$$\sigma_{cc,\,max}^f = \frac{M_{max}^f x_0}{I_0^f} \leqslant f_c^f \tag{5.59}$$

式中,$M_{max}^f$ 为荷载组合下的最大弯矩值;$x_0$ 为换算截面的受压区高度;$I_0^f$ 为换算截面的惯性矩;$f_c^f$ 为混凝土轴心抗压疲劳强度的设计值,取值按规范第 4.1.6 条。

钢筋应力幅验算如下:

$$\Delta\sigma_{si}^f = \sigma_{si,\,max}^f - \sigma_{si,\,min}^f \leqslant \Delta f_y^f \tag{5.60}$$

$$\sigma_{si,\,max}^f = \alpha_E^f \frac{M_{max}^f(h_{0i} - x_0)}{I_0^f} \tag{5.61}$$

$$\sigma_{si,\,max}^f = \alpha_E^f \frac{M_{max}^f(h_{0i} - x_0)}{I_0^f} \tag{5.62}$$

式中,$M_{min}^f$ 为荷载组合下的最小弯矩值;$\alpha_E^f$ 为钢筋弹性模量和混凝土疲劳变形模量的比值;$h_{0i}$ 为受拉区第 $i$ 层钢筋的截面重心到受压区边缘的距离;$\Delta f_y^f$ 为钢筋疲劳应力幅的限值,取值按规范第 4.1.6 条。

### 5.5.2　美国规范

在 ACI 215R - 74(1992 年修订版)[25]中,研究疲劳问题使用的是修正的 Goodman 图,如图 5.29 所示。研究发现:素混凝土的疲劳强度与加载方式无关;当疲劳应力下限等于 0,重复加载次数为 $10^6$ 时,混凝土的最大应力是静力加载强度的 50%;当疲劳应力下限等于 $0.15f'_c$ 时,为保证重复加载次数大于 $10^6$,混凝土的疲劳上限最大是 $0.55f'_c$。

规范推荐:当疲劳应力下限等于 0 时,混凝土的疲劳上限小于或等于静力加载下极限抗压强度的 40%。

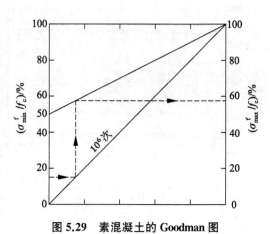

图 5.29　素混凝土的 Goodman 图

式(5.63)为应力幅计算公式,保证率为 95%。

$$S_r = \alpha(161 - 0.33S_{min}) \tag{5.63}$$

式中,$S_r$ 为应力幅;$S_{min}$ 为最小应力;$\alpha$ 为系数,若为变形直钢筋,取 1,若为点焊钢筋或弯曲钢筋,取 0.5。

美国国家公路与运输协会规范 AASHTO(2017)[24]定义了两种疲劳极限状态。疲劳极限状态Ⅰ：无限寿命下的疲劳与断裂荷载组合；疲劳极限状态Ⅱ：有限寿命下的疲劳与断裂荷载组合。两种疲劳极限状态的疲劳设计准则均可以用式(5.64)表示，只是 $\gamma$ 和 $(\Delta F)_{TH}$ 的取值不同。

$$\gamma(\Delta f) \leqslant (\Delta F)_{TH} \tag{5.64}$$

式中，$\gamma$ 为疲劳荷载组合系数，疲劳极限状态Ⅰ中 $\gamma$ 取值为 1.75，疲劳极限状态Ⅱ中 $\gamma$ 取值为 0.8；$\Delta f$ 为荷载作用效应，疲劳荷载下的活载应力幅（MPa）；$(\Delta F)_{TH}$ 为常幅疲劳阈值（MPa）。

对于直钢筋，AASHTO (2014)[77] 给出的常幅疲劳阈值 $(\Delta F)_{TH}$ 表达式如下：

$$(\Delta F)_{TH} = 165 - \frac{138 f_{min}}{f_y} \tag{5.65}$$

式中，$f_{min}$ 为最小活荷载应力（MPa）；$f_y$ 为钢筋屈服应力（MPa），不小于 414 MPa，不大于 689 MPa。

随着高强钢筋的广泛使用，第 8 版 AASHTO (2017)规范调整了常幅疲劳阈值 $(\Delta F)_{TH}$ 的取值：

$$(\Delta F)_{TH} = 179 - \frac{152 f_{min}}{f_y} \tag{5.66}$$

### 5.5.3　日本规范

在 JSCE-2007[78] 中，抗弯疲劳验算分为两大项，一项是混凝土疲劳强度的验算，另一项是钢筋疲劳强度的验算。

混凝土疲劳强度的验算如下：

$$f_{rd} = k_{1f} f_d \left(1 - \frac{\sigma_p}{f_d}\right)\left(1 - \frac{\lg N}{K}\right) \tag{5.67}$$

式中，$f_d$ 为混凝土强度设计值；$\sigma_p$ 为永久荷载引起的应力；若为普通混凝土，$K$ 取 1.0，否则取 1.7；若为轴拉和弯拉，$k_{1f}$ 取 1.0，若为轴压和弯压，$k_{1f}$ 取 0.85。

钢筋疲劳强度验算如下：

$$f_{srd} = 190 \frac{10^a}{N^k} \cdot \frac{1 - \frac{\sigma_{sp}}{f_{ud}}}{\gamma_s} \tag{5.68}$$

$$a = k_{0f}(0.81 - 0.003 d_s) \tag{5.69}$$

式中，$\sigma_{sp}$ 为永久荷载产生的钢筋应力；$f_{ud}$ 为钢筋抗拉强度的设计值；$\gamma_s$ 为钢筋的材料系数，取 1.05；$k_{0f}$ 为参数，与钢筋表面形状有关，一般取 1.0；$d_s$ 为钢筋直径；$k$ 为试验参数，一般取 0.12。

### 5.5.4 欧洲规范

在 CEB-FIP 2010[23] 中,抗弯疲劳验算按荷载重复次数以及疲劳荷载的影响分为四个等级。

设计等级一:对疲劳作用是否存在仅作定性判断,认为荷载重复次数为 $10^4$ 次则无疲劳失效现象。

设计等级二:适用于低应力高周疲劳,荷载重复次数不大于 $10^8$ 次。钢筋疲劳验算要求见式(5.70),受压混凝土疲劳验算要求见式(5.71),受拉混凝土疲劳验算要求见式(5.72)。

$$\gamma_{\mathrm{Ed}} \max \Delta \sigma_{\mathrm{Es}} \leqslant \frac{\Delta \sigma_{\mathrm{Rsk}}}{\gamma_{\mathrm{s, fat}}} \tag{5.70}$$

$$\gamma_{\mathrm{Ed}} \sigma_{\mathrm{c, max}} \eta_{\mathrm{c}} \leqslant 0.45 f_{\mathrm{cd, fat}} \tag{5.71}$$

$$\gamma_{\mathrm{Ed}} \sigma_{\mathrm{ct, max}} \leqslant 0.33 f_{\mathrm{ctd, fat}} \tag{5.72}$$

式中,$\eta_{\mathrm{c}}$ 为混凝土受压区平均压应力系数,按照规范 7.4.1.2 条取值;$f_{\mathrm{cd, fat}}$ 为混凝土受压疲劳强度设计值;$\sigma_{\mathrm{ct, max}}$ 为混凝土中的最大拉应力;$f_{\mathrm{ctd, fat}}$ 为混凝土受拉疲劳强度设计值。

设计等级三:适用于控制作用为疲劳的工况。钢筋的疲劳验算要求满足式(5.73)。对于混凝土疲劳受压,按式(5.74)、式(5.75)计算混凝土最大应力水平和最小应力水平。按照式(5.76)、式(5.78)计算混凝土的疲劳寿命 $N$。

$$\gamma_{\mathrm{Ed}} \max \Delta \sigma_{\mathrm{Es}} \leqslant \frac{\Delta \sigma_{\mathrm{Rsk}}(n)}{\gamma_{\mathrm{s, fat}}} \tag{5.73}$$

$$S_{\mathrm{cd, min}} = \frac{\gamma_{\mathrm{Ed}} \sigma_{\mathrm{c, min}} \eta_{\mathrm{c}}}{f_{\mathrm{cd, fat}}} \tag{5.74}$$

$$S_{\mathrm{cd, max}} = \frac{\gamma_{\mathrm{Ed}} \sigma_{\mathrm{c, max}} \eta_{\mathrm{c}}}{f_{\mathrm{cd, fat}}} \tag{5.75}$$

$$\lg N_1 = \frac{8}{Y-1}(S_{\mathrm{cd, max}} - 1) \tag{5.76}$$

$$\lg N_2 = 8 + \frac{8\ln 10}{Y-1}(Y - S_{\mathrm{cd, min}}) \lg\left(\frac{S_{\mathrm{cd, max}} - S_{\mathrm{cd, min}}}{Y - S_{\mathrm{cd, min}}}\right) \tag{5.77}$$

$$Y = \frac{0.45 + 1.8 S_{\mathrm{cd, min}}}{1 + 1.8 S_{\mathrm{cd, min}} - 0.3 S_{\mathrm{cd, min}}^2} \tag{5.78}$$

式中,$n$ 为实际疲劳次数。$N$ 为混凝土的疲劳寿命,当 $N_1 \leqslant 10^8$ 时,取 $N = N_1$;当 $N_1 > 10^8$ 时,取 $N = N_2$。规定最小受压应力水平 $S_{\mathrm{cd, min}} > 0.8$ 时,取 $S_{\mathrm{cd, min}} = 0.8$。

设计等级四:考虑疲劳损失。将荷载谱分为 $j$ 块,采用 Miner 线性准则计算疲劳损伤累积。

$$D = \sum_{i=1}^{j} \frac{n_{\mathrm{S}i}}{N_{\mathrm{R}i}} \leqslant D_{\lim} \tag{5.79}$$

式中, $D$ 为疲劳损伤; $n_{\mathrm{S}i}$ 为第 $i$ 种应力水平下,作用在钢筋和混凝土上的疲劳次数; $N_{\mathrm{R}i}$ 为对应于第 $i$ 种应力水平的疲劳寿命; $D_{\lim}$ 为规定的疲劳损伤限值。

### 5.5.5　各国规范对比

通过对各国规范进行研究,整理了它们所使用的计算方法以及是否考虑了钢筋直径对疲劳寿命的影响(表 5.9)。

表 5.9　　　　　　　　　　　　各国规范总结

| 规范 | 容许应力法 | 基于疲劳极限状态法 | 考虑了钢筋直径 |
|---|:---:|:---:|:---:|
| GB 50010—2010(2015) | √ | | |
| ACI 215R - 74(1992) | | √ | |
| AASHTO(2017) | | √ | |
| JSCE - 2007 | √ | | √ |
| CEB-FIP 2010 | | √ | √ |

## 5.6　抗弯疲劳设计方法推荐

### 5.6.1　抗弯疲劳计算公式推荐

通过试验 5.1 可知,混合配筋混凝土梁在受弯疲劳荷载下最先破坏的是钢纵筋,然后钢纵筋的疲劳破坏引起梁的疲劳破坏。梁承受疲劳荷载的能力是由钢纵筋、GFRP 筋和混凝土三部分共同提供的,即

$$M = M_{\mathrm{c}} + M_{\mathrm{s}} + M_{\mathrm{f}} \tag{5.80}$$

进行受力分析,对中和轴取矩,得式(5.81):

$$M = \beta_1 f_{\mathrm{c}} b c^2 / 2 + \beta_2 \Delta\sigma_{\mathrm{s}} A_{\mathrm{s}} (h_0 - c) + \beta_3 \Delta\sigma_{\mathrm{f}} A_{\mathrm{f}} (h_0 - c) \tag{5.81}$$

式中, $\beta_1$, $\beta_2$, $\beta_3$ 为待定系数; $b$ 为截面宽度; $c$ 为中和轴高度; $h_0$ 为有效高度; $A_{\mathrm{s}}$ 和 $A_{\mathrm{f}}$ 分别为钢纵筋面积和 GFRP 纵筋面积; $f_{\mathrm{c}}$ 为混凝土轴心抗压强度; $\Delta\sigma_{\mathrm{s}}$ 为钢筋应力幅; $\Delta\sigma_{\mathrm{f}}$ 为 GFRP 筋应力幅。

### 5.6.2　抗弯疲劳计算公式确定

$\beta_1$, $\beta_2$, $\beta_3$ 为待定系数,参考文献[60]的数值模拟方法来确定,进而确定计算公式。试件模型选用的截面尺寸为 $b \times h = 250\ \mathrm{mm} \times 500\ \mathrm{mm}$ ;GFRP 筋极限抗拉强度 $f_{\mathrm{fu}} = 900\ \mathrm{MPa}$ ,钢筋屈服强度 $f_{\mathrm{y}} = 450\ \mathrm{MPa}$ ;GFRP 筋弹性模量 $E_{\mathrm{f}} = 50\ \mathrm{GPa}$ ,钢筋弹性模量 $E_{\mathrm{s}} =$

200 GPa;配筋面积比选用 0.25，0.50，0.75，1.00，1.25，1.50，2.00，2.50，3.00 九种规格；有效配筋率选用 0.4%，0.6%，0.8%，1.0%，1.2%，1.4%，1.6%，1.8%，2.0% 九种规格；混凝土轴心抗压强度选用 30 MPa 和 40 MPa 两种规格。不同规格自由组合，共进行了 162 根混合配筋梁弯曲疲劳构件数值模拟试验，控制目标是加载 200 万次发生破坏。

**1. 确定系数 $\beta_1$**

$\beta_1$ 是与混凝土有关的系数，可通过疲劳全过程分析中的混凝土弯矩贡献计算得到：

$$\beta_1 = \frac{M_c}{f_c bc^2/2} \tag{5.82}$$

$\beta_1$ 的分布范围是 0.25～0.45，并且离散率较大，受有效配筋率影响最大。考虑有效配筋率的影响，对 $\beta_1$ 按照式(5.83)进行修正：

$$\beta_1' = \frac{\beta_1}{\sqrt[3]{100\rho_{eff}}} \tag{5.83}$$

将 $\beta_1'$ 绘于图 5.30 中，从图中可知，系数 $\beta_1'$ 大部分集中在 0.3～0.35 之间，整体均值为 0.339，变异系数为 0.035 5，可以保守取 $\beta_1' = 0.3$。

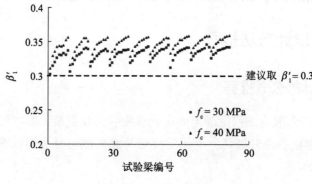

**图 5.30　系数 $\beta_1'$ 分布**

**2. 确定系数 $\beta_2$**

$\beta_2$ 主要与钢纵筋对抗弯疲劳贡献有关，可通过疲劳全过程分析中的钢纵筋弯矩贡献计算得到：

$$\beta_2 = \frac{M_s}{\Delta\sigma_s A_s (h_0 - c)} \tag{5.84}$$

$\beta_2$ 的分布范围是 1.2～1.6，并且离散率较大，当有效配筋率小于 1.0% 时，受配筋面积比影响最大。考虑有效配筋率与配筋面积比的影响，对有效配筋率小于 1.0% 时的 $\beta_2$ 按照式(5.85)进行修正：

$$\beta_2' = \frac{\beta_2}{\left(\dfrac{A_f}{A_s}\right)^{\frac{1}{5\,000\rho_{eff}}}} \tag{5.85}$$

将 $\beta_2'$ 绘于图 5.31 中,从图中可知,系数 $\beta_2'$ 大部分集中在 1.25～1.45 之间,整体均值为 1.343,变异系数为 0.032 1,可以保守取 $\beta_2' = 1.25$。

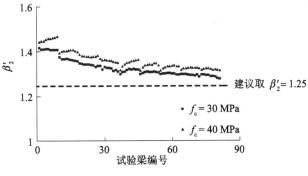

图 5.31　系数 $\beta_2'$ 分布

### 3. 确定系数 $\beta_3$

$\beta_3$ 主要与 GFRP 纵筋对抗弯疲劳贡献有关,可通过疲劳全过程分析中的 GFRP 纵筋弯矩贡献计算得到:

$$M_f = \beta_3 \Delta \sigma_f A_f (h_0 - c) \tag{5.86}$$

$\beta_3$ 的分布范围是 1.2～1.6,并且离散率较大,受有效配筋率与配筋面积比影响最大。考虑有效配筋率与配筋面积比的影响,对 $\beta_3$ 按照式(5.87)进行修正:

$$\beta_3' = \frac{\beta_3}{\left(\dfrac{A_f}{A_s}\right)^{\frac{1}{5\,000\rho_{eff}}}} \tag{5.87}$$

将 $\beta_3'$ 绘于图 5.32 中,从图中可知,系数 $\beta_3'$ 大部分集中在 1.2～1.45 之间,整体均值为 1.34,变异系数为 0.034 5,可以保守取 $\beta_3' = 1.2$。

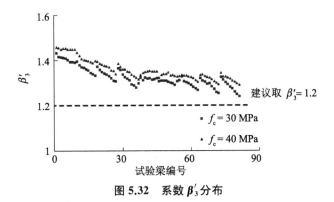

图 5.32　系数 $\beta_3'$ 分布

### 4. 计算公式推荐

数值模拟中考虑了配筋面积比和有效配筋率的影响,并且有限元模型也是偏安全的,所以可以认为求得的三个系数具有足够的保证率和可靠度,将其代入式(5.88):

$$M_{\max} = \frac{0.3\sqrt[3]{100\rho_{\text{eff}}}f_{\text{c}}bc^2}{2} + 1.25\left(\frac{A_{\text{f}}}{A_{\text{s}}}\right)^{\frac{1}{5\,000\rho_{\text{eff}}}}\Delta\sigma_{\text{s, max}}A_{\text{s}}(h_0 - c) +$$
$$1.2\left(\frac{A_{\text{f}}}{A_{\text{s}}}\right)^{\frac{1}{5\,000\rho_{\text{eff}}}}\Delta\sigma_{\text{f, max}}A_{\text{f}}(h_0 - c) \tag{5.88}$$

由此得到钢筋应力幅计算公式:

$$\Delta\sigma_{\text{s, max}} = \frac{M_{\max} - \dfrac{0.3\sqrt[3]{100\rho_{\text{eff}}}f_{\text{c}}bc^2}{2}}{1.25\left(\dfrac{A_{\text{f}}}{A_{\text{s}}}\right)^{\frac{1}{5\,000\rho_{\text{eff}}}}A_{\text{s}}(h_0 - c) + 1.2\left(\dfrac{A_{\text{f}}}{A_{\text{s}}}\right)^{\frac{1}{5\,000\rho_{\text{eff}}}}\dfrac{E_{\text{f}}}{E_{\text{s}}}A_{\text{f}}(h_0 - c)} \tag{5.89}$$

### 5.6.3 抗弯疲劳计算公式验证

按照推荐式(5.89)对 7 根混合配筋混凝土抗弯疲劳试验梁进行了疲劳验算,结果汇总在表 5.10 中,从表中可看到,7 根抗弯疲劳试验梁的钢筋应力幅均超过容许应力幅,表明试验梁疲劳寿命均小于 200 万次,理论计算结果与试验结果相符。

**表 5.10**                 理论计算结果与试验结果对比

| 试件编号 | $\Delta\sigma_{\text{s, lim}}$/MPa | $\Delta\sigma_{\text{s, max}}$/MPa | 理论计算结果与试验结果是否相符<br>(200 万次) |
|:---:|:---:|:---:|:---:|
| FF1 | 194.4 | 209 | 相符 |
| FF2 | 194.4 | 261 | 相符 |
| FF3 | 186.7 | 225 | 相符 |
| FF4 | 186.7 | 284 | 相符 |
| FF5 | 194.4 | 283 | 相符 |
| FF6 | 194.4 | 367 | 相符 |
| FF7 | 186.7 | 384 | 相符 |

### 5.6.4 疲劳设计方法

对于混合配筋混凝土梁的设计,完成静力荷载下截面及配筋的设计后,需要进行疲劳验算。若钢筋应力幅、混凝土疲劳应力、疲劳刚度验算有一项未通过,则需要改变截面尺寸,反复验算,直到满足疲劳应力要求及刚度要求为止。验算步骤如下:

(1)荷载组合。结构承受疲劳荷载时,最小荷载一般对应于结构的恒载,最大荷载对应于结构的恒载和活载之和。因此,对于服役的大量中小跨径钢筋混凝土桥梁而言,荷载组合主要考虑汽车荷载与恒荷载两种效应组合。由于桥梁结构或主要受力构件对车辆荷载冲击产生的响应比较显著,考虑车辆荷载冲击系数 $\mu$,恒荷载、活荷载组合方法见表 5.11。疲劳验算中,荷载取标准值。

表 5.11　　　　　　　　　　　计算荷载组合及参数

| 荷载组合 | 名称 | 组合系数 | |
|---|---|---|---|
| | | 恒荷载 | 活荷载 |
| 组合 1 | 设计组合 | 1.2 | 1.4 |
| 组合 2 | 疲劳组合 | 1 | $1+\mu$ |

服役桥梁基频可按式(5.90)计算:

$$F=\frac{\pi}{2l_{\mathrm{c}}^{2}}\sqrt{\frac{EI_{\mathrm{c}}}{m_{\mathrm{c}}}} \tag{5.90}$$

式中,$E$ 为结构材料的弹性模量;$I_{\mathrm{c}}$ 为结构跨中截面惯性矩;$l_{\mathrm{c}}$ 为结构计算跨径;$m_{\mathrm{c}}$ 为结构跨中处的单位长度质量。

车辆荷载冲击系数可按式(5.91)计算:

$$\mu=\begin{cases}0.05, & F<1.5\ \mathrm{Hz}\\ 0.176\ 7\ln F-0.015\ 7, & 1.5\ \mathrm{Hz}\leqslant F<14\ \mathrm{Hz}\\ 0.45, & F>14\ \mathrm{Hz}\end{cases} \tag{5.91}$$

(2) 验算钢筋应力幅。根据式(5.89)计算钢筋设计应力幅 $\Delta\sigma_{\mathrm{s,\,max}}$,判断设计应力幅是否超过容许应力幅 $\Delta\sigma_{\mathrm{s,\,lim}}$;规范 CEB-FIP 2010 考虑了钢筋直径对疲劳强度的影响,且较为接近工程实际,所以容许应力幅 $\Delta\sigma_{\mathrm{s,\,lim}}$ 根据 CEB-FIP 2010 确定。

(3) 验算混凝土受压区边缘压应力。由式(5.29)计算得到 $\sigma_{\mathrm{cc,\,max}}^{\mathrm{f}}$,若满足 $\sigma_{\mathrm{cc,\,max}}^{\mathrm{f}}$ 小于或等于混凝土轴心抗压疲劳强度设计值,则进行下一步;否则,重新进行静力设计。

(4) 验算疲劳刚度。由规范 CEB-FIP 2010 中式(5.92)计算得到疲劳上限荷载作用时的跨中挠度 $f_n$,允许挠度值按 GB 50010—2010(2015)取值,若满足 $f_n$ 小于或等于 $[f]$,则进行下一步;否则,重新进行静力设计。

$$f_n=f_0\big[1.5-0.5\exp(-0.03n^{0.25})\big] \tag{5.92}$$

(5) 如果步骤(2)～(4)都能通过验算,则满足疲劳设计要求;若其中任一步骤不通过验算,则改变截面尺寸,重新进行步骤(1)～(4)的验算,直至满足条件。

### 5.6.5　算例分析

以下面示范梁为算例,已知矩形截面混合配筋混凝土简支梁 $b\times h\times L=250\ \mathrm{mm}\times500\ \mathrm{mm}\times3\ 600\ \mathrm{mm}$,GFRP 筋的极限抗拉强度为 1 000 MPa,弹性模量为 48 GPa,纵向受拉钢筋为 HRB400 级钢筋,混凝土强度等级为 C40,具体配筋如图 5.33 所示。梁承受均布荷载,永久荷载标准值为

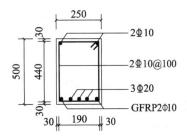

**图 5.33　示范梁配筋图(单位:mm)**

15 kN/m,可变荷载标准值为 24 kN/m。

（1）荷载组合

跨中截面恒载产生的弯矩：$M_G = 24.3$ kN·m

跨中截面活载产生的弯矩：$M_Q = 38.9$ kN·m

按设计组合：$M_1 = 1.2M_G + 1.4M_Q = 83.6$ kN·m

按疲劳组合：梁的基频为

$$F = \frac{\pi}{2l_c^2}\sqrt{\frac{EI_c}{m_c}} = 27.4 \text{ Hz} > 14 \text{ Hz}$$

车辆荷载冲击系数 $\mu = 0.45$，疲劳组合 $M_2 = 1.0M_G + (1+\mu)M_Q = 80.71$ kN·m，$M_1 > M_2$，按设计组合进行验算。

（2）验算钢筋应力幅

$\Delta\sigma_{s,max} = 173.9$ MPa $< \Delta\sigma_{s,lim} = 201.7$ MPa，满足要求。

（3）验算压区顶部混凝土应力

$\sigma_{cc,max}^f = \dfrac{M_{max}^f x_0}{I_0^f} = 12.7$ MPa $< \gamma_p f_c = 16.4$ MPa，满足要求。

（4）验算疲劳刚度

梁在 200 万次疲劳加载后的挠度：$f_n = f_0[1.5 - 0.5\exp(-0.03n^{0.25})] = 5.9$ mm

参考《混凝土结构设计规范》[GB 50010—2010(2015)]对受弯构件挠度限值的规定，构件计算跨度不超过 7 m 时，挠度限值取为 $l_0/200$。混合配筋混凝土梁正常使用阶段的允许挠度值 $[f] = 18$ mm。因此，$f_n < [f]$，挠度满足要求。

综上，配筋要求满足，疲劳验算通过。

# 习　题

【5-1】　影响混合配筋混凝土梁受弯疲劳性能的因素有哪些？并分析其影响规律。

【5-2】　有效配筋率对混合配筋混凝土梁受弯疲劳性能有何影响？

【5-3】　构件承受疲劳荷载时，截面抗弯刚度有哪几种定义方法？解释不同定义方法。

【5-4】　列出混合配筋混凝土梁受弯疲劳全过程分析的基本假定。

【5-5】　疲劳荷载作用下，梁内钢筋和 GFRP 筋是否会产生不可恢复的残余应变？分析其可能原因。

【5-6】　分析疲劳荷载作用下梁内钢筋和 GFRP 筋残余应变随荷载的变化规律。

【5-7】　画出混合配筋混凝土梁受弯疲劳全过程计算流程图。

【5-8】　试写出混合配筋混凝土梁抗弯疲劳承载力计算公式。

【5-9】　已知矩形截面混合配筋混凝土简支梁 F1 和 F2，$b \times h \times L = 180$ mm $\times$ 250 mm $\times$ 2 200 mm，具体配筋如图 5.34 所示，GFRP 筋的极限抗拉强度为 1 100 MPa，弹性

模量为 45 GPa,纵向受拉钢筋为 HRB400 级钢筋,混凝土强度等级为 C40。梁承受均布荷载,永久荷载标准值为 12 kN/m,可变荷载标准值为 25 kN/m。试进行疲劳验算。

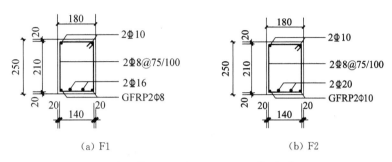

（a）F1　　　　　　　　　　（b）F2

**图 5.34　混合配筋混凝土梁 F1 和 F2 配筋图(单位: mm)**

# 第6章
# 偏心受力构件的正截面承载力

## 6.1　引言

为研究混合配筋混凝土构件的偏心受力过程,设计制作了10根偏心受压试验柱,分析试验现象和结果并总结相应规律;区分大、小偏心受压的界限状态Ⅰ和混合配筋构件特有的界限状态Ⅱ,明确了偏心受压的大、小偏心破坏形态;对二阶效应进行了深入研究,通过数值模拟的方法,推荐了混合配筋混凝土柱偏心距增大系数 $\eta_i$ 的计算公式;分析受力过程,推荐了大、小偏心受压构件正截面承载力的计算公式,并结合试验对其有效性进行了验证。

## 6.2　试验研究

### 6.2.1　试验设计及制作

课题组共设计了10根偏心受压试验柱 Z3～Z12,试件的外形尺寸均为 $b \times h \times L = 300\,\text{mm} \times 300\,\text{mm} \times 1500\,\text{mm}$,长细比为5,仅配筋和偏心距不同。试验柱都设置了牛腿,同时布有钢筋网片,具体截面配筋如图6.1所示,具体配筋信息如表6.1所示。

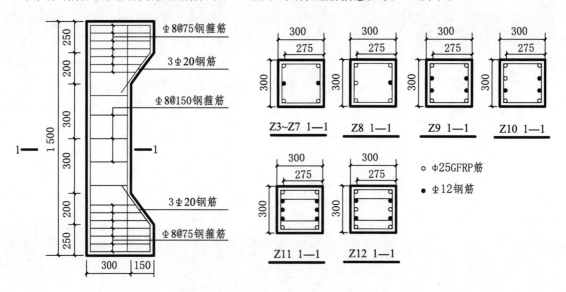

图6.1　偏心受压柱截面配筋图(单位:mm)

表 6.1                                        偏心受压柱配筋信息

| 试件编号 | 偏心距 $e$/mm | 钢筋面积 $A_s$/mm² | GFRP 筋面积 $A_f$/mm² | 混凝土强度 $f_{cu}^0$/MPa | 有效配筋率 $\rho_{sf,E}$/% |
|---|---|---|---|---|---|
| Z3 | 200 | 226.2 | 1 964 | 46.2 | 0.67 |
| Z4 | 110 | 226.2 | 1 964 | 46.2 | 0.67 |
| Z5 | 130 | 226.2 | 1 964 | 46.2 | 0.67 |
| Z6 | 200 | 226.2 | 1 964 | 27.3 | 0.67 |
| Z7 | 130 | 226.2 | 1 964 | 27.3 | 0.67 |
| Z8 | 200 | 113.1 | 2 455 | 46.2 | 0.66 |
| Z9 | 200 | 452.4 | 1 964 | 46.2 | 0.92 |
| Z10 | 200 | 339.3 | 2 455 | 46.2 | 0.91 |
| Z11 | 200 | 678.6 | 1 964 | 46.2 | 1.18 |
| Z12 | 200 | 452.4 | 2 946 | 46.2 | 1.14 |

本试验(简称试验 6.1)的试件 Z3~Z12 与试验 3.1 的试件 Z1~Z2 是在相同时间、地点制作的,另外浇筑时留下了 6 个 150 mm×150 mm×150 mm 混凝土试块。浇筑时进行充分振捣,养护期用麻袋、草衫覆盖并定期洒水保持湿润。14 d 后拆木模,试件养护时间大于 28 d。

## 6.2.2  偏压试验加载方案

试验使用 10 t 液压材料试验机加载,柱两端都为单刀铰支座,为单调加载静力试验(图6.2)。确认试件就位准确,开始预加载。根据标准方法操作,开始分级加载,每级荷载均为20 kN,每级持续加载时间至少 10 min,确保变形稳定;达到计算荷载时,改为 2 mm/min 的位移控制。

试验中对以下内容进行了记录:

(1) 变形:在试件距离荷载远侧从上到下布置 5 个位移计,在试件垂直于弯曲平面的两侧各布置 1 个位移计,以测量试件挠度。

(2) 截面平均应变:在试件柱中截面 150 mm 的范围内,沿截面高度方向均匀布置 5 排位移计,测量每级荷载下的变形。

(3) 纵筋和箍筋应变:在柱中位置的钢筋、GFRP 纵筋和箍筋上粘贴电阻应变片,测试其在受力过程中的应变随荷载的变化,采用静态数据采集仪采集试验数据。

(4) 混凝土压应变:在柱中位置受拉和受压边缘粘贴混凝土应变片,采用静态数据采集仪采集试验数据。

(5) 裂缝:为了便于加载过程中观测和描绘裂缝的发展,试验开始前,将试件表面均刷白,待干燥后绘制 50 mm×50 mm 方格网。试件的裂缝宽度由肉眼借助刻度放大镜观察和测量。本试验记录了试件在各级荷载下裂缝的最大宽度,并在试件上描绘出裂缝分布及开展情况。加载结束后,测量平均裂缝间距和裂缝宽度。

（6）承载力和破坏形态：观察到第一条裂缝时,取前一级荷载为开裂荷载;承载力开始下降时,取对应荷载为极限荷载。

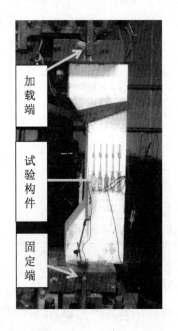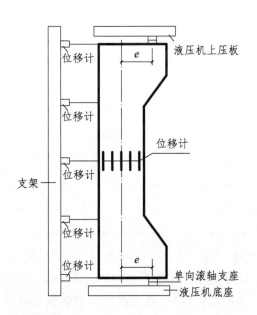

（a）加载装置

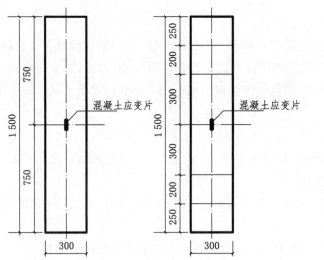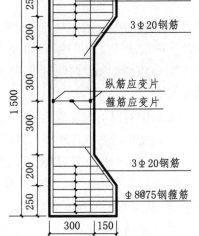

（b）混凝土应变片布置图    （c）纵筋与箍筋应变片布置图

**图 6.2　试验加载装置及应变片布置图（单位：mm）**

## 6.2.3　试验现象分析

本试验偏心受压柱破坏过程与钢筋混凝土大偏压柱的破坏过程类似。

　　初始加载时,无明显现象,处于弹性阶段;随着压力增大,试验柱受拉侧中间位置附近开始出现横向裂缝,然后受拉侧裂缝数量变多、宽度增大,并且裂缝慢慢向受压侧延伸;压力较大时,纵向裂缝出现在试验柱受压侧,不久后出现混凝土被压碎,挠度猛然增大,此为极限状态标志;最后卸载,受拉侧裂缝大多数宽度减小,基本闭合。

　　图 6.3 为试件 Z3~Z12 的最终破坏形态,可以看出,最后的破坏形式都是受压侧混凝土被压碎。少数试验柱的受压侧 GFRP 筋有纵向裂纹[图 6.3(b)、(c)、(e)、(i)]。对比受压侧 GFRP 筋完整的试验柱,破坏位置均处在箍筋之间且缺失混凝土,可发现原因为缺少混凝土的约束,破坏时突然增大的挠度使得受压侧 GFRP 筋受损。另外,试验柱箍筋和受拉侧 GFRP 筋都未出现裂纹。

(a) Z3

(b) Z4

(c) Z5

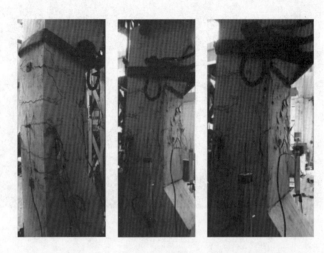

(d) Z6

(e) Z7

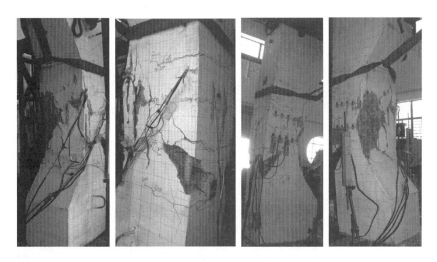

(f) Z8

(g) Z9

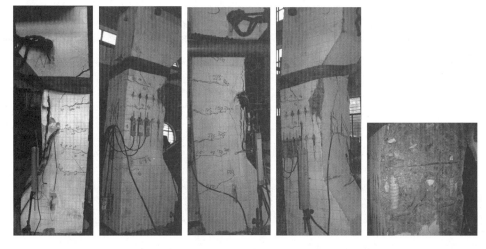

(h) Z10

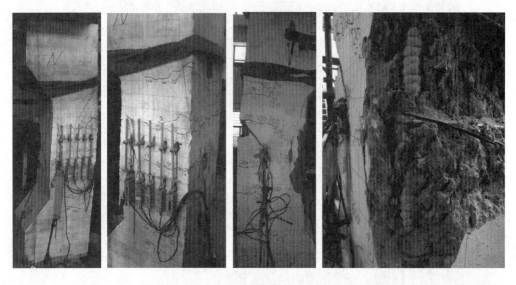

(i) Z11

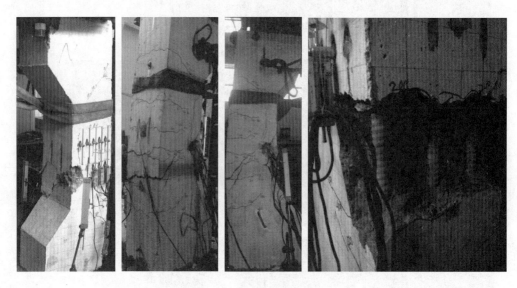

(j) Z12

**图 6.3 试件 Z3～Z12 最终破坏形态**

### 6.2.4 试验结果分析

#### 1. 偏心受压承载力

将试验数据汇总在表 6.2 中,包括所有试验柱的偏心受压承载力及破坏模式。通过分析极限状态时测得的钢筋、GFRP 筋应变发现,试验柱主要有以下两种破坏模式:a—破坏前受拉钢筋已经屈服,破坏时受压钢筋在屈服点附近;b—破坏前受拉钢筋和受压钢筋都早已屈服。其中,试验柱 Z8 是特例,因为其没有受拉钢筋,破坏时受压侧钢筋已经屈服,而受拉侧 GFRP 筋均完整,但其应变大于钢筋的屈服应变。

表 6.2　　　　　　　　　　　　　试验柱偏心受压承载力及破坏模式

| 试件编号 | 水平开裂荷载 $N_{cr}$/kN | 竖向开裂荷载 $N_{cr}$/kN | 极限荷载 $N_u$/kN | 破坏模式 |
|---|---|---|---|---|
| Z3 | 85 | 340 | 678 | a |
| Z4 | 220 | 1 000 | 1 245 | a |
| Z5 | 180 | 960 | 1 064 | a |
| Z6 | 100 | 340 | 564 | b |
| Z7 | 250 | 630 | 728 | b |
| Z8 | 120 | 450 | 786 | — |
| Z9 | 175 | 500 | 776 | b |
| Z10 | 125 | 610 | 790 | a |
| Z11 | 175 | 830 | 854 | a |
| Z12 | 90 | 650 | 843 | a |

#### 2. 承载力影响因素

试件 Z3~Z12 在设计时考虑了影响偏心受压承载力的几个因素:偏心距、有效配筋率和混凝土强度。

仅偏心距不同的试件有 Z3、Z4 和 Z5,对比可知,当其他条件相同时,偏心距越大,试验柱的偏心受压承载力越小。

仅有效配筋率不同的试件有两组:Z3、Z9、Z12 和 Z8、Z10、Z11,对比可知,当其他条件相同时,有效配筋率越大,试验柱的偏心受压承载力越大。

仅混凝土强度不同的试件有两组:Z3、Z6 和 Z5、Z7,对比可知,当其他条件相同时,混凝土强度越大,试验柱的偏心受压承载力越大。

#### 3. 荷载-GFRP 筋应变关系

将测得的荷载-GFRP 筋应变曲线绘制在图 6.4 中,并将偏心距、混凝土强度和有效配筋率几个相关因素的对比试验柱数据绘制在同一个坐标系中。

从图 6.4(a)中可看出偏心距对荷载-GFRP 筋应变关系的影响。其他条件保持相同时,偏心距越大,对应曲线的斜率越小,即同荷载时 GFRP 筋产生更大的应变。

从图 6.4(b)中可看出混凝土强度对荷载-GFRP 筋应变关系的影响。其他条件保持相同时,混凝土强度越大,对应曲线的斜率越大,即同荷载时 GFRP 筋产生更小的应变。

从图 6.4(c)中可看出有效配筋率对荷载-GFRP 筋应变关系的影响。其他条件保持相同时,有效配筋率越大,对应曲线的斜率越大,即同荷载时 GFRP 筋产生更小的应变。

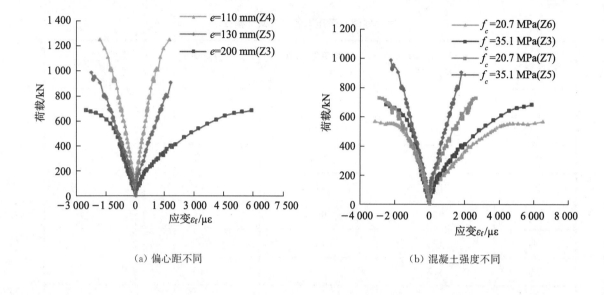

（a）偏心距不同                         （b）混凝土强度不同

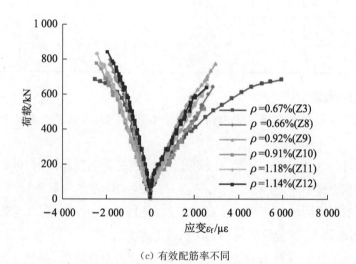

（c）有效配筋率不同

**图 6.4    试验柱荷载-GFRP 筋应变曲线**

### 4. 荷载-柱中侧向变形关系

将测得的荷载-柱中侧向变形曲线绘制在图 6.5 中，并将偏心距、混凝土强度和有效配筋率几个相关因素的对比试验柱数据绘制在同一个坐标系中。

从图 6.5（a）中可看出偏心距对荷载-柱中侧向变形关系的影响。其他条件保持相同时，偏心距越大，对应曲线的斜率越小，即同荷载时柱中侧向产生更大的变形。

从图 6.5（b）中可看出混凝土强度对荷载-柱中侧向变形关系的影响。其他条件保持相同时，混凝土强度越大，对应曲线的斜率越大，即同荷载时柱中侧向产生更大的变形。

从图 6.5（c）中可看出有效配筋率对荷载-柱中侧向变形关系的影响。其他条件保持相同时,有效配筋率越大,对应曲线的斜率越大,即同荷载时柱中侧向产生更大的变形。

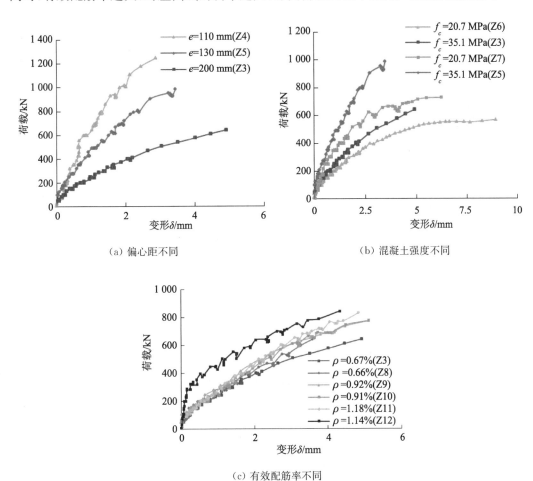

（a）偏心距不同　　　　　　　　　　（b）混凝土强度不同

（c）有效配筋率不同

**图 6.5　试验柱荷载-柱中侧向变形曲线**

## 6.3　界限状态研究

### 6.3.1　偏心受压柱破坏形态

总结现有研究可知,混合配筋柱偏心受压破坏模式与钢筋混凝土柱类似,根据距加载点更远端的钢筋屈服与否,可区分偏压破坏模式。

**1. 小偏心受压破坏**

柱小偏心受压破坏时,混凝土被压碎,即 $\varepsilon_c = \varepsilon_{cu}$;距加载点更远端的钢筋未屈服,受拉或受压均有可能,即 $\varepsilon_s = \varepsilon_f < \varepsilon_y$。此时偏心距较小或远离加载点一侧的钢筋配置过多。破坏形态与轴心受压破坏类似。

**2. 大偏心受压破坏**

柱大偏心受压破坏时,混凝土被压碎,即 $\varepsilon_c = \varepsilon_{cu}$;距加载点更远端的钢筋受拉力且已屈服,即 $\varepsilon_y < \varepsilon_s = \varepsilon_f < \varepsilon_{fu}$。 此时偏心距较大且距加载点更远端的钢筋配置适中。受拉侧钢筋屈服后,中和轴向受压侧转移,导致混凝土受拉变形量大于受压侧变形量,最终受压侧混凝土被压碎。

**3. 界限破坏Ⅰ**

柱偏心受压破坏时,混凝土被压碎,即 $\varepsilon_c = \varepsilon_{cu}$；距加载点更远端的受拉钢筋刚好屈服,即 $\varepsilon_y = \varepsilon_s = \varepsilon_f < \varepsilon_{fu}$。 此时为大、小偏心受压破坏的界限破坏状态。

**4. 界限破坏Ⅱ**

柱偏心受压破坏时,混凝土被压碎,即 $\varepsilon_c = \varepsilon_{cu}$；距加载点更远端的受拉 GFRP 筋刚好拉断,即 $\varepsilon_y < \varepsilon_s = \varepsilon_f = \varepsilon_{fu}$。

### 6.3.2 大、小偏压界限判别

由平截面假定可得到图 6.6,图中标出了几种破坏对应的应变分布,可分析出界限状态对应的相对受压区高度。

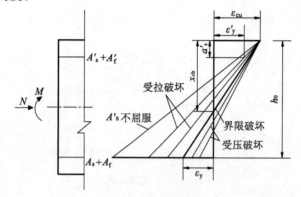

**图 6.6 截面应变分布**

**1. 界限状态Ⅰ**

此为大、小偏心受压的分界点,即受压边混凝土被压碎时,受拉钢筋刚好屈服,分析截面应变可得

$$\frac{x_{cb1}}{h_0} = \frac{\varepsilon_{cu}}{\varepsilon_{cu} + \varepsilon_y} \tag{6.1}$$

$$\xi_{b1} = \frac{x_{b1}}{h_0} = \frac{1}{1 + \dfrac{f_y}{E_s \varepsilon_{cu}}} \tag{6.2}$$

**2. 界限状态Ⅱ**

此时混凝土被压碎,同时远离加载点一侧的受拉 GFRP 筋刚好拉断,分析截面应变可得:

$$\xi_{b2} = \frac{1}{1 + \dfrac{f_{fu}}{E_s \varepsilon_{cu}}} \tag{6.3}$$

因为 $f_y < f_{fu}$，易知 $\xi_{b2} < \xi_{b1}$。根据受压区相对高度可以判断偏心受压构件破坏模式：当 $\xi \geqslant \xi_{b1}$ 时，最终破坏模式为小偏心受压；当 $\xi < \xi_{b1}$ 时，最终破坏模式为大偏心受压，大偏心受压时应保持 $\xi_{b2} \leqslant \xi < \xi_{b1}$，否则可能出现受拉侧 FRP 筋拉断，发生脆性破坏。

## 6.4　二阶效应研究

偏心受压构件在轴向荷载作用下会产生一个横向挠度，致使构件真实承受的弯矩大于初始时承受的弯矩，这就是"二阶效应"所产生的效果。

### 6.4.1　各国混凝土规范关于二阶效应的计算方法

#### 1. 中国相关规范

对于二阶效应的计算方法，中国的三版规范 GBJ 10—89[79]、GB 50010—2002[80]、GB 50010—2010(2015)[2] 都是柱截面偏心距增大系数法，也就是通过偏心距数值的增大来计算构件挠曲产生的附加弯矩，初始偏心距应乘以偏心距增大系数，三者略有不同。

##### 1) GBJ 10—89

该规范首先根据柱中点截面在界限状态的截面曲率推导得出该状态下偏心距增大系数，再根据试验计算，给出小偏压修正系数 $\xi_1$ 和长细比修正系数 $\xi_2$：

$$\eta = 1 + \frac{1}{1\,400 e_i/h} \left(\frac{l_0}{h}\right)^2 \xi_1 \xi_2 \tag{6.4}$$

$$\xi_1 = \frac{0.5 f_c A}{N} \tag{6.5}$$

$$\xi_2 = 1.15 - 0.01 \frac{l_0}{h} \tag{6.6}$$

最终弯矩设计值为

$$M_c = N \eta e_i \tag{6.7}$$

##### 2) GB 50010—2002

该规范弯矩设计值表达式与 GBJ 10—89 相同，只是 $e_i$ 的取值不同，简化方法仍为弯矩增大系数法。

##### 3) GB 50010—2010(2015)

该规范的计算公式推导与 GBJ 10—89 相同，但忽略了 $\xi_2$ 的影响。

$$\eta \approx 1 + \frac{1}{1\,300 e_i/h_0} \left(\frac{l_0}{h}\right)^2 \xi_c \tag{6.8}$$

$$\xi_c = \frac{0.5 f_c A}{N_c} \tag{6.9}$$

式中，$l_0$ 为偏心受压构件的计算长度；$h_0$ 为截面的有效高度；$\xi_c$ 为截面曲率修正系数；$A$ 为构件的截面积，对 T 形、I 形截面，均取 $A = bh + 2(b'_f - b)h'_f$。

### 2. 美国相关规范

美国规范 ACI 318-14[3] 也是通过弯矩增大系数考虑二阶效应的影响，与中国规范不同的是，它按有无侧移对构件分别进行计算，均考虑了两端弯矩不相等情况的调整，但方法有一定差异。在此仅介绍偏心受压无侧移构件二阶弯矩，即设计用到的最终弯矩设计值：

$$M_c = \delta M_2 \tag{6.10}$$

$$\delta = \frac{C_m}{1 - \dfrac{P_u}{0.75 P_c}} \geqslant 1.0 \tag{6.11}$$

式中，$\delta$ 为无侧移框架的弯矩增大系数；$M_2$ 为乘以系数后的受压构件较大的端部弯矩；$C_m$ 为实际弯矩图等效为均布弯矩图的等效弯矩系数；$P_u$ 为给定偏心距时乘系数的轴向荷载。

$$C_m = 0.6 + 0.4 \frac{M_1}{M_2} \tag{6.12}$$

式中的 $M_1/M_2$，柱以单曲率弯曲取为正值，以双曲率弯曲取为负值。对于在支座之间有侧向荷载作用的构件，应取为 1.0。

$$P_c = \frac{\pi^2 EI}{(kl_0)^2} \tag{6.13}$$

$$EI = \frac{0.4 E_c I_g}{1 + \beta_{dns}} \tag{6.14}$$

式中，$E_c$ 为混凝土弹性模量；$I_g$ 为毛截面惯性模量；$\beta_{dns}$ 为乘以系数的最大持续作用轴向荷载与从属于同一荷载组合的乘以系数的最大轴向荷载的比值，数值不得超过 1.0。

### 3. 欧洲相关规范

欧洲规范 BS EN 1992-1-1:2004[6] 也使用了一些方法来进行弯矩的放大，包括一般方法、弯矩放大系数法、名义曲率法和名义刚度法，此处仅介绍名义曲率法的规定及其参数含义。

$$M_{Ed} = M_{0Ed} + M_2 \tag{6.15}$$

$$M_2 = N_{Ed} e_2 \tag{6.16}$$

式中，$M_{0Ed}$ 为包含缺陷影响的一阶弯矩；$M_2$ 为估计的（名义）二阶弯矩；$N_{Ed}$ 为轴力设计值；$e_2$ 为弯曲产生的挠度。

$$e_2 = \frac{1}{r} \cdot \frac{l_0^2}{c} \tag{6.17}$$

$$\frac{1}{r} = K_r K_\phi \frac{1}{r_0} \tag{6.18}$$

$$\frac{1}{r_0} = \frac{\varepsilon_{yd}}{0.45d} \tag{6.19}$$

式中，$1/r$ 为估计的失效曲率；$c$ 为与曲率分布有关的系数，当曲率呈正弦分布时，$c=\pi^2$，当曲率呈均匀分布时，$c=8$；$K_r$ 为取决于轴力的修正系数；$K_\phi$ 为考虑徐变的修正系数；$\varepsilon_{yd}$ 为受拉钢筋屈服应变；$d$ 为混凝土有效高度。

### 6.4.2　偏心距增大系数计算公式推荐

各国规范的理论基础都是从基本的挠度计算方法入手，没有实质上的差异，表达形式迥异，计算结果不尽相同。

根据 GB 50010—2010(2015)[2] 的公式推导方法，钢筋混凝土柱的偏心距增大系数 $\eta_c$ 可表示为

$$\eta_c = 1 + \frac{1}{1\,300e_i/h_0}\left(\frac{l_0}{h}\right)^2 \xi_c \tag{6.20}$$

按照文献[81]，回归分析后，纯 FRP 筋混凝土柱的偏心距增大系数 $\eta_f$ 可表示为

$$\eta_f = 1 + \frac{1}{1\,000e_i/h_0}\left(\frac{l_0}{h}\right)^2 \xi_c \tag{6.21}$$

以混合配筋混凝土柱的破坏状态来说，其表现特征与钢筋混凝土柱类似，同样可分为大、小偏心破坏，为与 GB 50010—2010(2015)保持一致，采用类似于 GB 50010—2010(2015)中的方法，对偏心距增大系数 $\eta$ 进行推证。由于 FRP 筋的抗拉强度高，弹性模量相对不高，其伸长量相对较大，其界限状态定义在界限状态 I 和界限状态 II 之间，推荐 $\eta_j$ 的表达式为

$$\eta_j = 1 + \frac{k}{1\,300e_i/h_0}\left(\frac{l_0}{h}\right)^2 \xi_c \tag{6.22}$$

$$k = 1 + \alpha_j \frac{(E_f/E_s)A_f}{A_s + (E_f/E_s)A_f} \tag{6.23}$$

式中，$k$ 为 FRP 筋与钢筋的配筋比综合系数；$\dfrac{(E_f/E_s)A_f}{A_s + (E_f/E_s)A_f}$ 为配筋刚度比；$\alpha_j$ 为待定系数。

### 6.4.3　偏心距增大系数计算公式确定

现有研究中混合配筋混凝土柱偏心受压试验较少，所以通过数值模拟方法来确定待定系数 $\alpha_j$，从而确定计算公式。

#### 1. 建立有限元模型

试件模型选用的截面尺寸为 $b \times h = 300\,\text{mm} \times 400\,\text{mm}$；试件的长细比选用 $\lambda_1 = L/b = 5.0$，$\lambda_2 = L/b = 6.0$，$\lambda_3 = L/b = 7.0$ 三种规格；偏心距选用 $e_{01} = 130\,\text{mm}$，$e_{02} = 200\,\text{mm}$，$e_{03} =$

300 mm 三种规格;混凝土的轴心抗压强度选用 $f_{c1}=14.3$ MPa,$f_{c2}=16.7$ MPa,$f_{c3}=19.1$ MPa 三种规格;钢筋的拉压屈服强度设计值选用 $f_{y1}=f'_{y1}=300$ MPa,$f_{y2}=f'_{y2}=360$ MPa 两种规格;钢筋弹性模量为 $E_s=200$ GPa。纵向受力 FRP 筋极限强度取值为 $f_{fu}=837$ MPa,FRP 筋弹性模量取值为 $E_f=40.4$ GPa。截面的配筋形式选用 A、B、C 三种规格,A、B、C 配筋形式详情见图 6.7。不同规格自由组合,共进行了 162 根混合配筋混凝土柱偏心受压构件数值模拟试验。混凝土的徐变系数取为 1.5,这样取混凝土受压极限压应变值为 $1.5\varepsilon_{cu}$。

混合配筋混凝土柱有限元模型采用分离式模型,筋材和混凝土分别使用三维杆元 LINK8 和三维实体元 SOLID65 来仿真模拟。本构模型上,混凝土为弹塑性模型,钢筋为理想弹塑性模型,FRP 筋为线弹性模型。第一步是建立各个整体的模型,然后调节划分单元的形态尺寸,利用软件形成有限元模型(图 6.8)。

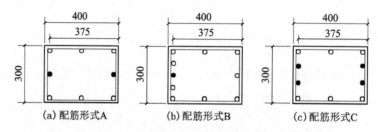

图 6.7　试件模型选用的三种配筋形式(单位: mm)

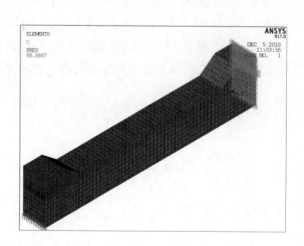

图 6.8　偏心受压柱模型示意图

## 2. 验证有限元模型的有效性

为验证有限元模型的有效性,以试验 6.1 中的 10 根混合配筋混凝土偏压柱的信息建立对应的有限元模型,得到试验柱模拟值的荷载-变形曲线。图 6.9 将试验柱 Z10、Z11 的试验值和模拟值荷载-变形曲线绘制在同一坐标系中。在加载前期和中期,两曲线相差很小,而在加载后期,跨中位移的试验值大于模拟值。因为加载过程中混凝土逐步由弹性阶段向塑性阶段发展,后期拟合所用的弹性模量略大于实际弹性模量。

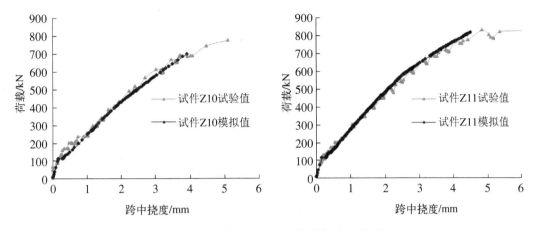

图 6.9　试验柱 Z10 和 Z11 的荷载-变形曲线

从图 6.9 中可看出,该有限元模型可以较好地模拟混合配筋偏心受压柱的荷载-跨中挠度关系,与试验值基本吻合。

**3. 确定系数 $\alpha$**

对模拟试件逐渐加载至破坏荷载 $N_{uj}$,破坏准则为:受拉筋不被拉断,受压边混凝土应力达到 $\varepsilon_{cu}$,可以得到 $N_{uj}$、$\delta_j$。

根据弯矩增大系数的概念得

$$\eta_j = 1 + \frac{\delta_j}{e_{ij}} \tag{6.24}$$

根据《混凝土结构设计规范》[GB 50010—2010(2015)],取

$$\xi_{cj} = \frac{0.5 f_{cj} A_j}{N_{uj}} \tag{6.25}$$

由式(6.22)可得

$$k_j = \frac{1\,300(\eta_j - 1)e_{ij}}{(l_{0j}/h_j)^2 \xi_{cj} h_0} \tag{6.26}$$

由式(6.23)可得

$$\alpha_j = (k_j - 1) \frac{A_s + (E_f/E_s)A_f}{(E_f/E_s)A_f} \tag{6.27}$$

将模拟试验得到的混合配筋偏心受压柱中心挠度 $\delta_j$、柱承载力 $N_{uj}$ 分别代入式(6.24)、式(6.25),得到 $\alpha_j$ 的分布如图 6.10 所示。从图中可知,系数 $\alpha_j$ 大部分集中在 0.2～0.45 之间,整体均值为 0.330,标准差为 0.067,变异系数为 0.204,建议取 $\alpha_j = 0.4$,此时系数 $\alpha_j$ 的计算保证率为 85.8%。

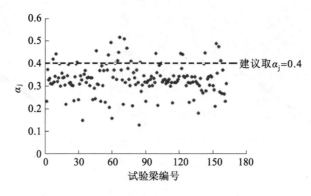

图 6.10　系数 $\alpha_j$ 分布

**4. 计算公式推荐**

将 $\alpha_j$ 代入式(6.23)，推荐 $\eta_j$ 的表达式为

$$\eta_j = 1 + \frac{k}{1\,300 e_i/h_0} \left(\frac{l_0}{h}\right)^2 \xi_c \tag{6.28}$$

$$k = 1 + 0.4 \frac{(E_f/E_s)A_f}{A_s + (E_f/E_s)A_f} \tag{6.29}$$

式中，$k$ 为 FRP 筋与钢筋的配筋比综合系数；$\dfrac{(E_f/E_s)A_f}{A_s + (E_f/E_s)A_f}$ 为配筋刚度比。

对一些特殊情形进行分析，进一步验证推荐的 $\eta_j$ 计算公式。

**1）边界情况 $A_f = 0$，即钢筋混凝土柱**

将 $A_f = 0$ 代入推荐公式(6.29)得

$$\eta_c = 1 + \frac{1}{1\,300 e_i/h_0} \left(\frac{l_0}{h}\right)^2 \xi_c \tag{6.30}$$

该式与 GB 50010—2010(2015)推荐的钢筋混凝土柱偏心距增大系数 $\eta_c$ 的计算公式完全一致。

**2）边界情况 $A_s = 0$，即纯 FRP 筋混凝土柱**

将 $A_s = 0$ 代入推荐公式(6.29)得

$$\eta_j = 1 + \frac{k}{928 e_i/h_0} \left(\frac{l_0}{h}\right)^2 \xi_c \tag{6.31}$$

该式与文献[81]推荐的纯 FRP 筋混凝土柱偏心距增大系数 $\eta_f$ 的计算公式基本一致，相差很小。

## 6.5　偏心受压构件正截面受力分析

### 6.5.1　基本假定

（1）平截面假定。

（2）忽略混凝土抗拉作用。

（3）混凝土压应力按 GB 50010—2010(2015)[2] 推荐的等效矩形方法计算。

（4）混凝土被压碎时极限应变 $\varepsilon_{cu}=0.003\,3$。

（5）纵筋、混凝土的本构关系采用简化模型，如图 6.11 所示。

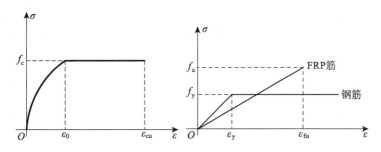

（a）混凝土受压时应力-应变曲线　　（b）钢筋与 FRP 筋的应力-应变曲线

**图 6.11　各材料的本构关系**

### 1. 混凝土的本构关系

对于混凝土受压，应力-应变关系如下：

$$\sigma_c=\begin{cases}f_c\left[1-\left(1-\dfrac{\varepsilon_c}{\varepsilon_0}\right)^2\right], & \varepsilon_c<\varepsilon_0=0.002 \\[2mm] f_c, & \varepsilon_0\leqslant\varepsilon_c\leqslant\varepsilon_{cu}=0.003\,3\end{cases} \tag{6.32}$$

### 2. 钢筋的本构关系

对于钢筋受拉或受压，均采用两直线模型：

$$\sigma_s=\begin{cases}E_s\varepsilon_s, & \varepsilon_s<\varepsilon_y \\[2mm] f_y, & \varepsilon_y\leqslant\varepsilon_s\leqslant\varepsilon_u\end{cases} \tag{6.33}$$

### 3. FRP 筋的本构关系

对于 FRP 筋受拉或受压，破坏前为弹性材料，如图 6.10(b)所示，通常情况下认为 $E_f=E_f'$。

受拉时：

$$f_f=E_f\varepsilon_f\leqslant f_{fu} \tag{6.34}$$

受压时：

$$f_f'=E_f'\varepsilon_f'\leqslant f_{fu}' \tag{6.35}$$

## 6.5.2　截面承载力计算公式

### 1. 大偏心受压

对混合配筋混凝土柱大偏心受压截面进行受力分析，如图 6.12 所示，可以得到截面承载力计算公式。

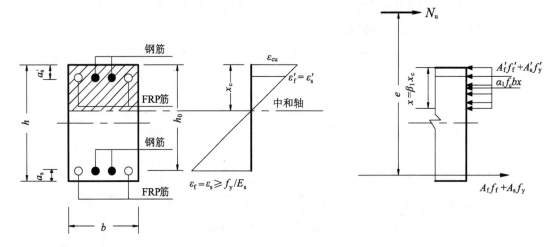

**图 6.12 大偏心受压截面受力分析**

由受力平衡 $\sum X = 0$，得

$$N_u = \alpha_1 f_c bx + A'_f f'_f + A'_s f'_y - A_s f_y - A_f f_f \tag{6.36}$$

由力矩平衡 $\sum M = 0$，得

$$N_u e = \alpha_1 f_c bx(h_0 - 0.5x) + (A'_f f'_f + A'_s f'_y)(h_0 - a'_s) \tag{6.37}$$

$$e = \eta_s e_i + 0.5h - a_s \tag{6.38}$$

由平截面假定，得

$$\frac{\varepsilon_{cu}}{\varepsilon_f} = \frac{x_c}{h_0 - x_c} \tag{6.39}$$

FRP 筋所受应力计算如下：

$$2a'_s \leqslant x = \beta_1 x_c \leqslant \xi_b h_0 \tag{6.40}$$

$$f_f = E_f \varepsilon_{cu}\left(\frac{\beta_1 h_0}{x} - 1\right) \tag{6.41}$$

$$f'_f = E'_f \varepsilon_{cu}\left(1 - \frac{\beta_1 a'_s}{x}\right) \tag{6.42}$$

适用条件：$2a'_s \leqslant x \leqslant \xi_b h_0$。

联立式（6.36）、式（6.37）解二元方程，可得截面承载力。

### 2. 小偏心受压

小偏心受压至极限荷载时，远离加载点一侧的钢筋受拉或受压均有可能，两种情况对应不同的截面承载力计算公式。

**1）破坏时距加载点更远端的钢筋受拉力**

对混合配筋混凝土柱小偏心受压截面进行受力分析，破坏时距加载点更远端的钢筋受拉情况对应图 6.13，可以得到截面承载力计算公式。

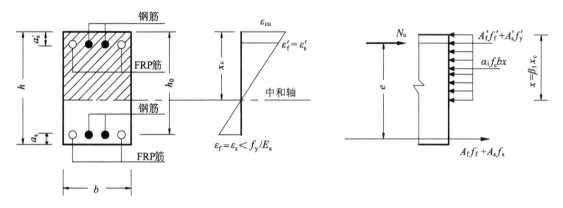

**图 6.13　小偏心受压截面受力分析（远端钢筋受拉力）**

由受力平衡 $\sum X = 0$，得

$$N_u = \alpha_1 f_c bx + A'_f f'_f + A'_s f'_y - A_s f_s - A_f f_f \tag{6.43}$$

由力矩平衡 $\sum M = 0$，得

$$N_u e = \alpha_1 f_c bx(h_0 - 0.5x) + (A'_f f'_f + A'_s f'_y)(h_0 - a'_s) \tag{6.44}$$

$$e = \eta_s e_i + 0.5h - a_s \tag{6.45}$$

由平截面假定，得

$$\frac{\varepsilon_{cu}}{\varepsilon_f} = \frac{x_c}{h_0 - x_c} \tag{6.46}$$

钢筋拉应力和 FRP 筋所受应力计算如下：

$$f_s = E_s \varepsilon_{cu}\left(\frac{\beta_1 h_0}{x} - 1\right) \tag{6.47}$$

$$f_f = E_f \varepsilon_{cu}\left(\frac{\beta_1 h_0}{x} - 1\right) \tag{6.48}$$

$$f'_f = E'_f \varepsilon_{cu}\left(1 - \frac{\beta_1 a'_s}{x}\right) \tag{6.49}$$

适用条件：$x > \xi_b h_0$。

联立式(6.33)、式(6.44)解二元方程，可得截面承载力。

**2）破坏时距加载点更远端的钢筋受压力**

对混合配筋混凝土柱小偏心受压截面进行受力分析，破坏时距加载点更远端的钢筋受压情况对应图 6.14,可以得到截面承载力计算公式。

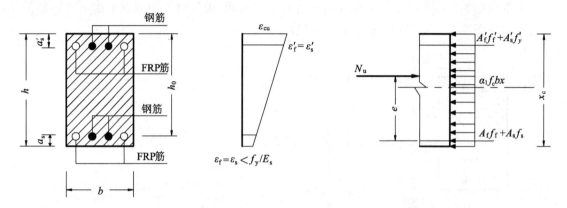

**图 6.14** 小偏心受压截面受力分析(远端钢筋受压力)

由受力平衡 $\sum X = 0$,得

$$N_u = \alpha_1 f_c bx + A_f' f_f' + A_s' f_y' + A_s f_s + A_f f_f \tag{6.50}$$

由力矩平衡 $\sum M = 0$,得

$$N_u e = \alpha_1 f_c bx (h_0 - 0.5x) + (A_f' f_f' + A_s' f_y')(h_0 - a_s') \tag{6.51}$$

$$e = \eta_s e_i + 0.5h - a_s \tag{6.52}$$

由平截面假定,得

$$\frac{\varepsilon_{cu}}{\varepsilon_f} = \frac{x_c}{x_c - h_0} \tag{6.53}$$

距加载点更远端的钢筋压应力和 FRP 筋所受应力计算如下:

$$f_s = E_s \varepsilon_{cu} \left( 1 - \frac{\beta_1 h_0}{x} \right) \tag{6.54}$$

$$f_f = E_f \varepsilon_{cu} \left( 1 - \frac{\beta_1 h_0}{x} \right) \tag{6.55}$$

$$f_f' = E_f' \varepsilon_{cu} \left( 1 - \frac{\beta_1 a_s'}{x} \right) \tag{6.56}$$

适用条件: $x > \xi_b h_0$。

联立式(6.50)、式(6.51)解二元方程,可得截面承载力。

### 3. 界限破坏状态

由平截面假定,得

$$x_b = \frac{\varepsilon_{cu}}{f_y/E_s + \varepsilon_{cu}} \beta_1 h_0 \tag{6.57}$$

距加载点更远端的钢筋应力和FRP筋所受应力计算如下：

$$f_s = f_y \tag{6.58}$$

$$f_f = E_f \varepsilon_s = \frac{E_f}{E_s} f_y \tag{6.59}$$

$$f_s' = f_y \tag{6.60}$$

$$f_f' = E_f' \varepsilon_{cu} \left(1 - \frac{\beta_1 a_s'}{x_b}\right) \tag{6.61}$$

可知平衡方程：

$$N_b = \alpha_1 f_c x_b b + A_f' f_f' + A_s' f_y' - A_s f_y - A_f E_f f_y / E_s \tag{6.62}$$

$$N_b e = \alpha_1 f_c x_b b (h_0 - 0.5 x_b) + A_f' E_f' \varepsilon_0 (h_0 - a_s') + A_s' f_y' (h_0 - a_s') \tag{6.63}$$

### 4. 计算公式有效性验证

表6.3将试验6.1中10根偏心受压混合配筋混凝土柱的承载力试验值和按照本章推荐公式计算得到的理论值进行对比，从表中可知，推荐公式计算的理论值小于试验值，并且标准差和变异系数较小，所以推荐的计算公式具有足够的可靠性和安全性。

**表6.3**　　　　　　　　　　　偏心受压柱承载力试验值与理论值对比

| 试件编号 | 试验值<br>$N_{u,e}$/kN | 理论值<br>$N_{u,tl}$/kN | $N_{u,tl}/N_{u,e}$ |
|:---:|:---:|:---:|:---:|
| Z3 | 678 | 647.1 | 0.96 |
| Z4 | 1 245 | 1 150.3 | 0.92 |
| Z5 | 1 064 | 982.7 | 0.92 |
| Z6 | 564 | 475.2 | 0.84 |
| Z7 | 728 | 693.3 | 0.95 |
| Z8 | 786 | 691.0 | 0.88 |
| Z9 | 776 | 698.6 | 0.90 |
| Z10 | 790 | 738.9 | 0.94 |
| Z11 | 854 | 750.2 | 0.88 |
| Z12 | 843 | 789.3 | 0.94 |
| 均值 | | | 0.91 |
| 标准差 | | | 0.04 |
| 变异系数 | | | 0.044 |

### 6.5.3 配筋设计算例分析

对于已知截面大小 $b$，$h$，计算长度 $l_0$，混凝土和钢筋强度 $f_c$，$f_y$，FRP 筋受拉、受压弹性模量 $E_f$，$E'_f$，截面配筋面积比相等且已知 $\alpha_A = A_f/A_s = A'_f/A'_s$，截面所受内力 $N_c$ 及偏心距 $e_0$（或内力 $N_c$ 及弯矩 $M$）的问题，可以求配筋 $A_s$，$A_f$，$A'_s$，$A'_f$。因为大、小偏心受压受力区别较大，截面设计时需要先判别具体受压类型，然后根据对应受压类型求解方法进行求解。求解步骤如下。

#### 1. 大、小偏心受压判别

理论上，当 $\xi < \xi_{b1}$ 时，最终破坏模式是大偏压；当 $\xi \geqslant \xi_{b1}$ 时，最终破坏模式是小偏压。截面设计时无法得知 $\xi$，因此结合现有工程经验进行初步判别：当 $\eta_s e_i > 0.3h_0$ 时，破坏模式是大偏压；当 $\eta_s e_i \leqslant 0.3h_0$ 时，破坏模式是小偏压。根据初步判别结果进行求解，可得到 $\xi$，然后进行验证。

#### 2. 大偏心受压构件求解

将已知量代入基本公式，可得两个方程式，但有三个未知量 $A_s$，$A'_s$，$x$。为求解配筋面积，需要再加一个条件。为提高材料利用率和经济效益，此时 $x = \xi_{b1}h_0$。求解步骤如下：

（1）若 $l_0/h \leqslant 5$，则 $\eta_j = 1.0$；否则，由式（6.28）得 $\eta_j$。

（2）计算 $e_i = e_0 + e_a$。

（3）进行大、小偏心受压初步判别：当 $\eta_s e_i > 0.3h_0$ 时，破坏模式为大偏压；当 $\eta_s e_i \leqslant 0.3h_0$ 时，破坏模式为小偏压。

（4）由式（6.2）得 $\xi_{b1}$。

（5）取 $x = \beta_1 \xi_{b1} h_0$。

（6）由式（6.37）得 $A'_s$。

（7）由式（6.36）得 $A_s$。

（8）验算 $\rho_{sf,E} = \rho_s + (E_f/E_s)\rho_f \geqslant \rho_{min}$，$\rho'_{sf,E} = \rho'_s + (E'_f/E_s)\rho'_f \geqslant \rho'_{min}$。最小配筋率的限值按 GB 50010—2010（2015）的规定，若 $\rho'_{sf,E} < \rho'_{min}$，取 $\rho'_{sf,E} = \rho'_{min}$，然后再求 $A_s$；若 $\rho_{sf,E} < \rho_{min}$，取 $\rho_{sf,E} = \rho_{min}$。

#### 3. 小偏心受压构件求解

将已知量代入基本公式，可得两个方程式，但有三个未知量 $A_s$，$A'_s$，$x$。为求解配筋面积，需要再加一个条件，对于小偏心受压构件有两种选择：第一种是将受力筋面积最小作为条件，但需要求解三次方程，计算过程较复杂；第二种是充分利用距加载点更远端的受拉钢筋，其应力小于屈服强度，只需受拉区有效配筋满足最小配筋率要求，即 $A_s + (E_f/E_s)A_f = \rho_{min}bh$。求解步骤如下：

（1）若 $l_0/h \leqslant 5$，则 $\eta_j = 1.0$；否则，由式（6.28）得 $\eta_j$。

（2）计算 $e_i = e_0 + e_a$。

（3）进行大、小偏心受压初步判别：当 $\eta_s e_i > 0.3h_0$ 时，破坏模式为大偏压；当 $\eta_s e_i \leqslant 0.3h_0$ 时，破坏模式为小偏压。

（4）由式(6.2)得 $\xi_{bl}$。

（5）设 $A_s+(E_f/E_s)A_f=\rho_{min}bh$，已知的截面配筋面积比 $\alpha_A=A_f/A_s$，联立式(6.43)—式(6.49)，求解 $x$。

（6）若 $\xi\geqslant\beta_1\xi_{bl}$，则为小偏压，初步判定正确。

（7）验算 $\rho'_{sf,E}=\rho'_s+(E'_f/E_s)\rho'_f\geqslant\rho'_{min}$。 最小配筋率的限值按 GB 50010—2010(2015) 的规定，若 $\rho'_{sf,E}<\rho'_{min}$，取 $\rho'_{sf,E}=\rho'_{min}$。

（8）求解配筋。

（9）复核平面外承载力。

以试验柱 Z3 为算例，计算如下：

已知 $b=h=300$ mm， $l_0=1\,500$ mm，混凝土和钢筋强度 $f_c=35.1$ MPa， $f_y=375$ MPa， $E_f=40.4$ GPa， $E'_f=37$ GPa， $\alpha_A=A_f/A_s=A'_f/A'_s=8.7$， $N_c=678$ kN， $e_0=200$ mm，求 $A_s$， $A_f$， $A'_s$， $A'_f$。

（1）计算 $\eta_s$， $e_i$， $e$

$$h_0=h-a_s=300-40=260 \text{ mm}$$

$l_0/h=5$，试件为短柱， $\eta_s=1$

$$e_i=e_0+e_a=200+20=220 \text{ mm}$$

$$e=\eta_s e_i+0.5h-a_s=1\times220+0.5\times300-40=330 \text{ mm}$$

（2）初步判别

$$\eta_s e_i=1\times220=220 \text{ mm}>0.3h_0=0.3\times300=90 \text{ mm}$$

初步判别为大偏压。

（3）计算 $A_s$， $A_f$， $A'_s$， $A'_f$

$$\xi_{bl}=\frac{\beta_1}{1+\dfrac{f_y}{E_s\varepsilon_{cu}}}=\frac{0.8}{1+\dfrac{375}{200\,000\times0.003\,3}}=0.51$$

$$x_{bl}=\xi_{bl}h_0=0.51\times260=132.6 \text{ mm}$$

$$f_f=E_f\varepsilon_{cu}(\beta_1h_0/x-1)=40.4\times1\,000\times0.003\,3\times(0.8\times260/132.6-1)$$
$$=75.81 \text{ MPa}$$

$$f'_f=E'_f\varepsilon_{cu}(1-\beta_1a'_s/x)=37\times1\,000\times0.003\,3\times(1-0.8\times40/132.6)$$
$$=92.63 \text{ MPa}$$

$$A'_s=\frac{N_u e-\alpha_1 f_c bx(h_0-0.5x)}{(\alpha_A f'_f+f'_y)(h_0-a'_s)}$$
$$=\frac{678\times1\,000\times330-1\times35.1\times300\times132.6\times(260-0.5\times132.6)}{(8.7\times92.63+375)(260-40)}<0$$

因为 $\rho'_{sf,E}<\rho'_{min}$，取 $\rho'_{sf,E}=\rho'_s+(E'_f/E_s)\rho'_f=\rho'_{min}=0.2\%$，再重新计算。

可知 $\rho'_{sf,E}=\dfrac{A'_s}{300\times300}+\dfrac{37}{200}\times\dfrac{8.7\times A'_s}{300\times300}=0.2\%$，得 $A'_s=68.98 \text{ mm}^2$

$$A'_f=\alpha_A A'_s=8.7\times68.98=600.13 \text{ mm}^2$$

$$f'_f = E'_f \varepsilon_{cu}(1 - \beta_1 a'_s/x) = 37 \times 1\,000 \times 0.003\,3 \times (1 - 0.8 \times 40/x)$$
$$= 122.1 \times (1 - 32/x)$$

代入式(6.45),得

$$678 \times 1\,000 \times 330 = 1 \times 35.1 \times 300 \times x(260 - 0.5x) + [600.13 \times 122.1 \times$$
$$(1 - 1 \times 32/x) + 68.98 \times 375](260 - 40)$$

$$x = 92.13 \text{ mm}$$

$$\xi_1 = \frac{x}{h_0} = \frac{108.20}{260} = 0.416 < \xi_{b1}, \text{确实为大偏心受压。}$$

$$f'_f = 122.1 \times (1 - 32/x) = 79.69 \text{ MPa}$$

$$f_f = E_f \varepsilon_{cu}(\beta_1 h_0/x - 1) = 40.4 \times 1\,000 \times 0.003\,3 \times (0.8 \times 260/108.20 - 1)$$
$$= 122.97 \text{ MPa}$$

代入式(6.44),得

$$A_s = \frac{\alpha_1 f_c b x + A'_f f'_f + A'_s f'_y - N_u}{f_y + \alpha_A f_f}$$

$$= \frac{1 \times 35.1 \times 300 \times 92.13 + 600.13 \times 79.69 + 68.98 \times 375 - 678 \times 1\,000}{375 + 8.7 \times 122.97}$$

$$= 253.19 \text{ mm}^2$$

$$A_f = \alpha_A A_s = 8.7 \times 253.19 = 2\,202.75 \text{ mm}^2$$

$$\rho_{sf, E} = \rho_s + (E_f/E_s)\rho_f$$

$$= \frac{253.19}{300 \times 300} + \frac{40.4}{200} \times \frac{2\,202.75}{300 \times 300} = 0.78\% > \rho_{min} = 0.2\%$$

满足要求。

(4) 复核平面外承载力

$l_0/b = 5$,试件为短柱,$\varphi = 1$

$$\rho = (A_f + A_s + A'_f + A'_s)/(bh)$$
$$= (2\,202.75 + 253.19 + 600.13 + 68.98)/(300 \times 300) = 3.47\% > 3\%$$

$$N_u = f_c A + f'_y A'_s + f'_f A'_f$$
$$= 35.1 \times [300 \times 300 - (2\,202.75 + 253.19 + 600.13 + 68.98)] +$$
$$375 \times (600.13 + 68.98) + 37 \times 1\,000 \times 0.002 \times$$
$$(2\,202.75 + 253.19) = 3\,481.97 \text{ kN}$$

$N_u > N_c$,满足要求。

## 习 题

【6-1】 某矩形截面偏心受压柱,$b \times h = 300 \text{ mm} \times 400 \text{ mm}$,$l_0 = 2\,000 \text{ mm}$,$a_s = a'_s = 40 \text{ mm}$,混凝土采用 C35,$f_c = 16.7 \text{ MPa}$,钢筋采用 HRB400 级,$f_y = 360 \text{ MPa}$,钢筋弹性模量 $E_s = 200 \text{ GPa}$,GFRP 筋弹性模量 $E_f = 40 \text{ GPa}$,$E'_f = 37 \text{ GPa}$,截面配筋

面积比相等且 $\alpha_A = A_f/A_s = A_f'/A_s' = 9$，现配有钢筋 $A_s = 308 \text{ mm}^2$ (2C14)，$A_s' = 226 \text{ mm}^2$ (2C12)。

(1) 当 $e_0 = 50 \text{ mm}$，$e_0 = 150 \text{ mm}$，$e_0 = 250 \text{ mm}$ 时，分别计算构件的极限承载力 $N_u$，$M_u$。

(2) 当 $N_c = 500 \text{ kN}$，$N_c = 1\,500 \text{ kN}$ 时，分别计算构件的极限承载力 $M_u$。

# 第 7 章
# 受弯构件的斜截面承载力

## 7.1 引言

为研究无腹筋混合配筋混凝土构件的受剪破坏过程,设计制作了 10 根受剪破坏试验梁,分析试验现象和结果并总结相应规律,推荐了无腹筋混合配筋混凝土梁抗剪承载力公式。为进一步研究混合配筋混凝土配混合箍筋梁的受剪破坏过程,设计制作了 16 根受剪破坏试验梁,推荐了有腹筋混合配筋混凝土梁抗剪承载力公式。

考虑到钢箍筋和 FRP 箍筋的强度、弹性模量等性质不同,为了在不同情形下更好地分析计算,定义有效配箍率概念(即箍筋等效配筋率)如下:

$$\rho_{v, E} = \frac{A_{sv}}{bs} + \frac{E_f}{E_s} \cdot \frac{A_{fv}}{bs} \tag{7.1}$$

式中,$A_{sv}$ 为同一截面内钢箍筋面积;$A_{fv}$ 为同一截面内 FRP 箍筋面积;$b$ 为截面宽度;$s$ 为箍筋间距;$E_f$ 为 FRP 筋弹性模量;$E_s$ 为钢筋弹性模量。

## 7.2 现有规范中抗剪承载力计算

混凝土梁的抗剪力来自以下几个方面的贡献:①剪压区混凝土承受的剪力;②斜裂缝交接面两侧骨料的咬合力;③纵筋销栓力;④拱作用承受的剪力;⑤箍筋承受的剪力;⑥斜裂缝交接面混凝土残存的拉应力。

从抗剪机制出发,一些国家的规范是通过建立"抗剪模型"得到设计方法,这类设计方法用"模型"的规律可以解释影响抗剪承载力的现象,"抗剪模型"也正是在不断地解释现象中逐步完善,如欧洲规范和加拿大规范。还有一些国家的规范是通过试验数据进行回归模拟分析得到抗剪设计方法,这类设计方法具有较强的经验性,缺少必要的理论支持,但也有较高可靠性,如中国规范。各国 FRP 筋混凝土结构规范的抗剪设计通常是由钢筋混凝土规范的抗剪设计方法修正而来。

### 7.2.1 中国规范

在 GB 50010—2010(2015)[2] 中,对于有腹筋钢筋混凝土梁,其抗剪承载力 $V$ 应满足式(7.2):

$$V = V_{cs} = \alpha_{cv} f_t b h_0 + f_{yv} \frac{A_{sv}}{s} h_0 \tag{7.2}$$

式中，$\alpha_{cv}$ 为斜截面混凝土受剪承载力系数。对于一般构件，取 $\alpha_{cv} = 0.7$；对于集中荷载下的独立梁，取 $\alpha_{cv} = 1.75/(\lambda + 1)$。其中，$\lambda$ 为计算截面的剪跨比（$\lambda = a/h_0$，$a$ 为集中荷载作用点到支座截面或节点边缘的距离），当 $\lambda < 1.5$ 时，取 $\lambda = 1.5$；当 $\lambda > 3$ 时，取 $\lambda = 3$。

中国规范中抗剪公式形式简洁，计算方便，因为是通过试验数据进行统计回归得到的经验公式。不足之处在于缺少理论支持，主要设计参数为混凝土抗拉强度，未考虑纵筋配筋率及构件尺寸效应的影响。

### 7.2.2　美国规范

在 ACI 318-14[3] 中，对于钢筋混凝土梁，其抗剪承载力规定如下：

无箍筋：

$$V_c = \left( 0.16\sqrt{f_c'} + 17\rho_{sl} \frac{V_u h_0}{M_u} \right) b_w h_0 \leqslant \frac{0.29\sqrt{f_c'}\, b_w h_0}{2} \tag{7.3}$$

当 $\rho_{sl}$ 较小且剪跨比较大时，式（7.3）可简化成下式：

$$V_c = \frac{1}{6}\sqrt{f_c'}\, b_w h_0 \tag{7.4}$$

有箍筋：

$$V_{cs} = \phi(V_c + V_{sv}) = \phi V_c + \phi \frac{f_{sv} A_{sv}}{s} h_0 \tag{7.5}$$

$$\phi = 0.85 \tag{7.6}$$

$$V_c = \left( 0.16\sqrt{f_c'} + 17\rho_{sl} \frac{V_u h_0}{M_u} \right) b_w h_0 \leqslant 0.29\sqrt{f_c'}\, b_w h_0 \tag{7.7}$$

在 ACI 440.1R-06[1] 中，对于 FRP 筋混凝土梁，其抗剪承载力规定如下：

无箍筋：

$$V_c = 0.4\sqrt{f_c'}\, b_w C \tag{7.8}$$

$$C = K h_0 \tag{7.9}$$

$$K = \sqrt{2\rho_{fl} n_f + (\rho_{fl} n_f)^2} - \rho_{fl} n_f \tag{7.10}$$

$$n_f = E_{fl}/E_c \tag{7.11}$$

有箍筋：

$$V_{cf} = V_c + V_{fv} \tag{7.12}$$

$$V_{fv} = \frac{A_{fv}\sigma_{fv}h_0}{s} \tag{7.13}$$

$$\sigma_{fv} = 0.004E_{fv} \leqslant f_{bend} \tag{7.14}$$

$$f_{bend} = \left(0.05\frac{r_b}{d_b} + 0.3\right)\frac{f_{fuv}}{1.5} \leqslant f_{fuv} \tag{7.15}$$

式中，$f'_c$ 为混凝土抗压强度；$b_w$ 为腹板宽度；$\rho_{fl} = A_{fl}/(b_w d)$ 为 FRP 纵筋配筋率，其中，$A_{fl}$ 为 FRP 纵筋的面积；$n_f = E_f/E_c$ 为 FRP 筋和混凝土弹性模量比；$A_{fv}$ 为间距 $s$ 范围内的箍筋面积；$E_{fv}$ 为 FRP 箍筋弹性模量；$f_{fb}$ 为弯曲 FRP 筋抗拉强度设计值；$r_b$ 为箍筋弯曲半径；$d_b$ 为箍筋直径；$f_{bend}$ 为 FRP 箍筋弯曲段强度；$f_{fuv}$ 为 FRP 筋抗拉极限强度。

　　规范 ACI 440.1R-06 使用的是 45°桁架模型加混凝土抗剪项，其中混凝土抗剪项考虑了纵筋的刚度差异；FRP 箍筋的抗剪贡献项从桁架模型分析而来，同时为了控制裂缝宽度，限定 FRP 箍筋应变为 0.004。

### 7.2.3　日本规范

　　在 JSCE-1997[9] 中，对于 FRP 筋混凝土梁，其抗剪承载力规定如下：

$$V_{ud} = V_{cf} + V_f \tag{7.16}$$

$$V_{cf} = \sqrt[4]{\frac{1\,000}{d}} \cdot \sqrt[3]{\frac{100\rho_{fl}E_{fl}}{E_s}} \cdot \frac{f_{vcd}bd}{1.3} \tag{7.17}$$

$$f_{vcd} = 0.2\sqrt[3]{f'_{cd}} \leqslant 0.72\ \mathrm{N/mm^2} \tag{7.18}$$

$$V_f = \frac{1}{1.3} \cdot \frac{A_{fv}E_{fv}\varepsilon_{fv}}{s} \cdot \frac{d}{1.15} \tag{7.19}$$

$$\varepsilon_{fv} = 0.000\,1\sqrt{f'_{mcd}\frac{\rho_{fl}E_{fl}}{\rho_{fv}E_{fv}}} \leqslant \frac{f_{bend}}{E_{fv}} \tag{7.20}$$

$$f_{bend} = \left(0.05\frac{r_b}{d_b} + 0.3\right)\frac{f_{fuv}}{1.3} \tag{7.21}$$

$$f'_{mcd} = \left(\frac{h}{300}\right)^{-1/10}f'_{cd} \tag{7.22}$$

式中，$\sqrt[4]{\frac{1\,000}{d}} \leqslant 1.5$，$\sqrt[3]{\frac{100\rho_{fl}E_{fl}}{E_s}} \leqslant 1.5$；$f'_{cd}$ 为混凝土抗压强度设计值；$\rho_{fl}$ 为纵筋配筋率；$E_{fl}$ 为纵筋弹性模量；$E_s$ 为钢筋弹性模量（$E_s = 200\ \mathrm{GPa}$）；$A_{fv}$ 为间距 $s$ 范围内箍筋的面积；$\varepsilon_{fv}$ 为极限状态下箍筋应变设计值；$f'_{mcd}$ 为考虑尺寸效应的混凝土抗压强度设计值；$\rho_{fv}$ 为箍筋配箍率；$E_{fv}$ 为箍筋弹性模量；$f_{bend}$ 为 FRP 箍筋弯曲部分强度；$r_b$ 为箍筋弯曲半径；$d_b$ 为箍筋直径；$f_{fuv}$ 为 FRP 箍筋直段强度；$h$ 为截面高度。

规范 JSCE-1997 使用的是 45°桁架模型,与日本规范中钢筋混凝土抗剪承载力计算公式相比,FRP 筋混凝土梁抗剪承载力公式考虑了纵筋的弹性模量差异,另外箍筋的屈服强度变化通过限制 FRP 箍筋应变实现。

## 7.2.4　加拿大规范

在 CSA A23.3-04[4] 中,对于钢筋混凝土梁,其抗剪承载力规定如下:

$$V_{cs} = V_c + V_{sv} \tag{7.23}$$

$$V_c = \lambda' \phi_c \beta \sqrt{f'_c} \, b_w h_0 \tag{7.24}$$

$$V_{sv} = \frac{\phi_s A_{sv} f_{sv} h_0 \cot \theta}{s} \tag{7.25}$$

式中,当 $\beta$ 满足 $\rho_{sv,\min}$ 时, $\beta = \dfrac{230}{1\,000 + d}$ ;当 $\beta$ 不满足 $\rho_{sv,\min}$ 时, $\beta = 0.18$。

在 CSA S806-12[8] 中,对于 FRP 筋混凝土梁,其抗剪承载力规定如下:

$$V_n = V_{cf} + V_{sf} \leqslant V_{cf} + 0.6\lambda \phi_c \sqrt{f'_c} \, b_w d \tag{7.26}$$

$$V_{cf} = 0.035\lambda \phi_c \sqrt[3]{f'_c \rho_{fl} \frac{V_f}{M_f} d} \, b_w d \tag{7.27}$$

$$0.1\lambda \phi_c \sqrt{f'_c} \, b_w d \leqslant V_{cf} \leqslant 0.2\lambda \phi_c \sqrt{f'_c} \, b_w d \tag{7.28}$$

$$\frac{V_f}{M_f} d \leqslant 1.0 \tag{7.29}$$

$$V_{sf} = \frac{0.4\phi_f A_{fv} f_{fuv} d}{s} \tag{7.30}$$

式中, $b_w$ 为腹板宽度; $d$ 为混凝土有效高度; $\lambda$ 为与混凝土密度有关的系数; $\phi$ 为混凝土抗力分项系数; $A_{fv}$ 为间距 $s$ 范围内的箍筋面积; $f_{fuv}$ 为 FRP 箍筋强度设计值; $\phi_f = 0.75$ ;系数 0.4 为考虑 FRP 箍筋弯折导致的强度折减。

加拿大规范使用的是修正压力场理论,值得注意的是,CSA S806-02 中的抗剪公式偏不保守,主要因为其 FRP 箍筋极限强度的取值略大,取值的极限应变在 0.005~0.001 2 之间,比其他规范限定的 FRP 箍筋极限应变都大。

# 7.3　无腹筋梁抗剪性能试验

## 7.3.1　试验设计及制作

课题组共设计了 10 根无腹筋混合配筋混凝土梁,其中 6 根试件的外形尺寸为 $b \times h \times L = 300\,\text{mm} \times 350\,\text{mm} \times 2\,900\,\text{mm}$,采用 GFRP 筋,仅所配纵筋面积不同,用于探究有效配筋

率 $\rho_{sf,E}$ 和截面内 FRP 筋配筋刚度比 $E_f A_f/(E_f A_f + E_s A_s)$ 的影响;另外 4 根试件采用 CFRP 筋,3 根试件的外形尺寸为 $b \times h \times L = 400\,\text{mm} \times 250\,\text{mm} \times 2\,850\,\text{mm}$,1 根试件的外形尺寸为 $b \times h \times L = 400\,\text{mm} \times 500\,\text{mm} \times 5\,100\,\text{mm}$,有效配筋率均约为 1.0%,用于探究剪跨比和构件尺寸的影响。具体配筋信息如表 7.1 所示。

表 7.1　　　　　　　　　　无腹筋抗剪性能试验梁的配筋信息

| 试件编号 | $b \times h$ /(mm×mm) | 钢筋面积 /mm² | GFRP 筋面积 /mm² | $\rho_{sf,E}$ /% | $\dfrac{E_f A_f}{E_f A_f + E_s A_s}$ | 剪跨比 |
|---|---|---|---|---|---|---|
| B-SG004A | 300×350 | 339 | 506 | 0.478 | 0.25 | 2.67 |
| B-SG004B | 300×350 | 226 | 1 012 | 0.478 | 0.50 | 2.67 |
| B-SG007A | 300×350 | 452 | 1 012 | 0.717 | 0.33 | 2.67 |
| B-SG007B | 300×350 | 226 | 2 024 | 0.717 | 0.67 | 2.67 |
| B-SG012A | 300×350 | 678 | 1 518 | 1.129 | 0.33 | 2.54 |
| B-SG012B | 300×350 | 452 | 3 036 | 1.254 | 0.60 | 2.54 |
| B-SC-2 | 400×250 | 452 | 760 | 1.03 | 0.27 | 2 |
| B-SC-3-1 | 400×250 | 452 | 760 | 1.03 | 0.27 | 3 |
| B-SC-4.5 | 400×250 | 452 | 760 | 1.03 | 0.27 | 4.5 |
| B-SC-3-2 | 400×500 | 904 | 1 647 | 1.03 | 0.29 | 3 |

### 7.3.2　抗剪试验加载方案

抗剪试验加载装置如图 7.1 所示,一端支座为固定铰支座,一端为滚动铰支座。为避免局部破坏,在混凝土与分配梁接触点放置钢板。

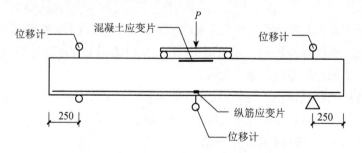

图 7.1　抗剪试验加载示意图(单位:mm)

加载前,对构件进行几何对中,并进行预加载。根据《混凝土结构试验方法标准》(GB/T 50152—2012)[82],使用分级加载制度,每级荷载均为 5 kN,每级荷载间都描绘裂缝发展。

### 7.3.3　试验现象分析

各试件的裂缝发展情形相似,首先出现的是垂直裂缝,位于纯弯段;加载中期,剪跨段出现弯曲裂缝,该裂缝向上发展;由于弯矩和剪力的作用,裂缝倾角越来越小,直到延伸至加载板下,形成一条较宽的贯穿斜裂缝,也就是临界斜裂缝;最后临界斜裂缝迅速延伸,试件发生破坏。

图 7.2 为试件 B-SC-2(剪跨比为 2)和 B-SC-4.5(剪跨比为 4.5)破坏时的裂缝分布,从图中可以看出,试件 B-SC-2 的破坏模式偏向于剪压破坏,而试件 B-SC-4.5 的破坏模式偏向于斜拉破坏。另外,剪跨比增大后,剪跨段裂缝数量也会减少,与钢筋混凝土无腹筋梁的破坏形态类似。图 7.3 为典型试验梁破坏的照片。

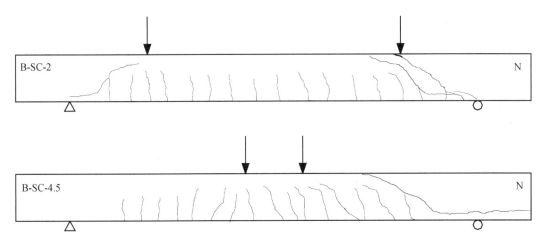

**图 7.2 部分试件破坏时的裂缝分布**

**图 7.3 典型试验梁破坏**

### 7.3.4 试验结果分析

#### 1. 梁开裂荷载及抗剪承载力

将试验数据汇总在表 7.2 中,包括所有试验梁的开裂荷载及抗剪承载力。有研究指出,FRP 筋混凝土梁临界斜裂缝出现时对应的剪力与极限剪力相差很小,而本试验中的混合配筋梁除了试件 B-SC-2 的临界剪力仅为极限剪力的 56.8% 外,其余为 76.2%～100%,考虑到实际设计中应避免出现临界裂缝并设置安全储备,所以表中抗剪承载力取为临界剪力。

**表 7.2** 试验梁开裂荷载及抗剪承载力

| 试件编号 | $\rho_{sf,E}/\%$ | $\dfrac{E_f A_f}{E_f A_f + E_s A_s}$ | 剪跨比 | 开裂荷载/kN | 抗剪承载力/kN |
|---|---|---|---|---|---|
| B-SG004A | 0.478 | 0.25 | 2.67 | 37.5 | 87.5 |
| B-SG004B | 0.478 | 0.50 | 2.67 | 35.0 | 85.0 |
| B-SG007A | 0.717 | 0.33 | 2.67 | 40.0 | 95.4 |
| B-SG007B | 0.717 | 0.67 | 2.67 | 37.5 | 102.5 |
| B-SG012A | 1.129 | 0.33 | 2.54 | 35.0 | 115.0 |
| B-SG012B | 1.254 | 0.60 | 2.54 | 40.0 | 120.5 |
| B-SC-2 | 1.03 | 0.27 | 2 | 37.5 | 120.0 |
| B-SC-3-1 | 1.03 | 0.27 | 3 | 30.0 | 90.0 |
| B-SC-4.5 | 1.03 | 0.27 | 4.5 | 25.0 | 90.0 |
| B-SC-3-2 | 1.03 | 0.29 | 3 | 65.0 | 170.0 |

分析表中数据，可发现：

（1）截面内 FRP 筋配筋刚度比 $E_f A_f/(E_f A_f + E_s A_s)$ 对混合配筋混凝土梁的开裂荷载和极限荷载基本没有影响。

（2）构件尺寸是影响混合配筋混凝土梁开裂荷载的主要因素，对极限荷载也有较大影响。试验梁中有 9 根尺寸相差不大，它们的开裂荷载均在 25.0～40.0 kN，而尺寸大小相差较大的试验梁 B-SC-3-2 的开裂荷载为 65.0 kN。

（3）当其他条件不变时，随着有效配筋率 $\rho_{sf,E}$ 的增大，混合配筋混凝土梁的极限荷载增大。

（4）当其他条件不变时，随着剪跨比的增大，混合配筋混凝土梁的极限荷载减小，但剪跨比大于 3 时，剪跨比对极限荷载的影响较弱。因为剪跨比主要是影响拱作用，而剪跨比大于 3 时，拱作用已经不明显，所以剪跨比的影响较弱。

**2. 各国规范预测值与试验值对比**

采用针对钢筋混凝土或 FRP 筋混凝土的各国规范来计算理论值，将其与试验值进行对比。为了适用于各国规范，需要将试验参数值进行以下转换：

（1）试验中测得的混凝土强度 $f_{cu}$ 是立方体抗压强度的平均值，若公式中要求混凝土轴心抗压强度，则取值为 $0.8 f_{cu}$；若公式中存在 $M/V$ 项，则用剪跨长度 $a$ 简化替代。

（2）ACI 318-05：式（7.3），式中 $\rho_{sl}$ 用有效配筋率 $\rho_{sf,E}$ 替代。

（3）ACI 440.1R-06：式（7.8），式中参数 $K$ 用下式替代：

$$k = \sqrt{2\rho_{eff} n_s + (\rho_{eff} n_s)^2} - \rho_{eff} n_s, \quad n_s = \frac{E_s}{E_c}$$

（4）JSCE-1997：式（7.17），式中参数 $\gamma_b = 1.3$ 替代为 1.0，参数 $\beta_p = \sqrt[3]{\dfrac{100 \rho_{fl} E_{fl}}{E_s}}$ 用下式

替代：

$$\beta_p = \sqrt[3]{100\rho_{eff}} \leqslant 1.5$$

（5）CSA A23.3-04：式(7.24)，式中 $E_sA_s$ 用 $(E_sA_s + E_fA_f)$ 替代，参数 $\lambda'$ 和 $\phi_c$ 均替代为 1.0。

表 7.3　　　　　　　　　　　　各国规范预测值与试验值对比

| 试件编号 | $V_{exp}$ /kN | ACI 318-05 | | ACI 440.1R-06 | | JSCE-1997 | | CSA A23.3-04 | |
|---|---|---|---|---|---|---|---|---|---|
| | | $V_{th}$ /kN | $\dfrac{V_{exp}}{V_{th}}$ | $V_{th}$ /kN | $\dfrac{V_{exp}}{V_{th}}$ | $V_{th}$ /kN | $\dfrac{V_{exp}}{V_{th}}$ | $V_{th}$ /kN | $\dfrac{V_{exp}}{V_{th}}$ |
| B-SG004A | 87.5 | 107.1 | 0.82 | 56.0 | 1.56 | 71.4 | 1.23 | 72.1 | 1.21 |
| B-SG004B | 85.0 | 107.1 | 0.79 | 56.0 | 1.52 | 71.4 | 1.19 | 72.1 | 1.18 |
| B-SG007A | 95.4 | 105.4 | 0.91 | 65.6 | 1.45 | 80.0 | 1.19 | 83.2 | 1.15 |
| B-SG007B | 102.5 | 105.4 | 0.97 | 65.6 | 1.56 | 80.0 | 1.28 | 83.2 | 1.23 |
| B-SG012A | 115.0 | 104.8 | 1.10 | 76.52 | 1.50 | 91.1 | 1.26 | 94.9 | 1.21 |
| B-SG012B | 120.5 | 105.5 | 1.14 | 79.9 | 1.51 | 94.4 | 1.28 | 98.6 | 1.22 |
| B-SC-2 | 120 | 80.3 | 1.49 | 60.6 | 1.98 | 77.5 | 1.55 | 82.4 | 1.46 |
| B-SC-3-1 | 90 | 77.8 | 1.16 | 60.6 | 1.48 | 77.5 | 1.16 | 74.1 | 1.21 |
| B-SC-4.5 | 90 | 76.2 | 1.18 | 60.6 | 1.48 | 77.5 | 1.16 | 65.6 | 1.37 |
| B-SC-3-2 | 170 | 162.0 | 1.05 | 126.2 | 1.38 | 134.0 | 1.27 | 137.7 | 1.23 |
| 平均值 | | | 1.06 | | 1.54 | | 1.26 | | 1.25 |
| 变异系数 | | | 0.18 | | 0.10 | | 0.09 | | 0.07 |

表 7.3 给出了各国规范预测值与试验值的对比情况。从表中可看出，预测结果最好的规范是 CSA A23.3-04，试验值与预测值比值的平均值为 1.25，变异系数为 0.07，与试验结果相近，同时具有一定安全储备；规范 ACI 318-05 的预测结果离散性较大，变异系数为 0.18；规范 ACI 440.1R-06 的预测结果最保守，试验值与预测值比值的平均值为 1.54；规范 JSCE-1997 与 CSA A23.3-04 的预测结果相近。

## 7.4　无腹筋梁抗剪承载力公式推荐

### 7.4.1　推荐公式

通过试验和文献研究可以知道，无腹筋梁的抗剪承载力影响因素包括混凝土强度、剪跨比、纵筋配筋率及构件尺寸等，因此，计算公式中应该包含这些参数项，从而使公式计算得到的抗剪承载力能够与实际规律相符。

Zsutty[83] 推荐的抗剪承载力公式如式(7.31)所示,考虑到剪跨比的影响,引入了剪跨比影响项 $k_a$。$k_a$ 与试验所得规律相符,随着剪跨比的增大,混合配筋混凝土梁的极限荷载减小,但剪跨比大于一定值时,由于剪跨比影响的拱作用减弱,剪跨比对极限荷载的影响较弱。

$$V_c = 2.174\ 6k_a \sqrt[3]{f'_c \rho \frac{d}{a}} b_w d \tag{7.31}$$

$$k_a = \begin{cases} 1.0, & \dfrac{a}{d} > 2.5 \\ 2.5\dfrac{d}{a}, & \dfrac{a}{d} \leqslant 2.5 \end{cases} \tag{7.32}$$

Razaqpur 等[84] 推荐的抗剪承载力公式如式(7.33)所示,考虑到构件尺寸的影响,引入了截面有效高度影响项 $k_s$:

$$k_s = \frac{750}{450 + d}, d > 300\ \text{mm} \tag{7.33}$$

在各国规范预测值与试验值对比中,预测结果最好的规范是 CSA A23.3-04 与 JSCE-1997,这两个规范推荐的计算公式中抗剪承载力均和 $\sqrt[3]{f'_c}$ 成正比。

总结各国规范所推荐的无腹筋梁抗剪承载力计算公式和不同学者推荐的计算公式,本书推荐的无腹筋混合配筋梁抗剪承载力计算公式如下:

$$V_c = 0.35k_a k_s \sqrt[3]{100\rho_{sf,E} f_c} bh_0 \tag{7.34}$$

$$k_a = \begin{cases} 1.0, & a/h_0 \geqslant 2.5 \\ \dfrac{5}{a/h_0} - 1.0, & a/h_0 < 2.5 \end{cases} \tag{7.35}$$

$$k_s = \begin{cases} 1.0, & h_0 \leqslant 300\ \text{mm} \\ \dfrac{700}{400 + h_0}, & h_0 > 300\ \text{mm} \end{cases} \tag{7.36}$$

式中,$k_a$ 为剪跨比影响参数;$k_s$ 为截面高度影响参数。

### 7.4.2　推荐公式的验证

按照推荐的式(7.34)计算了试验的 10 根混合配筋混凝土抗剪性能试验梁的理论承载力,并与试验值进行了对比,将试验值与理论值的比值绘制在图 7.4 中。算得 $V_{exp}/V_{th}$ 的平均值为 0.97,变异系数为 0.05,与各国规范的预测值对比,推荐公式计算的理论值的平均值与试验值最为接近,并且标准差和变异系数都很小,所以推荐公式具有足够的可靠性和安全性。

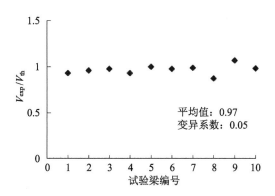

图 7.4　试验值与推荐公式计算值的比值

## 7.5　有腹筋梁抗剪性能试验

### 7.5.1　试验设计及制作

课题组共设计了 16 根有腹筋混合配筋混凝土梁,试件的外形尺寸均为 $b \times h \times L =$ 300 mm × 360 mm × 2 900 mm,采用 GFRP 筋,箍筋形式为四肢箍,其中内部两肢为钢筋,外侧两肢为 GFRP 筋,可以较好地发挥钢箍筋强度高和 GFRP 箍筋耐久性好的优势。试件设计为最终剪压破坏的破坏形式。具体配筋信息如表 7.4 所示。

表 7.4　　　　　　　　　　　　有腹筋抗剪性能试验梁的配筋信息

| 试件编号 | 箍筋间距 /mm | 箍筋 | | 纵筋 | | 剪跨比 |
|---|---|---|---|---|---|---|
| | | $A_{sv}/mm^2$ | $A_{fv}/mm^2$ | $A_{sl}/mm^2$ | $A_{fl}/mm^2$ | |
| L1 | 200 | 101 | 101 | 339 | 491 | 2.54 |
| L2 | 200 | 101 | 101 | 226 | 982 | 2.54 |
| L3 | 231 | 101 | 157 | 452 | 982 | 2.54 |
| L4 | 211 | 157 | 101 | 452 | 982 | 2.54 |
| L5 | 150 | 101 | 101 | 452 | 982 | 2.54 |
| L6 | 100 | 101 | 101 | 452 | 982 | 2.54 |
| L7 | 156 | 157 | 157 | 452 | 982 | 2.54 |
| L8 | 200 | 101 | 101 | 226 | 1 964 | 2.54 |
| L9 | 200 | 101 | 101 | 452 | 982 | 2.54 |
| L10 | 200 | 101 | 101 | 452 | 2 946 | 2.54 |
| L11 | 200 | 101 | 101 | 678 | 1 473 | 2.54 |

（续表）

| 试件编号 | 箍筋间距/mm | 箍筋 | | 纵筋 | | 剪跨比 |
|---|---|---|---|---|---|---|
| | | $A_{sv}/mm^2$ | $A_{fv}/mm^2$ | $A_{sl}/mm^2$ | $A_{fl}/mm^2$ | |
| L12 | 200 | 101 | 101 | 452 | 982 | 2.00 |
| L13 | 200 | 101 | 101 | 452 | 982 | 3.50 |
| L14 | 200 | 101 | 101 | 452 | 982 | 3.00 |
| L15 | 145 | 101 | 0 | 452 | 982 | 2.54 |
| L16 | 86 | 0 | 157 | 452 | 982 | 2.54 |

本试验的试件全部是在相同时间、地点制作的,同时预留了 6 个 150 mm×150 mm×150 mm 的立方体试块用于测混凝土抗压强度。浇筑时进行充分振捣,养护期用麻袋、草衫覆盖并定期洒水保持湿润。14 d 后拆木模,试件养护时间大于 28 d。

## 7.5.2  抗剪试验加载方案

抗剪试验加载装置和应变片布置如图 7.5 所示,一端支座为固定铰支座,一端为滚动铰支座。为避免局部破坏,在混凝土与分配梁接触点放置钢板。其中仅 L13 设计的剪跨比较大,使用单点加载。

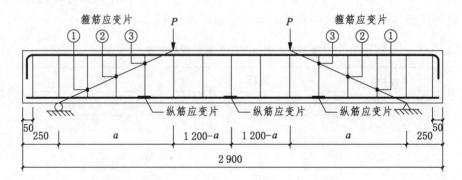

图 7.5  试件尺寸和应变片布置图(单位: mm)

加载前,对构件进行几何对中,并进行预加载。根据《混凝土结构试验方法标准》(GB/T 50152—2012)[82],使用分级加载制度,每级荷载均为 20 kN,每级荷载间都描绘裂缝发展。

## 7.5.3  试验现象分析

本试验中 13 根梁均按照设计的剪压破坏模式发生最终破坏,仅 L5、L6 和 L16 最终为弯曲破坏。对于剪切破坏的试件,破坏过程与钢筋混凝土梁的剪压破坏相似。首先出现的是垂直裂缝,位于纯弯段;加载中期,剪跨段出现垂直裂缝,然后逐步倾斜发展成弯剪裂缝,并且向加载点不断发展,此时支座附近也出现斜裂缝;最后在弯矩和剪力作用下,贯通裂缝形成,剪压区混凝土被压碎,意味着试件破坏。最终剪切破坏如图 7.6 所示。

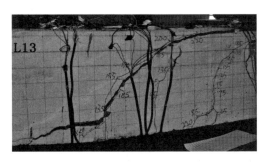

图 7.6　最终剪切破坏(L13)

　　发生弯曲破坏的试件最终是上部加载点间的纯弯段混凝土被压碎,此时也有贯穿斜裂缝,但是宽度较小,如图 7.7 所示。发生弯曲破坏意味着其实际正截面承载力小于实际斜截面承载力,表明设计时 GFRP 箍筋的抗剪能力被低估了,实际有更好的抗剪能力。

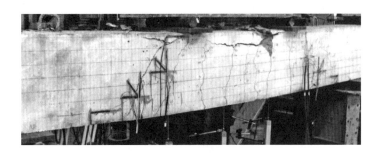

图 7.7　最终弯曲破坏(L6)

## 7.5.4　试验结果分析

### 1. 试验梁的开裂荷载及抗剪承载力

　　将试验数据汇总在表 7.5 中,包括所有试验梁的开裂荷载及抗剪承载力。根据试验数据,进行抗剪承载力的影响因素分析。

表 7.5　　　　　　　　　　有腹筋试验梁的开裂荷载及抗剪承载力

| 试件编号 | $\rho_{\mathrm{sf, E}}/\%$ | $\rho_{\mathrm{v, E}}/\%$ | 剪跨比 | 开裂荷载/kN | 抗剪承载力/kN |
|---|---|---|---|---|---|
| L1 | 0.47 | 0.21 | 2.54 | 31.5 | 127.4 |
| L2 | 0.45 | 0.21 | 2.54 | 34.0 | 146.0 |
| L3 | 0.69 | 0.20 | 2.54 | 34.0 | 186.5 |
| L4 | 0.69 | 0.29 | 2.54 | 37.5 | 184.0 |
| L5 | 0.69 | 0.28 | 2.54 | 37.5 | 241.5 |
| L6 | 0.69 | 0.42 | 2.54 | 30.0 | 249.0 |
| L7 | 0.69 | 0.42 | 2.54 | 31.5 | 234.0 |
| L8 | 0.67 | 0.21 | 2.54 | 34.0 | 170.1 |

（续表）

| 试件编号 | $\rho_{sf,E}$/% | $\rho_{v,E}$/% | 剪跨比 | 开裂荷载/kN | 抗剪承载力/kN |
|---|---|---|---|---|---|
| L9 | 0.69 | 0.21 | 2.54 | 31.5 | 161.0 |
| L10 | 1.05 | 0.21 | 2.54 | 34.0 | 206.2 |
| L11 | 1.09 | 0.21 | 2.54 | 36.5 | 223.9 |
| L12 | 0.69 | 0.21 | 2.00 | 34.0 | 267.8 |
| L13 | 0.69 | 0.21 | 3.50 | 47.5 | 128.6 |
| L14 | 0.69 | 0.21 | 3.00 | 31.5 | 140.9 |
| L15 | 0.69 | 0.23 | 2.54 | 41.5 | 159.0 |
| L16 | 0.69 | 0.21 | 2.54 | 36.5 | 217.5 |

对抗剪承载力的影响因素单独进行分析,将不同因素对抗剪承载力的影响汇总在图 7.8 中。

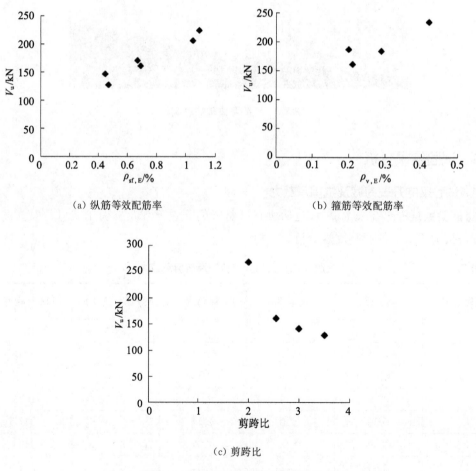

(a) 纵筋等效配筋率

(b) 箍筋等效配筋率

(c) 剪跨比

图 7.8　不同因素对抗剪承载力的影响

仅纵筋等效配筋率不同的试件：L1,L2,L8,L9,L10,L11,将纵筋等效配筋率和对应的抗剪承载力绘制在图 7.8(a)中,对比可知,当其他条件相同时,纵筋等效配筋率越大,试件的抗剪承载力越大,并且近似为线性关系。

仅箍筋等效配筋率不同的试件：L3,L4,L7,L9,将箍筋等效配筋率和对应的抗剪承载力绘制在图 7.8(b)中,对比可知,当其他条件相同时,箍筋等效配筋率越大,试件的抗剪承载力越大。从图中还可以看到,箍筋等效配筋率相近的 L3 和 L9 的抗剪承载力相差较大,因为 GFRP 箍筋的抗剪能力被低估了。虽然箍筋等效配筋率相近,但 L3 的 GFRP 箍筋配筋面积大于 L9,将 GFRP 筋等效成钢筋后,认为其最大应变为钢筋屈服应变,而实际上 GFRP 筋的最大应变大于钢筋屈服应变,能提供更大的剪力,使得 L3 的抗剪承载力大于 L9。

仅剪跨比不同的试件：L9,L12,L13,L14,将剪跨比和对应的抗剪承载力绘制在图 7.8(c)中,对比可知,当其他条件相同时,剪跨比越大,试件的抗剪承载力越小。

### 2. 箍筋应变

试验记录了剪跨区近加载点处、近支座处和中间处的 GFRP 箍筋应变,以 L4 为例将其荷载-应变曲线绘制在图 7.9 中。从图中可以看出,开裂前,GFRP 箍筋的应变非常小,整体梁承担剪力;开裂后,箍筋应变增长速度变大,图中曲线斜率变小,剪力转为由混凝土及箍筋一起承担;继续加载,斜裂缝不断发展,当钢箍筋屈服时,图中曲线斜率变小,意味着这之后增加的剪力主要由混凝土及 GFRP 箍筋一起承担,受剪机制发生了变化。

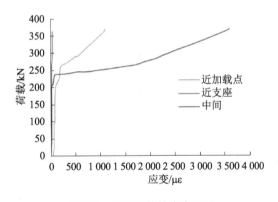

**图 7.9　GFRP 箍筋应变(L4)**

总的来说,试验测得钢箍筋最小应变为 650 $\mu\varepsilon$,最大应变为 4 440 $\mu\varepsilon$;GFRP 箍筋最小应变为 1 538 $\mu\varepsilon$,最大应变为 5 224 $\mu\varepsilon$。在钢箍筋屈服后,GFRP 箍筋还能发挥一定的抗剪能力。

### 3. 各国规范预测值与试验值对比

采用针对钢筋混凝土或 FRP 筋混凝土的各国规范来计算理论值,将其与试验值进行对比。为了适用于各国规范,与 7.3.4 节中一样,将试验参数值进行转换,此处仅讨论最终发生剪切破坏的 13 根试验梁,将所得结果绘制在图 7.10 中。

从图 7.10 中可以看出,各国规范在预测混合配筋梁抗剪强度时都偏保守,$V_{exp}/V_{th}$ 的平均值均大于 1.0,变异系数均在 0.20 左右。总的来说,预测结果最好的规范是 CSA S806-02,试验值与预测值比值的平均值为 1.08,变异系数为 0.20,与试验结果相近,同时又具有一定安全储备;规范 JSCE-1997 的预测结果最为保守,试验值与预测值比值的平均值为 1.27;规范 GB 50010—2010(2015)与 CSA A23.3-04 的预测结果相近。

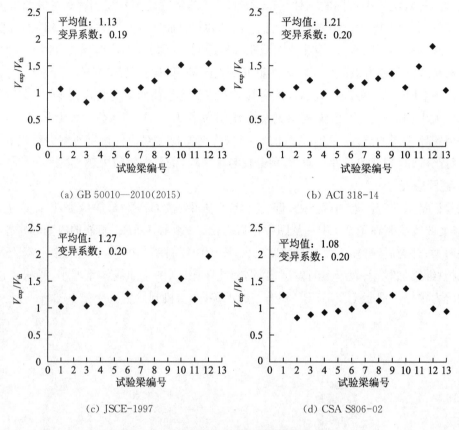

(a) GB 50010—2010(2015)  (b) ACI 318-14

(c) JSCE-1997  (d) CSA S806-02

**图 7.10  试验值与各国规范预测值的比值**

## 7.6  有腹筋梁抗剪承载力公式推荐

### 7.6.1  推荐公式

各国规范推荐的抗剪承载力计算公式的一般形式为

$$V = V_c + V_{sf} \tag{7.37}$$

式中,$V_c$ 可在无腹筋梁抗剪承载力计算公式上进行修正得到。$V_{sf}$ 参照中国规范,可表示为

$$V_{sf} = V_s + V_f = \beta f_{yv} \frac{A_{sv}}{s_s} h_0 + \beta f_{fv} \frac{A_{sv}}{s_f} h_0 \tag{7.38}$$

式中,$s_s$ 为钢箍筋间距;$s_f$ 为 FRP 箍筋间距。

抗剪极限状态时,钢箍筋基本已屈服,而 FRP 箍筋的应变未知,还需对 $V_f$ 项进行讨论。

现有 FRP 筋混凝土规范采用的方法都是对 FRP 箍筋的应变进行限制,将各国规范对 FRP 箍筋应变的规定总结在表 7.6 中。

表 7.6　　　　　　　　　　各国规范对 FRP 箍筋应变的限制

| 规范 | 应变规定 | 最大应变限值 |
|---|---|---|
| ACI 440.1R-06 | $\varepsilon_{fv} = 0.004$ | $f_{fv} = 0.004E_{fv} \leqslant f_{bend}$<br>$f_{bend} = \left(0.05\dfrac{r_b}{d_b} + 0.3\right)\dfrac{f_{fuv}}{1.5} \leqslant f_{fuv}$ |
| JSCE-1997 | $\varepsilon_{fv} = 0.000\,1\sqrt{f'_{mcd}\dfrac{\rho_{fl}E_{fl}}{\rho_{fv}E_{fv}}}$ | $\varepsilon_{fv} \leqslant \dfrac{f_{bend}}{E_{fv}}$<br>$f_{bend} = \left(0.05\dfrac{r_b}{d_b} + 0.3\right)\dfrac{f_{fuv}}{1.3}$ |
| CSA S806-02 | $\varepsilon_{fv} = \dfrac{0.4f_{fuv}}{E_{fv}}$ | —— |
| BS 8110-2:1985[85] | $\varepsilon_{fv} = 0.002\,5$ | —— |

从表中可知,ACI 440.1R-06 规定 FRP 箍筋应变为 0.004,同时限定弯曲部分强度,再加上折减系数 1.5;JSCE-1997 的 FRP 箍筋应变涉及钢箍筋和 FRP 箍筋的刚度比,最大应变限值与美国规范类似;CSA S806-02 则是将弯曲部分强度乘以折减系数 0.4;BS 8110-2:1985 与美国规范相似,直接规定应变为 0.002 5。

根据上述试验,试验测得 GFRP 箍筋最小应变为 1 538 $\mu\varepsilon$,最大应变为 5 224 $\mu\varepsilon$。与 FRP 筋混凝土规范限值对比,测得的 GFRP 箍筋应变值偏小,因为钢筋的弹性模量较大,屈服前钢箍筋相较 GFRP 箍筋承担了更多的剪力,而屈服后混凝土很快被压碎,所以 GFRP 箍筋仍然只承受了小部分剪力,对应的应变也不大。同时考虑到 FRP 筋的抗剪性能较差,为了保证足够的安全储备,本书建议混合配筋梁 FRP 箍筋应变限定为 0.002,即式(7.39):

$$f_{fv} = 0.002E_{fv} \leqslant f_{bend} \tag{7.39}$$

将式(7.39)代入式(7.38),可得抗剪承载力计算公式为

$$V = 0.35k_ak_s\sqrt[3]{100\rho_{sf,E}f_c}\,bh_0 + \alpha\left(\frac{A_{sv}f_y}{s_s} + \frac{0.002A_{fv}E_{fv}}{s_f}\right)h_0 \tag{7.40}$$

式中,$\alpha$ 待定。试验中有 13 根梁最后发生剪切破坏,根据相应试验数据对未知量 $\alpha$ 进行数学分析,得到 $\alpha = 1.02$。 所以,推荐的混合配筋有腹筋梁抗剪承载力公式为

$$V = 0.35k_ak_s\sqrt[3]{100\rho_{sf,E}f_c}\,bh_0 + 1.02\left(\frac{A_{sv}f_y}{s_s} + \frac{0.002A_{fv}E_{fv}}{s_f}\right)h_0 \tag{7.41}$$

$$k_a = \begin{cases} 1.0, & a/d \geqslant 2.5 \\ \dfrac{5}{a/d} - 1.0, & a/d < 2.5 \end{cases} \tag{7.42}$$

$$k_s = \begin{cases} 1.0, & h_0 \leqslant 300 \text{ mm} \\ \dfrac{700}{400 + h_0}, & h_0 > 300 \text{ mm} \end{cases} \tag{7.43}$$

### 7.6.2 推荐公式的验证

按照推荐的式(7.41)计算了 13 根混合配筋混凝土抗剪性能试验梁的理论承载力,并与试验值进行对比,将试验值与理论值的比值绘制在图 7.11 中。算得 $V_{exp}/V_{th}$ 的平均值为 1.0,变异系数为 0.14,与各国规范的预测值对比,推荐公式计算的理论值的平均值与试验值最为接近,并且标准差和变异系数也是最小的,所以推荐公式具有足够的可靠性和安全性。

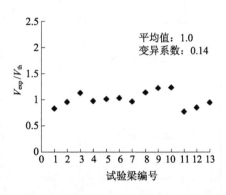

**图 7.11　试验值与推荐公式计算值的比值**

### 7.6.3 最小配箍率计算公式推荐

结合 GB 50010—2010(2015),同时按刚度折减 FRP 筋项,最小配箍率计算公式如下:

$$\rho_{v, E} = \frac{A_{sv}}{bs_s} + \frac{E_f}{E_s} \cdot \frac{A_{fv}}{bs_f} \tag{7.44}$$

$$\rho_{v, min} = \alpha_v \frac{f_t}{f_{yv}} \tag{7.45}$$

$$\alpha_v = 0.24 \left( \frac{R_f}{c} + R_s \right) \tag{7.46}$$

$$R_s = \frac{A_{sl} E_s}{A_{sl} E_s + A_{fl} E_f} \tag{7.47}$$

$$R_f = \frac{A_{fl} E_f}{A_{sl} E_s + A_{fl} E_f} \tag{7.48}$$

式中,$c$ 为抗剪折减系数。系数 $c$ 的取值参考 ACI 440.1R-06,可进行线性化简得:

$$\begin{cases} c = 33\rho_{fl} + 0.38 < 1, & \text{若为 GFRP 筋} \\ c = 41\rho_{fl} + 0.39 < 1, & \text{若为 AFRP 筋} \end{cases} \tag{7.49}$$

对纵筋配筋率和 $R_f$ 取不同值,算出不同情况下的 $c$,进行分析后得到系数 $c$ 的简化计算式如下:

$$c = 1 + 0.6R_f \tag{7.50}$$

因此,推荐最小配箍率计算公式如下

$$\rho_{v, min} = 0.24 \left( 1 + 0.6 \frac{A_{fl} E_f}{A_{sl} E_s + A_{fl} E_f} \right) \frac{f_t}{f_{yv}} \tag{7.51}$$

## 7.6.4　配筋设计算例分析

对于已知截面尺寸 $b$，$h$，计算长度 $l_0$，材料强度 $f_c$，$f_t$，$f_{yv}$，FRP 筋受拉弹性模量 $E_f$，纵筋配筋面积 $A_{sl}$，$A_{fl}$，箍筋配筋面积比 $\alpha_a = A_{fv}/A_{sv}$，剪跨比 $a/h_0$，截面所受剪力 $V$ 的问题，可以求配筋 $A_{sv}/s$，$A_{fv}/s$。求解步骤如下：

（1）验算 $V > V_c$，若满足则进行下一步；否则，意味着仅混凝土的抗剪能力就足够抵抗荷载，不需要再配置箍筋，只需要满足相关的构造配箍要求。

（2）验算 $V \leqslant V_{u, max}$，$V_{u, max}$ 取值如式（7.52）所示，若满足则进行下一步；否则，意味着该截面尺寸不足以抵抗荷载，需要重新设计截面尺寸。

$$V_{u, max} = \begin{cases} 0.25\beta_c f_c bh_0, & h_w/b \leqslant 4 \\ \text{线性插值}, & h_w/b \leqslant 4 \\ 0.2\beta_c f_c bh_0, & h_w/b \geqslant 6 \end{cases} \tag{7.52}$$

（3）由式（7.41）计算得到 $A_{sv}/s$，$A_{fv}/s$。

（4）验算最小配箍率要求［式（7.53）］，若满足则进行下一步；否则，取 $\rho_{v, E} = \rho_{v, min}$ 再进行下一步。

$$\rho_{v, E} = \frac{A_{sv}}{bs_s} + \frac{E_f}{E_s} \cdot \frac{A_{fv}}{bs_f} \geqslant \rho_{v, min} = 0.24\left(1 + 0.6\frac{A_{fl}E_f}{A_{sl}E_s + A_{fl}E_f}\right)\frac{f_t}{f_{yv}} \tag{7.53}$$

（5）根据钢筋混凝土规范中的箍筋间距要求，确定合适的配筋面积和箍筋间距。

以试验梁 L1 为算例，计算如下：

已知 $b = 300\,\text{mm}$，$h = 360\,\text{mm}$，材料强度 $f_c = 21.1\,\text{MPa}$，$f_t = 1.80\,\text{MPa}$，$f_{yv} = 270\,\text{MPa}$，$E_s = 200\,\text{GPa}$，$E_f = 50\,\text{GPa}$，$f_f \leqslant f_{fy} = 400\,\text{MPa}$，$A_{sl} = 339\,\text{mm}^2$，$A_{fl} = 491\,\text{mm}^2$，$\alpha_a = 1$，$a/h_0 = 2.54$，$V = 127.4\,\text{kN}$。

（1）验算是否配箍

　　$a/h_0 = 2.54 > 2.5$，取 $k_a = 1$

　　$h_0 = 315\,\text{mm} > 300\,\text{mm}$，取 $k_s = 700/(400 + h_0) = 700/(400 + 315) = 0.98$

　　$\rho_{sf, E} = \rho_s + (E_f/E_s)\rho_f = \dfrac{339}{300 \times 315} + \dfrac{50}{200} \times \dfrac{491}{300 \times 315} = 0.004\,7$

　　$V_c = 0.35k_a k_s \sqrt[3]{100\rho_{sf, E}f_c}\,bh_0$

　　　　$= 0.35 \times 1 \times 0.98 \times \sqrt[3]{100 \times 0.004\,7 \times 21.1} \times 300 \times 315 = 69.64\,\text{kN}$

　　$V > V_c$，所以需要配箍筋。

（2）验算截面尺寸

　　$h_w/b = 315/300 = 1.05 \leqslant 4$，取

　　$V_{u, max} = 0.25\beta_c f_c bh_0 = 0.25 \times 1.0 \times 21.1 \times 300 \times 315 = 498.49\,\text{kN}$

　　$V \leqslant V_{u, max}$，截面满足条件。

（3）计算箍筋量

取 $s_s = s_f = s$，

$$\begin{cases} V = V_c + \dfrac{1.02(A_{sv}f_y + 0.002A_{fv}E_{fv})h_0}{s} \\[3mm] \alpha_a = \dfrac{A_{fv}}{A_{sv}} = 1 \end{cases}$$

对上式计算整理得

$$\frac{A_{sv}}{s} = \frac{V - V_c}{1.02(f_y + 0.002E_{fv})h_0}$$

解得

$$\frac{A_{sv}}{s} = \frac{(127.4 - 69.64) \times 1\,000}{1.02 \times (210 + 0.002 \times 50 \times 1\,000) \times 315} = 0.58$$

$$\frac{A_{sf}}{s} = \frac{A_{sv}}{s} = 0.58$$

（4）验算最小配箍率

$$\rho_{v, E} = \frac{A_{sv}}{bs} + \frac{E_f}{E_s} \cdot \frac{A_{fv}}{bs} = \frac{0.58}{300} + \frac{50}{200} \times \frac{0.58}{300} = 0.002\,4$$

$$\rho_{v, min} = 0.24\left(1 + 0.6\,\frac{A_{fl}E_f}{A_{sl}E_s + A_{fl}E_f}\right)\frac{f_t}{f_{yv}}$$

$$= 0.24 \times \left(1 + 0.6 \times \frac{491 \times 50}{339 \times 200 + 491 \times 50}\right) \times \frac{1.80}{270} = 0.001\,9$$

$\rho_{v, E} > \rho_{v, min}$，满足要求。

（5）根据钢筋混凝土规范中的箍筋间距要求，取 $s_s = s_f = s = 200$ mm

$$A_{sf} = A_{sv} = 0.58 \times 200 = 116 \text{ mm}$$

习　题

【7-1】 对截面尺寸为 $b \times h = 200 \text{ mm} \times 500 \text{ mm}$ 的混凝土简支梁，$a_s = 35 \text{ mm}$。混凝土强度等级为 C20，混凝土抗压强度 $f_c = 9.6 \text{ N/mm}^2$，抗拉强度 $f_t = 1.10 \text{ N/mm}^2$。简支梁承受剪力 $V = 1.2 \times 10^5 \text{ N}$。钢箍筋的屈服强度 $f_{yv} = 270 \text{ N/mm}^2$，弹性模量 $E_s = 200 \text{ GPa}$，FRP 筋的弹性模量 $E_f = 50 \text{ GPa}$，FRP 筋的强度限制为 $f_f \leqslant f_{fy} = 400 \text{ MPa}$。在无腹筋的情况下，求箍筋配筋面积以满足抗剪要求。

【7-2】 有一截面尺寸为 $b \times h = 250 \text{ mm} \times 600 \text{ mm}$、长 $l = 6\,000 \text{ mm}$ 的混凝土简支梁，混凝土保护层厚度 $c = 25 \text{ mm}$，在跨中作用有集中力 $F$。混凝土抗压强度 $f_c = 23 \text{ N/mm}^2$，

抗拉强度 $f_t = 2.60\ \text{N/mm}^2$，弹性模量 $E_c = 25.1\ \text{GPa}$。纵向钢筋的屈服强度 $f_y = 357\ \text{N/mm}^2$，弹性模量 $E_s = 197\ \text{GPa}$，钢箍筋的屈服强度 $f_{yv} = 270\ \text{N/mm}^2$。FRP 筋的弹性模量 $E_f = 45\ \text{GPa}$。梁中已经配有 2$\Phi$22 的纵向钢筋（$A_s = 760\ \text{mm}^2$）和 1$\Phi$12.7 的 FRP 筋（$A_f = 126.68\ \text{mm}^2$）。求 $F$ 的最大值。

【7-3】 题目条件同习题【7-2】，当 $F = 250\ \text{kN}$ 时，求配箍筋面积。

# 第8章
# 混凝土构件的使用性能

## 8.1 引言

设计混合配筋混凝土结构不仅需要对承载力进行计算,还需要对裂缝、截面抗弯刚度等使用性能进行计算。本章总结了正截面裂缝宽度和截面刚度的现有研究,通过试验研究分析,推荐了正截面裂缝间距、宽度和受弯构件截面刚度计算公式。

## 8.2 构件的正截面裂缝间距、宽度计算

### 8.2.1 现有研究

#### 1. 黏结滑移理论

该理论认为混凝土与钢筋之间的黏结性能是裂缝开展的主要影响因素,根据轴心受拉构件得到试验结果。开裂前,构件整体应变基本是均匀分布,认为混凝土和钢筋还没有相对滑移;荷载加大,应变接近混凝土的极限拉应变,首先开裂的位置在构件最薄弱的截面,材料的离散性和施工可能存在的误差决定了开裂位置的随机性;开裂后,钢筋承担了更大的拉应力而拉伸,裂缝截面处混凝土不受力而回缩,产生了相对滑移(即裂缝宽度);产生相对滑移后,黏结应力将钢筋的应力传递给混凝土,离裂缝截面处越远,黏结应力累积越大,因此,混凝土拉应力是越来越大的,而钢筋应力是越来越小的,当它们应变相等时,两者的应力又和最初未开裂状态一样。

根据平截面假定和应力沿截面均匀分布等假定,结合试验研究,得到裂缝平均间距和宽度的计算公式:

$$l_{m} = k_{2} \frac{d}{\rho_{te}} \tag{8.1}$$

$$w_{m} = (\varepsilon_{sm} - \varepsilon_{cm}) l_{m} = k'_{w2} \varepsilon_{sm} l_{m} = k'_{w2} \psi \frac{\sigma_{s}}{E_{s}} l_{m} = k'_{w2} \psi \frac{\sigma_{s}}{E_{s}} \cdot \frac{d}{\rho_{te}} \tag{8.2}$$

式中,$l_{m}$ 为平均裂缝间距;$\varepsilon_{sm}$ 为 $l_{m}$ 范围内钢筋的平均应变;$\varepsilon_{cm}$ 为 $l_{m}$ 范围内混凝土的平均应变;$k'_{w2}$ 为系数,$k'_{w2} = 1 - \varepsilon_{cm}/\varepsilon_{sm}$;$\psi$ 为裂缝之间钢筋应变不均匀系数;$\sigma_{s}$ 为开裂截面处钢筋的应力。

### 2. 无滑移理论

许多试验[86]表明,黏结滑移理论的平截面假定和裂缝形状假定是不完全切合实际的,实际裂缝处形态如图 8.1 所示。钢筋处的裂缝宽度较小,而与钢筋距离越远,裂缝宽度越大,这是因为钢筋对混凝土具有约束作用。

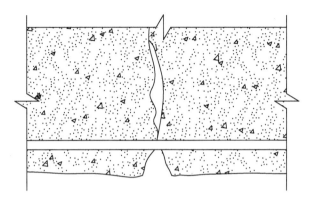

**图 8.1　实际裂缝处形态图**

无滑移理论认为混凝土与钢筋间无相对滑移,即钢筋处的裂缝宽度假定是 0,而混凝土保护层厚度是影响裂缝宽度的最主要因素。根据上述理论和试验数据,得计算公式:

$$w_{\mathrm{m}} = k_{\mathrm{w1}} c \frac{\sigma_{\mathrm{s}}}{E_{\mathrm{s}}} \tag{8.3}$$

式中,$k_{\mathrm{w1}}$ 为系数;$c$ 为裂缝测点到钢筋表面的最近距离。

结合试验[87, 88]发现,无滑移理论在 $15\,\mathrm{mm} < c < 80\,\mathrm{mm}$ 区间较为适用,也能很好地解释试验现象;但在 $c \leqslant 15\,\mathrm{mm}$ 区间,实际裂缝宽度约为理论算得宽度的 2 倍;在 $c \geqslant 80\,\mathrm{mm}$ 区间,实际裂缝宽度均比理论算得的宽度小,偏差值随 $c$ 值的增大而增大。

### 3. 黏结滑移与无滑移综合理论

由上述分析可知,黏结滑移理论与无滑移理论能够解释一部分现象,但又均有各自的局限性:黏结滑移理论中 $w_{\mathrm{m}}$ 与 $d/\rho$ 成正比,但试验中发现并不是简单的比例关系;无滑移理论假定混凝土与钢筋间无相对滑移,但钢筋处的裂缝宽度是存在的。

在黏结滑移与无滑移综合理论中,仍然认可影响裂缝宽度的最主要因素为混凝土保护层厚度,这也反映了裂缝处的实际形态,在此基础上,考虑黏结作用对混凝土回缩的约束效果,并认为这个约束效果是有一定范围的,约束效果与钢筋的直径、间距和黏结状况有关。总的来说,该理论对黏结滑移理论与无滑移理论取长补短,修正了各自理论与试验不符的部分,得计算公式:

$$l_{\mathrm{m}} = k_1 c + k_2 \frac{d}{\rho_{\mathrm{te}}} \tag{8.4}$$

$$w_{\mathrm{m}} = k_{\mathrm{w}} \psi \frac{\sigma_{\mathrm{s}}}{E_{\mathrm{s}}} \left( k_1 c + k_2 \frac{d}{\rho_{\mathrm{te}}} \right) \tag{8.5}$$

### 4. 基于试验的经验公式

基于试验研究裂缝宽度计算方法的思路是通过对数据进行回归分析,然后选择重要的影响因素根据数理统计来建立裂缝计算公式。

Gergely 和 Lutz[89] 通过统计实测数据对相关参数进行了回归分析,包括 355 个侧面裂缝宽度与 612 个底面裂缝宽度,具有较高可信度。分析发现:影响裂缝宽度的最重要因素为钢筋应力,主要因素有混凝土保护层厚度、钢筋直径、与应变梯度相关的参数 $\beta$ 和规律性影响变量 $\sqrt[3]{cA}$(其中,$c$ 为保护层厚度,$A$ 为一根钢筋周围的有效混凝土面积)。分析后得到钢筋处裂缝宽度计算公式:

$$w_s = 0.011(\sigma_s - 34.45)\sqrt[3]{d_c A} \tag{8.6}$$

$$d_c = c + \frac{d}{2} \tag{8.7}$$

$$A = \frac{2bd_c}{n} \tag{8.8}$$

梁底裂缝宽度计算公式为

$$w_m = \beta w_s \tag{8.9}$$

$$\beta = \frac{h - x}{h_0 - x} \tag{8.10}$$

### 5. 各国规范

现有规范都是针对钢筋混凝土结构或 FRP 筋混凝土结构,通过对各国规范进行研究,整理了它们所考虑的影响因素,见表 8.1。

**表 8.1** 各国规范裂缝宽度计算考虑的影响因素

| | 规范 | 拉筋应力 | 拉筋直径 | 拉筋黏结性能 | 拉筋间距 | 有效配筋率 | 保护层厚度 | 构件受力特征 | 荷载作用时间 |
|---|---|---|---|---|---|---|---|---|---|
| 钢筋混凝土结构 | GB 50010—2010(2015) | √ | √ | √ | | √ | √ | √ | √ |
| | ACI 224.R | √ | | | | | √ | | |
| | ACI 318-11 | √ | | | √ | | √ | | |
| | JGC 15—2007 | √ | √ | √ | √ | | √ | | |
| | CSA A23.3-04 | √ | | | | | | | |
| | BS EN 1992-1-1:2004 | √ | √ | √ | √ | √ | √ | √ | √ |
| | BS 8110-1997 | √ | √ | | | | √ | | |
| | CEB-FIP Model Code 1990 | √ | √ | √ | | √ | √ | | |

（续表）

| | 规范 | 拉筋应力 | 拉筋直径 | 拉筋黏结性能 | 拉筋间距 | 有效配筋率 | 保护层厚度 | 构件受力特征 | 荷载作用时间 |
|---|---|---|---|---|---|---|---|---|---|
| FRP 筋混凝土结构 | GB 50608—2010 | √ | √ | √ | | √ | √ | √ | √ |
| | ACI 440.1R-06 | | √ | | √ | √ | √ | | |
| | JSCE-1997 | √ | √ | | √ | | √ | | |
| | CSA-S806-02 | √ | | √ | | | √ | | |

通过表 8.1 可知裂缝宽度计算需要考虑的主要影响因素，可以对这些因素重点分析推荐公式。

### 6. 现有混合配筋构件的正截面裂缝宽度计算公式

部分学者对混合配筋构件的正截面裂缝宽度进行了研究，推荐了计算公式。如果截面配筋比 $K_{fs}$ 保持不变，混合配筋混凝土梁与钢筋混凝土梁受弯裂缝宽度的比值近似为一个定值，对试验数据进行统计分析后，确定了该比值与最大裂缝宽度的计算公式：

$$K_w = c_1 K_{fs}^3 + c_2 K_{fs}^2 + c_3 K_{fs} + 1 \tag{8.11}$$

$$w_{max} = K_w \alpha_{cr} \psi \frac{\sigma_{sk}}{E_s} \left( 1.9c + 0.08 \frac{d_{eq}}{\rho_{te}} \right) \tag{8.12}$$

黄海群[45] 使用 Gergely-Lutz 计算公式的形式，通过对试验数据进行回归分析后，推荐了混合配筋梁最大裂缝宽度表达式：

$$w_{max} = k_g \varepsilon_s \beta' \sqrt[3]{d_c A} \tag{8.13}$$

$$k_g = \frac{k_s}{\upsilon_s \sqrt{\rho_s} + \upsilon_f \sqrt{\rho_f}} \tag{8.14}$$

## 8.2.2　裂缝间距计算公式

### 1. 裂缝间距计算公式推荐

从试验 4.1 中可知，从开裂机理来看，混合配筋混凝土梁和钢筋混凝土梁类似，并且 FRP 筋与混凝土的黏结性能良好。所以，此处采用黏结滑移理论来分析裂缝间距。

图 8.2 为梁开裂截面和受拉筋隔离体的受力分析图，弯矩作用为 $M_{cr}^0$，取出的隔离体长度为 $l_{tr}$。

由受力平衡 $\sum X = 0$，得

$$\Delta \sigma_s A_s + \Delta \sigma_f A_f = \frac{M_{cr}^0}{\eta h_0} \tag{8.15}$$

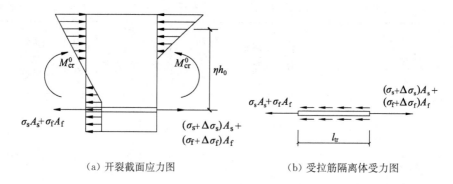

（a）开裂截面应力图  （b）受拉筋隔离体受力图

**图 8.2　截面受力分析**

对隔离体受力分析,得

$$\Delta \sigma_s A_s + \Delta \sigma_f A_f = l_{tr} \sum_i \pi d_i \tau_{mi} \tag{8.16}$$

式中,$M_{cr}^0$ 为混凝土截面抗裂弯矩;$\Delta \sigma_s$ 为钢筋开裂时的应力增量;$\Delta \sigma_f$ 为 FRP 筋开裂时的应力增量;$\tau_{mi}$ 为混凝土与每根受拉筋的平均黏结应力。

得到裂缝间距公式:

$$l_{tr} = \frac{M_{cr}^0}{\eta h_0 \sum_i \pi d_i \tau_{mi}} = \frac{M_{cr}^0}{4 \eta h_0^2 \tau_m b} \cdot \frac{1}{\sum_i \dfrac{\rho_i \nu_i}{d_i}} \tag{8.17}$$

式中,$\rho_i$ 为第 $i$ 根受拉筋对应的配筋率,$\rho_i = A_i / (b h_0)$;$\nu_i$ 为第 $i$ 根受拉筋的相对黏结系数,$\nu_i = \tau_{mi} / \tau_m$。

为了方便运用,将式(8.17)简化:

$$l_{tr} = \frac{k d_{eq}}{\rho} \tag{8.18}$$

$$k = \frac{M_{cr}^0}{4 \eta h_0^2 \tau_m b} \tag{8.19}$$

$$d_{eq} = \frac{\sum_i n_i d_i^2}{\sum_i n_i \nu_i d_i} \tag{8.20}$$

式中,$n_i$ 为第 $i$ 种受拉筋的根数;$d_i$ 为第 $i$ 种受拉筋的直径。

实际情况中,受弯构件开裂时只有部分混凝土为受拉状态,所以应对配筋率进行修正。参考我国规范,裂缝间距计算公式中考虑混凝土保护层厚度,将计算公式修正为

$$l_{cr} = k_1 c + \frac{k_2 d_{eq}}{\rho_{te}} \tag{8.21}$$

$$\rho_{te} = \frac{A_s + A_f}{A_{te}} \tag{8.22}$$

式中，$k_1$，$k_2$ 为待确定系数；$c$ 为混凝土保护层厚度；$\rho_{te}$ 为混凝土受拉面积计算得到的纵向拉筋配筋率；$A_{te}$ 为混凝土受拉截面积，对矩形截面，$A_{te} = 0.5bh$。

**2. 裂缝间距计算公式的确定**

通过回归公式可以确定系数 $k_1$，$k_2$，分析方法如下：

设 $R(i) = k_1 c + k_2 d_{eq}/\rho_{te} - l_{cr}$，转变为数学问题：求出使 $R = \sum_{i=1}^{8} R(i)^2$ 取最小值的 $k_1$，$k_2$。

将试验 4.1 中 8 根试验梁实测得到的裂缝间距值代入计算式，得 $k_1 = 3.45$，$k_2 = 0.017\ 7$。

综上，推荐混合配筋混凝土梁裂缝间距的计算公式为

$$l_{cr} = 3.45c + \frac{0.017\ 7 d_{eq}}{\rho_{te}} \tag{8.23}$$

**3. 计算公式有效性的验证**

表 8.2 将试验 4.1 中 8 根混合配筋混凝土梁按照本节推荐计算公式得到的裂缝间距理论值与试验值进行对比，从表中可知，对于适筋梁，推荐公式计算的理论值与试验值的偏差小于 10%；对于少筋梁或超筋梁，偏差也小于 15%，所以推荐的计算公式是有效的。

表 8.2 平均裂缝间距理论值与试验值对比

| 梁 | S1 | F1 | GF1 | GF2 | GF3 | GF4 | GF5 | GF6 |
|---|---|---|---|---|---|---|---|---|
| 理论值 $l_{th}$ | 96.81 | 93.39 | 90.96 | 90.92 | 88.97 | 88.48 | 90.83 | 86.87 |
| 试验值 $l_{exp}$ | 94 | 87 | 96 | 89 | 91 | 88 | 105 | 78 |
| $l_{th}/l_{exp}$ | 1.03 | 1.07 | 0.95 | 1.02 | 0.98 | 1.01 | 0.87 | 1.11 |

## 8.2.3 裂缝宽度计算公式

**1. 裂缝宽度计算公式推荐**

结合试验和规范分析可知，混合配筋梁裂缝宽度的主要影响因素有：受拉纵筋应力、混凝土与受拉筋的黏结性能、保护层厚度、受拉筋直径和间距、有效配筋率等。引入等效应力与等效弹性模量的概念，从而更贴近实际受拉应力水平，因为相同高度有相同应变的 FRP 筋和钢筋具有不同的拉应力，需要考虑两者弹性模量的差异。另外，本节还考虑了受拉筋相对黏结系数 $k_b$，因为试验测得的 FRP 筋与混凝土黏结性能一般不如钢筋与混凝土的黏结性能，而黏结性能是裂缝宽度的重要影响因素，需要具体考虑。

结合 Gergely-Lutz 计算公式，综合考虑影响裂缝的各个因素，推荐短期裂缝宽度计算公式：

$$w_{max} = k_w \sigma_{sf} \beta k_b \sqrt[3]{d_c A} \tag{8.24}$$

$$\sigma_{sf} = E_{sf}\varepsilon_s \tag{8.25}$$

$$\beta = \frac{h - x_n}{h_0 - x_n} \tag{8.26}$$

$$E_{sf} = \frac{E_s A_s + E_f A_f}{A_s + A_f} \tag{8.27}$$

$$k_b = \frac{\nu_f n_f d_f + \nu_s n_s d_s}{\sum\limits_i n_i d_i} \tag{8.28}$$

式中，$k_w$ 为配筋面积比相关函数；$\sigma_{sf}$ 为等效的受拉筋应力；$E_{sf}$ 为等效的受拉筋弹性模量；$\varepsilon_{sf}$ 为受拉筋应变；$\beta$ 为应变梯度；$d_c$ 为受拉纵筋形心到截面受拉边缘的距离；$A$ 为一根纵筋周围的有效混凝土面积；$k_b$ 为受拉筋相对黏结系数；$\nu_f$ 为 FRP 筋相对黏结系数，通过试验测定，无试验数据时，可保守取 1.4；$\nu_s$ 为钢筋相对黏结系数，对光圆钢筋取 0.7，对变形钢筋取 1.0。

如果配筋条件相同，FRP 筋配筋面积占比越大，裂缝宽度也会越大。因此，推荐 $k_w$ 的计算式为

$$k_w = a - b\,\frac{\rho_s}{\rho_{eff}} \tag{8.29}$$

式中，$a$，$b$ 为待确定系数。

**2. 裂缝宽度计算公式的确定**

将试验 4.1 中实测得到的受拉筋应变和对应的裂缝宽度最大值代入式(8.29)，得到对应的 $k_w$ 值，并求出平均值，如表 8.3 所示。

表 8.3            $k_w$ 值的计算结果

| 梁 | $E_{sf}$ | $\varepsilon_s$ | $\beta$ | $k_b$ | $\sqrt[3]{d_c A}$ | $w_{max,exp}$ | $k_w$ | $k_w$ 平均值 |
|---|---|---|---|---|---|---|---|---|
| | 45 | 1 710 | 1.2 | 1.40 | 44.22 | 0.2 | 0.035 0 | |
| | 45 | 3 260 | 1.2 | 1.40 | 44.22 | 0.35 | 0.032 1 | |
| F1 | 45 | 4 500 | 1.2 | 1.40 | 44.22 | 0.5 | 0.033 2 | 0.033 02 |
| | 45 | 5 899 | 1.2 | 1.40 | 44.22 | 0.65 | 0.033 0 | |
| | 45 | 7 531 | 1.2 | 1.40 | 44.22 | 0.8 | 0.031 8 | |
| | 118 | 1 100 | 1.2 | 1.21 | 44.22 | 0.1 | 0.012 0 | |
| | 118 | 2 050 | 1.2 | 1.21 | 44.22 | 0.2 | 0.012 9 | |
| GF1 | 118 | 2 560 | 1.2 | 1.21 | 44.22 | 0.28 | 0.014 5 | 0.012 84 |
| | 118 | 3 440 | 1.2 | 1.21 | 44.22 | 0.35 | 0.013 4 | |
| | 118 | 5 800 | 1.2 | 1.21 | 44.22 | 0.5 | 0.011 4 | |

（续表）

| 梁 | $E_{sf}$ | $\varepsilon_s$ | $\beta$ | $k_b$ | $\sqrt[3]{d_cA}$ | $w_{max,exp}$ | $k_w$ | $k_w$ 平均值 |
|---|---|---|---|---|---|---|---|---|
| | 94 | 900 | 1.2 | 1.27 | 50.75 | 0.1 | 0.015 3 | |
| | 94 | 1 400 | 1.2 | 1.27 | 50.75 | 0.15 | 0.014 8 | |
| GF2 | 94 | 2 050 | 1.2 | 1.27 | 50.75 | 0.25 | 0.016 8 | 0.014 24 |
| | 94 | 3 400 | 1.2 | 1.27 | 50.75 | 0.32 | 0.013 0 | |
| | 94 | 5 100 | 1.2 | 1.27 | 50.75 | 0.42 | 0.011 3 | |
| | 140 | 560 | 1.2 | 1.18 | 46.11 | 0.06 | 0.011 7 | |
| | 140 | 1 050 | 1.2 | 1.18 | 46.11 | 0.1 | 0.010 4 | |
| GF3 | 140 | 1 480 | 1.2 | 1.18 | 46.11 | 0.15 | 0.011 1 | 0.011 28 |
| | 140 | 1 850 | 1.2 | 1.18 | 46.11 | 0.2 | 0.011 8 | |
| | 140 | 2 875 | 1.2 | 1.18 | 46.11 | 0.3 | 0.011 4 | |

将 $k_w$ 平均值和对应的 $\rho_s/\rho_{eff}$ 输入 MATLAB 中进行线性拟合，得到 $a = 0.033, b = 0.026$，如图 8.3 所示。因此推荐 $k_w$ 的计算式为

$$k_w = 0.033 - 0.026\frac{\rho_s}{\rho_{eff}} \tag{8.30}$$

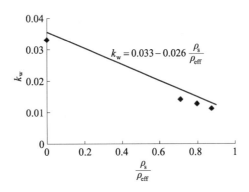

**图 8.3　$k_w$ 拟合计算式**

综上，推荐混合配筋混凝土梁裂缝宽度的计算公式为

$$w_{max} = \left(0.033 - 0.026\frac{\rho_s}{\rho_{eff}}\right)\sigma_{sf}\beta k_b\sqrt[3]{d_cA} \tag{8.31}$$

若考虑长期使用状况，由于混凝土和纵筋产生的滑移徐变、混凝土自身的收缩和徐变等，裂缝宽度必然会随时间而增大。参照钢筋混凝土构件长期作用对裂缝宽度影响的扩大系数取为 1.5，所以长期作用下混合配筋混凝土梁裂缝宽度的计算公式为

$$w_{max} = \left(0.049\ 5 - 0.039\ 0\frac{\rho_s}{\rho_{eff}}\right)\sigma_{sf}\beta k_b\sqrt[3]{d_cA} \tag{8.32}$$

### 3. 计算公式有效性的验证

表 8.4 将试验 4.1 试件梁按照式(8.31)计算得到的裂缝宽度理论值与试验值进行对比,从表中可知,推荐公式计算的理论值与试验值较为吻合,所以推荐的计算公式满足精度要求。

表 8.4                                裂缝宽度理论值与试验值对比

| 试件 | $\rho_{eff}$ | $k_{w,th}$ | $w_{max,th}$ | $w_{max,exp}$ | $w_{max,th}/w_{max,exp}$ |
|---|---|---|---|---|---|
| F1 | 0.288 | 0.033 0 | 0.19 | 0.20 | 0.94 |
|  | 0.288 | 0.033 0 | 0.36 | 0.35 | 1.03 |
|  | 0.288 | 0.033 0 | 0.50 | 0.50 | 0.99 |
|  | 0.288 | 0.033 0 | 0.65 | 0.65 | 1.00 |
|  | 0.288 | 0.033 0 | 0.83 | 0.80 | 1.04 |
| GF1 | 0.714 | 0.012 2 | 0.10 | 0.10 | 1.02 |
|  | 0.714 | 0.012 2 | 0.19 | 0.20 | 0.95 |
|  | 0.714 | 0.012 2 | 0.24 | 0.28 | 0.85 |
|  | 0.714 | 0.012 2 | 0.32 | 0.35 | 0.91 |
|  | 0.714 | 0.012 2 | 0.54 | 0.50 | 1.07 |
| GF2 | 0.719 1 | 0.014 6 | 0.10 | 0.10 | 0.95 |
|  | 0.719 1 | 0.014 6 | 0.15 | 0.15 | 0.99 |
|  | 0.719 1 | 0.014 6 | 0.22 | 0.25 | 0.87 |
|  | 0.719 1 | 0.014 6 | 0.36 | 0.32 | 1.12 |
|  | 0.719 1 | 0.014 6 | 0.54 | 0.42 | 1.28 |
| GF3 | 1.174 | 0.010 2 | 0.05 | 0.06 | 0.87 |
|  | 1.174 | 0.010 2 | 0.10 | 0.10 | 0.98 |
|  | 1.174 | 0.010 2 | 0.14 | 0.15 | 0.92 |
|  | 1.174 | 0.010 2 | 0.17 | 0.20 | 0.86 |
|  | 1.174 | 0.010 2 | 0.27 | 0.30 | 0.89 |

## 8.3 受弯构件的截面抗弯刚度

### 8.3.1 现有研究

#### 1. 有效惯性矩法

1965 年,Branson[90]提出有效惯性矩法,认为钢筋混凝土梁受弯时截面刚度基本由惯性矩决定,假定混凝土弹性模量保持不变。惯性矩主要与构件开裂程度有关,未开裂时,惯性矩最大,即毛截面惯性矩 $I_g$;出现裂缝后,梁的抗弯刚度越来越小,减小至最小惯性矩 $I_{cr}$;开裂后,认为受拉区混凝土不参与受力,拉力仅由纵筋承担,因此可以按几何中心不变原则把纵向受拉筋面积换算成混凝土面积,从而求得最小惯性矩 $I_{cr}$。

构件正常使用时,已开裂的构件惯性矩范围为 $I_{cr} \sim I_g$,推荐其挠度计算的有效惯性矩 $I_e$ 计算公式:

$$I_e = I_{cr} + (I_g - I_{cr}) \left( \frac{M_{cr}}{M_a} \right)^3 \tag{8.33}$$

式中,$M_{cr}$ 为开裂弯矩值;$M_a$ 为构件最大弯矩。

### 2. 刚度解析法

试验发现:开裂稳定后,在钢筋混凝土梁纯弯段,受压区混凝土和纵向钢筋沿构件长度方向的应变都是不均匀分布的,普遍在开裂截面位置较大,而裂缝间较小。基于此,刚度解析法用钢筋应变不均匀系数 $\psi$ 来考虑开裂后梁截面中和轴高度的不均匀分布,然后根据变形条件、力学方程与本构关系求截面平均刚度。计算梁受弯挠度时,通过"平均"概念列出表达式,然后考虑长期荷载和不均匀性等因素的影响。

根据试验数据的回归分析结果,得到梁受弯时短期平均刚度的计算公式:

$$B_s = \frac{M}{k} = \frac{E_s A_s h_0^2}{1.15\psi + 0.2 + \dfrac{6\alpha_E \rho}{1 + 3.5\gamma_f'}} \tag{8.34}$$

式中,$\alpha_E$ 为钢筋与混凝土弹性模量比值;$\rho$ 为受拉钢筋的配筋率;$\gamma_f'$ 为受压区翼缘的增强系数,对矩形截面,取 $\gamma_f' = 0$。

### 3. 双线性法

利用双线性法分别计算构件在荷载作用下开裂前的挠度 $f_1$ 与最终完全开裂时的挠度 $f_2$,再明确在具体荷载作用下对应的分配比系数 $\xi$,最后用拉格朗日一阶线性插值法来计算跨中挠度,计算公式如下:

$$\xi = 1 - \beta \left( \frac{M_{cr}}{M} \right)^2 \tag{8.35}$$

$$f = (1 - \xi) f_1 + \xi f_2 \tag{8.36}$$

式中,$\beta$ 为分布系数;$M_{cr}$ 为特征截面对应的开裂弯矩;$M$ 为特征截面上的弯矩。

### 4. 曲率积分法

该方法是对截面曲率进行积分,得到挠度计算公式:

$$f = \int_0^x M_x \left( \frac{1}{r} \right)_x \mathrm{d}x \tag{8.37}$$

式中,$x$ 为梁截面位置变量;$M_x$ 为在所求位移方向上,单位力在截面 $x$ 处产生的弯矩;$\left( \dfrac{1}{r} \right)_x$ 为外荷载在截面 $x$ 处产生的曲率。

### 5. 各国规范

现有规范都是针对钢筋混凝土结构或 FRP 筋混凝土结构,通过对各国规范进行研究,整理了它们所使用的计算方法,见表 8.5。

表 8.5 　　　　　　　　　　　　 各国规范截面刚度计算方法

| 规范 | | 有效惯性矩法 | 刚度解析法 | 双线性法 | 曲率积分法 |
|---|---|:---:|:---:|:---:|:---:|
| 钢筋混凝土结构 | GB 50010—2010(2015) | | √ | | |
| | ACI 318-11 | √ | | | |
| | CSA A23.3-04 | √ | | | |
| | BS EN 1992-1-1: 2004 | | | √ | |
| | AS 3600-2001 | √ | | | |
| | CⅡ 52-101-2003 | | | | √ |
| FRP 筋混凝土结构 | GB 50608-2010 | | √ | | |
| | ACI 440.1R-06 | √ | | | |
| | JSCE-1997 | √ | | | |
| | ISIS-2007 | √ | | | |

### 6. 现有混合配筋构件的截面刚度计算公式

黄海群[45]、葛文杰[49]采用 ACI 规范中的 Branson 模型,使用有效惯性矩法,考虑了不同纵筋的黏结性能和弹性模量的区别,推荐了混合配筋混凝土梁有效惯性矩计算公式:

$$I_e = \begin{cases} I_g, & M < M_{cr} \\ \alpha I_{cr} + (\beta I_g - \alpha I_{cr})\left(\dfrac{M_{cr}}{M}\right)^3, & M \geqslant M_{cr} \end{cases} \tag{8.38}$$

式中,$M$ 为短期荷载组合下的弯矩标准值;$\alpha$,$\beta$ 为折减系数,用插值法求解。

陈辉[51]参考刚度解析法,通过理论推导加试验数据分析,推荐了混合配筋混凝土梁受弯时的平均刚度计算公式:

$$B_{fs} = \frac{E_{fs} A_b h_0^2}{1.15\psi + 0.2 + 6n_{fs}\rho_b} \tag{8.39}$$

Bischoff[57]对混凝土梁的受拉刚化效应进行分析后,对正常使用的 FRP 筋混凝土梁受弯时的刚度提出计算公式:

$$I_e = \frac{I_{cr}}{1 - \left(1 - \dfrac{I_{cr}}{I_g}\right)\left(\dfrac{M_{cr}}{M_a}\right)^2} \leqslant I_g \tag{8.40}$$

## 8.3.2 　截面刚度计算公式

图 8.4 为加筋混凝土梁荷载-挠度曲线,从图中可知,混合配筋混凝土梁的曲线对应混凝

土开裂和钢筋受拉屈服存在两个转折点。依此,将挠度分析计算过程分为三个阶段,拟采用 ACI 440.1R-15 使用的 Bischoff 模型[57]与 ACI 440.1R-06 使用的 Branson 模型[90]分别推荐混合配筋混凝土梁受弯挠度计算公式,分析钢筋屈服后的挠度时,只考虑 FRP 筋刚度的贡献,忽略钢筋刚度的贡献。另外,为了方便计算,忽略受压区纵筋刚度的贡献,因为在有效惯性矩法中受压区纵筋刚度贡献很小。

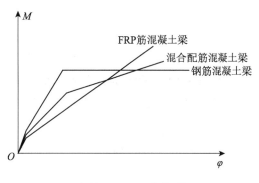

图 8.4　加筋混凝土梁荷载-挠度曲线

### 1. 截面刚度计算方法 I(Bischoff 模型)

采用 Bischoff 刚度模型,为了考虑不同纵筋的黏结性能和弹性模量的区别,引入系数 $\alpha$ 和 $\beta$。另外,单独考虑屈服后钢筋有效惯性矩的计算方法。因此,混合配筋混凝土梁的有效惯性矩计算公式如下:

当 $M < M_{cr}$ 时,

$$I_e = I_g = \frac{1}{3}b\big[x_n^3 + (h_0 - x_n)^3\big] + \big[(n_s - 1)A_s + (n_f - 1)A_f\big](h_0 - x_n)^2 \quad (8.41)$$

当 $M_{cr} \leqslant M \leqslant M_y$ 时,

$$I_e = \frac{\alpha I_{cr}}{1 - \left(1 - \beta\dfrac{I_{cr}}{I_g}\right)\sqrt{\dfrac{M_{cr}}{M_a}}} \quad (8.42)$$

$$I_{cr} = \frac{1}{3}b(kd)^3 + (n_s A_s + n_f A_f)d^2(1-k)^2 \quad (8.43)$$

$$k = \sqrt{(n_s\rho_s + n_f\rho_f)^2 + 2(n_s\rho_s + n_f\rho_f)} - (n_s\rho_s + n_f\rho_f) \quad (8.44)$$

当 $M \geqslant M_y$ 时,

$$I_e = \frac{\alpha' I'_{cr}}{1 - \left(1 - \beta'\dfrac{I'_{cr}}{I'_g}\right)\sqrt{\dfrac{M_y}{M_a}}} \quad (8.45)$$

$$I'_{cr} = \frac{1}{3}b(kd)^3 + (n_f A_f)d^2(1-k)^2 \quad (8.46)$$

$$I'_g = \frac{1}{3}b\big[x_n^3 + (h_0 - x_n)^3\big] + \big[(n_f - 1)A_f\big](h_0 - x_n)^2 \quad (8.47)$$

$$k = \sqrt{(n_f\rho_f)^2 + 2(n_f\rho_f)} - n_f\rho_f \quad (8.48)$$

$$x_n = \left(\sqrt{\lambda^2 + 2\lambda} - \lambda\right)h_0 \quad (8.49)$$

$$\lambda = \frac{\alpha_s A_s + \alpha_f A_f}{b h_0} \tag{8.50}$$

式中，$n_s$ 为钢筋与混凝土弹性模量之比；$n_f$ 为 FRP 筋与混凝土弹性模量之比；$\alpha$，$\alpha'$ 为考虑配筋面积和 FRP 筋配筋率的修正系数；$\beta$，$\beta'$ 为考虑黏结性能和配筋面积的修正系数；$I'_{cr}$ 为屈服后截面换算惯性矩；$I'_g$ 为未开裂时截面换算惯性矩（不考虑钢筋贡献）；$d$ 为截面高度。

根据试验 4.1 的数据，可得等效惯性矩试验值 $I_{exp}$ 的计算式：

$$I_{exp} = \frac{M}{24 E_c \Delta_{exp}} (3L^2 - 4a^2) \tag{8.51}$$

拟合试验数据，得到修正系数 $\alpha$，$\beta$ 的计算式：

$$\alpha = 0.356 + 0.017 \frac{\rho_f}{\rho_{fb}} + 0.108 \frac{A_s}{A_s + A_f} \tag{8.52}$$

$$\beta = 0.65 \tag{8.53}$$

而在钢筋屈服之后，只考虑 FRP 筋刚度的贡献，忽略钢筋刚度的贡献，可得修正系数 $\alpha'$，$\beta'$ 的计算式：

$$\alpha' = 0.356 + 0.017 \frac{\rho_f}{\rho_{fb}} \tag{8.54}$$

$$\beta' = 0.65 \tag{8.55}$$

## 2. 截面刚度计算方法 II（Branson 模型）

采用 Branson 刚度模型，为了考虑不同纵筋的黏结性能和弹性模量的区别，引入系数 $\alpha$ 和 $\beta$。另外，单独考虑屈服后钢筋有效惯性矩的计算方法。因此，混合配筋混凝土梁的有效惯性矩计算公式如下：

当 $M < M_{cr}$ 时，

$$I_e = I_g = \frac{1}{3} b \left[ x_n^3 + (h_0 - x_n)^3 \right] + \left[ (n_s - 1) A_s + (n_f - 1) A_f \right] (h_0 - x_n)^2 \tag{8.56}$$

当 $M_{cr} \leqslant M \leqslant M_y$ 时，

$$I_e = \alpha I_g \left( \frac{M_{cr}}{M_a} \right)^3 + \beta I_{cr} \left[ 1 - \left( \frac{M_{cr}}{M_a} \right)^3 \right] \tag{8.57}$$

$$I_{cr} = \frac{1}{3} b (kd)^3 + (n_f A_f + n_s A_s)(1 - k)^2 d^2 \tag{8.58}$$

$$k = \sqrt{(n_f \rho_f + n_s \rho_s)^2 + 2(n_f \rho_f + n_s \rho_s)} - (n_f \rho_f + n_s \rho_s) \tag{8.59}$$

当 $M \geqslant M_y$ 时，

$$I_e = \alpha' I_g' \left(\frac{M_y}{M_a}\right)^3 + \beta' I_{cr}' \left[1 - \left(\frac{M_y}{M_a}\right)^3\right] \tag{8.60}$$

$$I_{cr}' = \frac{1}{3} b (kd)^3 + (n_f A_f) d^2 (1-k)^2 \tag{8.61}$$

$$I_g' = \frac{1}{3} b \left[x_n^3 + (h_0 - x_n)^3\right] + \left[(n_f - 1) A_f\right](h_0 - x_n)^2 \tag{8.62}$$

$$k = \sqrt{(n_f \rho_f)^2 + 2(n_f \rho_f)} - n_f \rho_f \tag{8.63}$$

式中，$\alpha$，$\beta$，$\alpha'$，$\beta'$ 为修正系数。

拟合试验数据，得到修正系数 $\alpha$，$\beta$ 的计算式：

$$\alpha = 0.15 \frac{\rho_f}{\rho_{fb}} + \left(1 - 0.15 \frac{\rho_f}{\rho_{fb}}\right) \frac{A_s}{A_s + A_f} \tag{8.64}$$

$$\beta = 0.7 + 0.3 \frac{A_s}{A_s + \upsilon_i A_f} \tag{8.65}$$

而在钢筋屈服之后，只考虑 FRP 筋刚度的贡献，忽略钢筋刚度的贡献，可得修正系数 $\alpha'$，$\beta'$ 的计算式：

$$\alpha' = 0.15 \frac{\rho_f}{\rho_{fb}} \tag{8.66}$$

$$\beta' = 0.7 \tag{8.67}$$

### 3. 计算公式有效性的验证

图 8.5 将试验 4.1 中部分梁的等效惯性矩试验值和按照本节推荐计算公式得到的理论值进行对比，从图中可知，通过两种挠度计算方法得到的理论值与试验值的偏差基本都小于 10%。综合而言，挠度计算方法 I（Bischoff 模型）的计算公式精度略高。

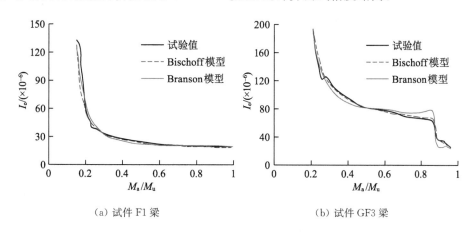

(a) 试件 F1 梁　　　　　　　　(b) 试件 GF3 梁

**图 8.5　等效惯性矩试验值与理论值的对比**

## 习 题

【8-1】 对截面尺寸为 $b×h=400\,\text{mm}×400\,\text{mm}$ 的混凝土柱,长度 $l_0=2\,000\,\text{mm}$。混凝土的抗压强度 $f_c=19\,\text{N/mm}^2$,抗拉强度 $f_t=1.97\,\text{N/mm}^2$,弹性模量 $E_c=25.1\,\text{GPa}$。柱子中配有 2Φ12 的钢筋和 4Φ25 的 FRP 筋。柱子一侧配筋为 2 根钢筋和 1 根 FRP 筋,另一侧为 3 根 FRP 筋。钢筋的屈服强度 $f_y=357\,\text{N/mm}^2$,弹性模量 $E_s=197\,\text{GPa}$,钢纵筋面积 $A_{sl}=226.2\,\text{mm}^2$。FRP 筋的弹性模量 $E_f=37\,\text{GPa}$,FRP 筋面积 $A_{fl}=1\,964\,\text{mm}^2$,FRP 筋的应变极限限制为 $\varepsilon_{fu}=0.2$。柱子受轴拉力 500 kN,求此柱的裂缝间距和最大裂缝宽度。

【8-2】 有一截面尺寸为 $b×h=220\,\text{mm}×500\,\text{mm}$,长 $l=6\,000\,\text{mm}$ 的混凝土简支梁,承受均布荷载 $q=24\,\text{kN/m}$,保护层厚度 $c=25\,\text{mm}$。混凝土的抗压强度 $f_c=13\,\text{N/mm}^2$,抗拉强度 $f_t=1.20\,\text{N/mm}^2$,弹性模量 $E_c=30\,\text{GPa}$。柱子中配有 2Φ22 的钢筋和 2Φ20 的 FRP 筋。钢筋的屈服强度 $f_y=365\,\text{N/mm}^2$,弹性模量 $E_s=197\,\text{GPa}$。FRP 筋的弹性模量 $E_f=45\,\text{GPa}$。钢筋黏结系数取 1.0,FRP 筋的黏结系数取 1.4。验算此梁的裂缝间距和最大裂缝宽度。

【8-3】 某矩形截面混凝土混合配筋简支梁,$b×h=300\,\text{mm}×600\,\text{mm}$,跨度 $l_0=6\,000\,\text{mm}$,$a_s=40\,\text{mm}$。混凝土采用 C35,$f_c=16.7\,\text{MPa}$,$f_t=1.57\,\text{MPa}$,弹性模量 $E_c=31.5\,\text{GPa}$,钢筋采用 HRB400 级,$f_y=360\,\text{MPa}$,钢筋的弹性模量 $E_s=200\,\text{GPa}$,GFRP 筋的弹性模量 $E_f=40\,\text{GPa}$。现配有钢筋 $A_s=760\,\text{mm}^2$(2C22),$A_f=253.36\,\text{mm}^2$(2A12.7),受到均布荷载作用 $q=40\,\text{kN/m}$,按照 Bischoff 模型求跨中最大挠度。

【8-4】 条件同习题【8-3】,按照 Branson 模型求跨中最大挠度。

# 第9章
# 混合配筋混凝土梁耐火性能

## 9.1　引言

　　混合配筋结构可以从根本上解决钢筋锈蚀的问题,具有优良的耐久性能,同时还保留了普通钢筋配筋结构的优良力学性能和使用性能,且混合配筋结构的耐火性能优于 FRP 筋混凝土结构,可以解决 FRP 筋耐火性能较差导致的工程应用范围受到限制的问题。但是在火灾下,混合配筋结构的各项性能会出现不同程度的退化,对安全造成威胁。为了避免安全隐患,根据火灾下截面的温度场状况,提出合理的耐火设计方法,对保证混合配筋结构的安全性是非常重要的。

## 9.2　混合配筋混凝土梁耐火试验设计

　　基于同济大学耐火实验室的试验条件,设计可以满足试验要求的混合配筋混凝土梁参数、测量设备及试验过程,并按照试验方案对混合配筋混凝土梁进行了浇筑和火灾试验前的安装及试验准备。因为 GFRP 筋是最常见的 FRP 筋材料[27],所以试验选用 GFRP 筋和钢筋作为混合配筋混凝土梁的纵筋材料。对混凝土、钢筋和 GFRP 筋的材料性能按照相关规范进行试验测试,基于试验测得的混凝土、钢筋和 GFRP 筋的材料性能,参考常温条件下混合配筋混凝土梁的抗弯承载力计算方法,分别以荷载比 $\beta_M$ 和配筋强度比 $U_t$ 为变量,设计混合配筋混凝土梁的火灾试验,对升温标准和耐火极限判断标准进行分析说明。

### 9.2.1　耐火试验设计的目的

　　对于混合配筋混凝土梁,在火灾过程中,需要保证梁的抗弯承载力一直大于荷载的作用效应。因为混凝土中的水分、水泥的化学成分、环境升温条件和材料传热能力等因素对梁内部的升温情况有很大影响;混合配筋混凝土梁是以 FRP 筋和钢筋作为加强筋,且 FRP 筋和钢筋的高温材料性能并不一致;梁截面温度并不一致,混凝土材料的衰减会根据截面温度变化而在不同截面位置出现不同程度的衰减。基于以上考虑,试验将按照以下六个方面进行设计:

　　(1) 以不同荷载比 $\beta_M$(截面最大弯矩与截面极限弯矩之比)为变量,研究 $\beta_M$ 对梁截面的温度场、梁的挠度、梁的裂缝、耐火极限时间的影响。

（2）以不同配筋强度比 $U_t\left(U_t = \dfrac{A_s f_y}{A_f f_f}\right)$ 为变量，研究 $U_t$ 对梁截面的温度场、梁的挠度、梁的裂缝、耐火极限时间的影响。

（3）根据试验数据，为混合配筋混凝土梁的受弯性能理论分析和有限元模拟提供数据支持。

（4）根据不同配筋强度比 $U_t$、不同荷载比 $\beta_M$ 下试验梁的耐火极限时间，为耐火极限时间计算提供数据支持。

（5）根据火灾后试验梁的剩余抗弯承载力，为火灾后混合配筋混凝土梁的剩余抗弯承载力计算提供数据支持。

（6）根据不同配筋强度比 $U_t$、不同荷载比 $\beta_M$ 下试验梁的耐火极限时间，为混合配筋混凝土梁的耐火设计提供数据支持。

### 9.2.2　试验模型

设计制作了 6 根混合配筋混凝土梁，试验梁的设计跨度为 2 700 mm，截面尺寸为 200 mm×300 mm。在梁的拉区布置 4 根纵筋（2 根钢筋和 2 根 GFRP 筋），各试验梁拉区纵筋配筋情况见表 9.1。箍筋和纵筋均为 HRB400 级钢筋，浇筑试验梁使用的混凝土为 C30 商品混凝土。梁尺寸及配筋位置如图 9.1 所示。

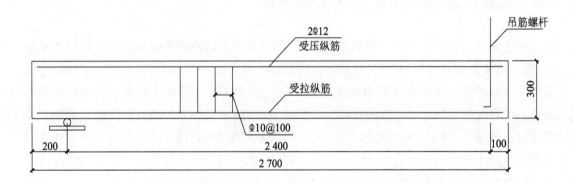

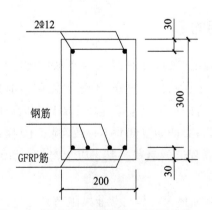

**图 9.1　试验梁尺寸及配筋示意图（单位：mm）**

表 9.1　　　　　　　　　　　　　　试验梁拉区纵筋配筋情况

| 试件编号 | 普通钢筋 | 钢筋面积 $A_s$/mm² | GFRP 筋 | GFRP 筋面积 $A_f$/mm² | $U_A=\dfrac{A_s}{A_f}$ | $U_t=\dfrac{A_s f_y}{A_f f_f}$ |
|---|---|---|---|---|---|---|
| B1 | 2Φ16 | 402.12 | 2Φ20 | 628.32 | 2/3 | 0.8 |
| B2 | 2Φ18 | 508.94 | 2Φ16 | 402.12 | 5/4 | 1.4 |
| B3 | 2Φ22 | 760.27 | 2Φ8 | 100.53 | 8/1 | 9.8 |
| B4 | 2Φ20 | 628.32 | 2Φ10 | 157.08 | 4/1 | 5.1 |
| B5 | 2Φ20 | 628.32 | 2Φ10 | 157.08 | 4/1 | 5.1 |
| B6 | 2Φ20 | 628.32 | 2Φ10 | 157.08 | 4/1 | 5.1 |

注：$U_A$—受拉纵筋中钢筋与 GFRP 筋的面积比；$U_t$—受拉纵筋中钢筋与 GFRP 筋的强度比。

## 9.2.3　材料性能

### 1. 混凝土材料性能

试验混凝土为商品混凝土，由商品混凝土搅拌站提供，6 个预留的 150 mm×150 mm× 150 mm 混凝土立方体试块用钢模成型，在进行 28 d 养护后，根据《普通混凝土力学性能试验方法和标准》（GB/T 50081—2019）[11]对混凝土立方体试块进行抗压试验，试验结果汇总于表 9.2。

表 9.2　　　　　　　　　　　　　　混凝土性能参数

| 试块编号 | $f_{cu}$/MPa | $f_{cu}^0$/MPa | $f_c^0$/MPa | $f_t^0$/MPa | $E_c^0$/GPa |
|---|---|---|---|---|---|
| 1 | 48.12 | | | | |
| 2 | 53.70 | | | | |
| 3 | 48.82 | 49.78 | 37.83 | 3.39 | 34.6 |
| 4 | 50.99 | | | | |
| 5 | 48.89 | | | | |
| 6 | 50.43 | | | | |

### 2. 钢筋材料性能

钢筋为 HRB400 级，钢筋的力学性能试验根据《金属材料拉伸试验　第 1 部分：室温试验方法》（GB/T 228.1—2010）[91]进行，钢筋拉伸试验结果汇总于表 9.3。

表 9.3　　　　　　　　　　　　　　钢筋性能参数

| 钢筋规格 | | 钢筋直径/mm | 屈服强度/MPa | 极限强度/MPa | 弹性模量/GPa |
|---|---|---|---|---|---|
| HRB400 | Φ12 | 11.3 | 424.5 | 577.6 | $1.9\times10^2$ |
| | Φ16 | 15.4 | 430.9 | 598.8 | $1.9\times10^2$ |
| | Φ18 | 17.3 | 417.1 | 794.3 | $2.0\times10^2$ |
| | Φ20 | 19.3 | 474.5 | 699.5 | $1.9\times10^2$ |
| | Φ22 | 21.2 | 465.8 | 609.2 | $2.0\times10^2$ |

### 3. GFRP 筋材料性能

GFRP 筋的极限抗拉强度和弹性模量采用 ACI 规范进行测量，GFRP 筋材料性能试验结果汇总于表 9.4。

表 9.4                GFRP 筋性能参数

| GFRP 规格 | 直径/mm | 测试长度/mm | 极限强度/MPa | 弹性模量/GPa |
|---|---|---|---|---|
| Φ8 | 7.9 | 300 | 1 210.8 | 48.1 |
| Φ10 | 9.7 | 300 | 1 204.8 | 43.4 |
| Φ16 | 15.3 | 480 | 755.3 | 47.0 |
| Φ20 | 19.2 | 480 | 697.2 | 43.1 |

## 9.2.4   试验仪器

热电偶布置在梁的跨中位置（图 9.2 所示虚线处），用来测量梁截面的温度，热电偶在截面上的具体布置见图 9.3。位移传感器（LVDT）分别布置在梁的一端位置和跨中位置，用来测量梁的挠度，如图 9.4 所示。

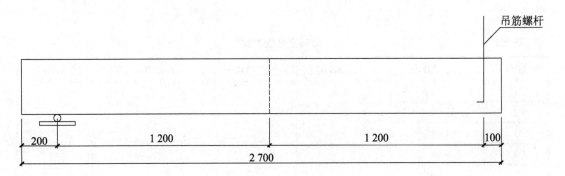

图 9.2   热电偶位置（单位：mm）

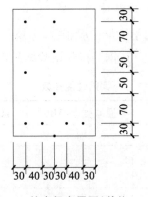

图 9.3   热电偶布置图（单位：mm）

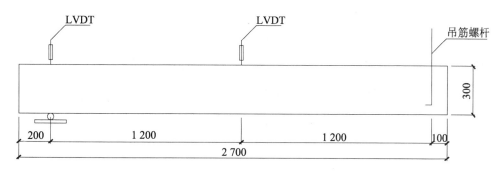

图 9.4　位移传感器位置(单位：mm)

## 9.2.5　试验安排

试验梁的一端放置在半圆形支撑物上,试验梁的另一端以反力架固定试验梁上的预埋螺杆进行悬挂支撑,半圆形支撑物和吊杆之间的距离为 2 400 mm,即梁按照跨度为 2 400 mm 的简支梁进行支撑。在试验炉的中间位置,梁以悬挂的形式进行支撑。在试验炉上吊装反力架,反力架放置在梁跨中位置的上方,在试验过程中以反力架上的液压千斤顶进行加压。试件吊装后的试验布置如图 9.5、图 9.6 所示。

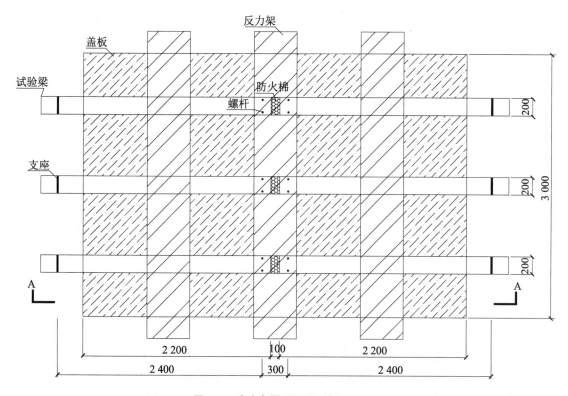

图 9.5　试验布置平面图(单位：mm)

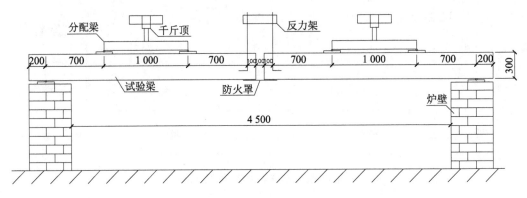

**图 9.6　试验布置 A—A 剖面图(单位：mm)**

### 1. 加载方法

Rafi[92]基于试验模型计算结果建议了 FRP 筋混凝土梁使用荷载的取值方法,参考此方法,火灾试验按照极限荷载的 35%～50%选取混合配筋混凝土梁的使用荷载。

在火灾试验之前,对试验梁进行了预加载,以检测液压千斤顶、电热偶和位移传感器的通道通路正常,可以正常工作,且保证液压千斤顶、分配梁、试验梁彼此接触紧密、无缝隙。在预加载后进行正式加载至 80 kN 的预定荷载,本试验采用两点加载,加载时通过液压千斤顶对分配梁跨中施加荷载,再通过分配梁将荷载分配到加载点上,即 $P=40$ kN,并在升温过程中保持荷载恒定。梁跨中为纯弯段,B1～B4 纯弯段为 1 000 mm,B5 纯弯段为 800 mm,B6 纯弯段为 400 mm,在试验过程中保持荷载恒定不变。加载示意图如图 9.7 所示。考虑混凝土梁的自重效应,施加的纯弯段弯矩和试件梁设计承载力如表 9.5 所示。

表 9.5　　　　　　　　　　　试验梁加载汇总

| 试件编号 | 施加荷载 $P$/kN | 最大弯矩 $M_d$/(kN·m) | 截面极限弯矩 $M_u$/(kN·m) | $\beta_M = \dfrac{M_d}{M_u}$ |
|---|---|---|---|---|
| B1 | 80 | 29.08 | 76.20 | 0.38 |
| B2 | 80 | 29.08 | 75.87 | 0.38 |
| B3 | 80 | 29.08 | 89.60 | 0.32 |
| B4 | 80 | 29.08 | 80.44 | 0.36 |
| B5 | 80 | 33.08 | 80.44 | 0.41 |
| B6 | 80 | 41.08 | 80.44 | 0.51 |

注：$\beta_M$ 为最大弯矩与截面极限弯矩的荷载比。

### 2. 试验升温标准

据统计,地面建筑的火灾在 1 h 内被扑灭的概率约为 80%,1.5 h 内被扑灭的概率约为 90%,约 95% 的火灾在 2 h 内即被扑灭。《建筑设计防火规范》[GB 50016—2014(2018)][93]规定,耐火等级为一级的梁构件要求耐火极限时间为 120 min,所以本试验选取 120 min 为火灾试验的持续时间。

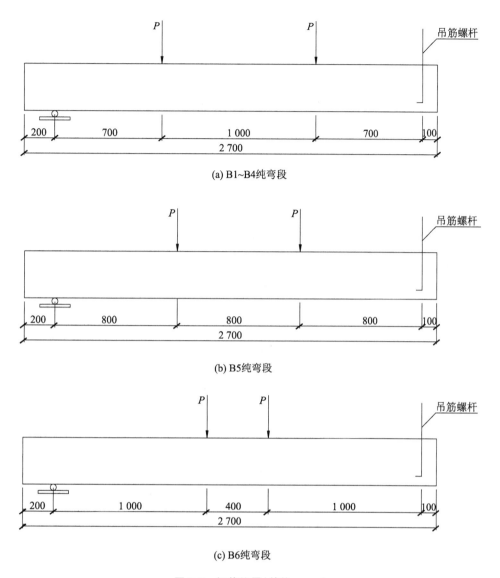

图 9.7　加载位置(单位：mm)

本试验采用现实中火灾升温过程的国际标准升温曲线 ISO-834 控制试验炉的温度。在预加载后保持荷载恒定的情况下，打开试验炉开始火灾试验，整个试验炉的升温过程通过计算机辅助系统自动控制，可以保证较为准确的炉温升高。

### 3. 耐火极限判断标准

ASTM E119[94]、《建筑构件耐火试验方法》[95]、BS EN 1363-1[96] 均建议以跨中位置的极限弯曲变形量 $\Delta$ 作为判定有关承载力的准则：

$$\Delta = \frac{L^2}{400d} \tag{9.1}$$

并用极限弯曲变形速率辅助判定：

$$\frac{\mathrm{d}\Delta}{\mathrm{d}t} = \frac{L^2}{9\,000d} \tag{9.2}$$

式中，$L$ 为试件的净跨度(mm)；$d$ 为试件截面的有效高度(mm)。

考虑到火灾试验的条件和具体情况，本试验以跨中位置的极限弯曲变形量 $\Delta$ 和极限弯曲变形速率判定梁的耐火极限。计算得到 $\Delta = 53.3$ mm，$\dfrac{\mathrm{d}\Delta}{\mathrm{d}t} = 2.7$ mm/min。

### 9.2.6　火灾试验后静载试验

火灾试验过后，为了去除试验梁内的残余应力，考虑到普通碳素钢在自然条件下发生时效一般需要 2～3 周[97]，将受压区混凝土未压碎的试验梁吊装卸除 21 d 后，进行了静力加载试验，试验梁的两端放置在可以小范围转动的支撑物上，按照《混凝土结构试验方法标准》(GB/T 50152—2012)[82] 的要求进行试验加载，将分配梁放置在试验梁的跨中位置，加载形式为两点加载。试验梁静力加载位置如图 9.8 和图 9.9 所示。

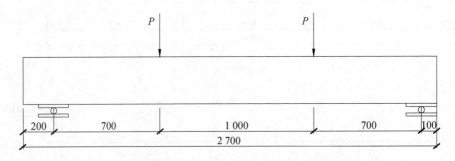

**图 9.8　火灾试验后试验梁 B3 和 B4 的加载位置(单位: mm)**

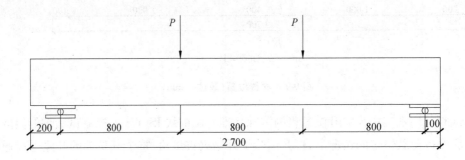

**图 9.9　火灾试验后试验梁 B5 的加载位置(单位: mm)**

## 9.3　混合配筋混凝土梁火灾试验分析

### 9.3.1　试验过程及现象

按照 ISO-834 国际标准升温曲线升温试验炉，约 97 min 时发现梁 B6 跨中位置的极限弯曲变形量达到要求,关闭千斤顶四通连接阀门中对应梁 B6 的阀门,卸除其荷载;约 113 min 时发现梁 B1 跨中位置的极限弯曲变形量达到要求,关闭四通连接阀门中对应梁 B1 的阀门,卸除其荷载;试验进行到约 115 min 时,梁 B5 跨中位置的极限弯曲变形量达到要求,关闭四通连接阀门中对应梁 B5 的阀门,卸除其荷载;约 116 min 时发现梁 B2 跨中位置的极限弯曲变形量达到要求,关闭四通连接阀门中对应梁 B2 的阀门,卸除其荷载;试验进行到 120 min 时,梁 B3 跨中位置的极限弯曲变形量接近规定的跨中极限变形计算值,梁 B4 跨中位置的极限弯曲变形量要比规定的跨中极限变形计算值小。

火灾试验现象如下:

(1) 试验炉开始升温后,试验梁挠度不断增加,试验梁和盖板之间出现较小的缝隙,可以透过缝隙观察到试验炉内部的火焰,如图 9.10 所示。说明在高温下,试验梁的刚度出现衰减,在荷载未变化的条件下,试验梁出现较明显的变形。

(2) 火灾试验过程中,试验梁上部有白烟冒出,在试验开始阶段,烟气随时间不断增加,烟气有明显刺鼻气味,人呼入后会感觉到不适,试验后期,烟气逐渐减少,烟气遇冷后会有水渍产生,如图 9.11 所示。说明火灾试验过程中,试件内水分蒸发而产生水蒸气,试验炉材料、试件材料不完全燃烧而产生烟气。

**图 9.10　试验梁和盖板之间出现缝隙**

**图 9.11　试验过程中梁表面出现白烟**

(3) 10 min 后试验梁表面可见明显水渍产生,水渍主要出现在试验梁和盖板接触位置,主要为试验梁内部蒸发的水蒸气通过试验梁和盖板之间的缝隙冒出,在温度较低的盖板顶面和试验梁顶面遇冷重新凝结,如图 9.12 所示。说明试验梁的梁底和梁顶有较大的温差。

(4) 试验梁的耐火极限时间大小为:B6＜B1＜B5＜B2＜B3＜B4。说明配筋强度比 $U_t$ 和荷载比 $\beta_M$ 均对混合配筋混凝土梁的耐火性能有明显影响。

**图 9.12　试验过程中梁表面出现水渍**

在 120 min 时关闭试验炉升温装置，第二天试验炉和试验梁自然降温至安全温度后进行试件拆卸。试件拆卸时，用吊车将试验梁吊至高处进行观察，如图 9.13 所示，试验梁的情况如下：

（1）试验梁均未出现爆裂现象。

（2）试验梁顶部混凝土并没有出现压碎的现象。这是因为在火灾试验中，试验梁顶部的温度一直保持较低的状态，梁顶部混凝土可以基本保持常温下的强度。

**图 9.13　火灾试验后试验梁侧面**

（3）试验梁底部和侧面下部呈现白色且混凝土变脆，在外力的作用下很容易出现脱落。表明受火的混凝土内的水分几乎全部蒸发，梁底部和侧面下部的混凝土强度有不同程度的衰减。

（4）试验梁侧面上部颜色变化很小，与下部有明显差异。这是因为在火灾试验中，试验梁侧面上部的温度升高有限，试验梁侧面上部与盖板接触避免了火焰的直接作用。

（5）试验梁侧面混凝土变为白色的高度，跨中位置要明显大于两端。这是因为试验梁侧面的跨中位置随着挠度的增加暴露在火焰下的面积增大，且跨中部分的混凝土开裂比较严重。

（6）静置 21 d 后，试验梁的挠度较拆卸时有一定的恢复。表明混合配筋混凝土梁在火灾后可以通过静置一段时间去除残余应变，材料性能有一定程度的恢复。

将试验梁的小部分混凝土凿去后，可以看到内部的钢筋和 GFRP 筋，钢筋和 GFRP 筋的情况如下：

（1）钢筋和 GFRP 筋与混凝土并没有出现滑移。这是因为在试验梁浇筑前钢筋和 GFRP 筋在梁端进行了锚固，火灾试验过程中，梁的一端位于试验炉边缘的炉壁上，另一端有防火罩遮挡了部分火焰，钢筋和 GFRP 筋的锚固在试验过程中可以保持较低的温度，并未出现失效，表明在接下来的相关研究中可以不考虑纵筋滑移的影响。

（2）钢筋的外观并没有明显的变化，在 GFRP 筋和箍筋接触的位置，GFRP 筋基本变成了白色，这部分 GFRP 筋中的胶黏剂基本分解，玻璃纤维呈现彼此散开的状态，GFRP 筋材料性能衰减较大，GFRP 筋与箍筋接触部分为 GFRP 筋的薄弱点，将起控制作用。这是因为钢筋的导热性能要优于混凝土，在火灾试验过程中，箍筋的温度升高速度要比附近混凝土的温度升高速度快，箍筋附近的局部温度较高，所以在混合配筋混凝土梁的设计中要考虑这种情况，在选取截面温度时，选用纵筋与箍筋接触位置的温度作为纵筋的最高温度。

### 9.3.2　温度场分析

测点均位于梁跨中截面，字母 B 代表梁，数字代表梁的编号，括号中的坐标代表测点位置，以图 9.14 中坐标系为准，坐标单位为"mm"。试验梁截面温度分布如图 9.15 所示。

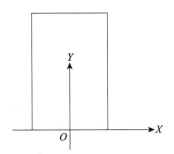

**图 9.14　测点坐标系示意图**

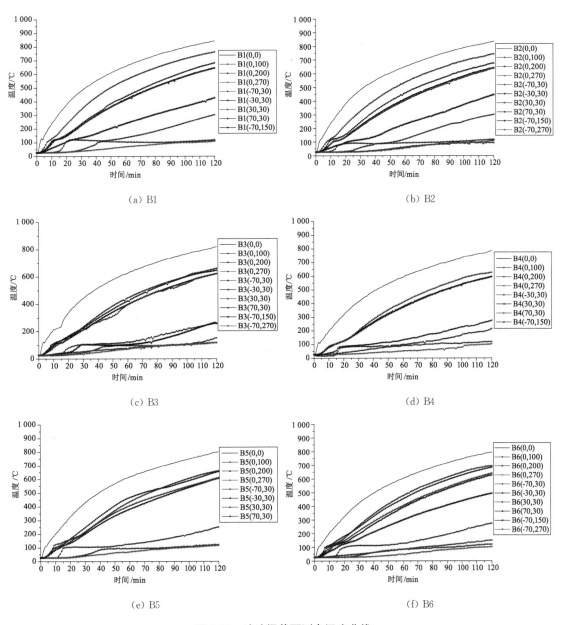

（a）B1　　　　　　　　　　　　　　（b）B2

（c）B3　　　　　　　　　　　　　　（d）B4

（e）B5　　　　　　　　　　　　　　（f）B6

**图 9.15　试验梁截面测点温度曲线**

试验梁截面温度揭示了如下现象：

（1）受火面的温度和炉温并不一致，受火面的最高温度要比炉温的最高温度低200℃左右。这是因为试验梁位于试验炉的上部，试验炉内的烧嘴与梁底有一段距离，烧嘴火焰喷出后并不能直接作用于试验梁底部，热量是以热辐射和对流的方式传递到试验梁的受火面。

（2）在截面温度达到约100℃时，会出现一个平台段，距离试验梁底部越远，平台段出现的时间越晚，这是由于水分蒸发消耗了大量的热，且截面不同位置达到100℃的时间并不相同。(0，0)，(0，100)，(0，200)三个位置的温度按照沿$Y$轴方向距离梁底位置越远、温度越低的规律变化，表明混凝土具有一定的隔热作用；(0，200)，(0，270)，(−70，270)三个位置的温度比较接近，温度升高均比较缓慢，表明在梁截面沿$Y$轴方向200 mm高度以上位置的受压区混凝土的温度可以保持在一个较低的水平，材料性能受温度影响很小；(−70，150)位置的温度要高于(0，100)位置的温度，这是因为试验为三面受火，梁两侧受火会对截面温度有一定的影响。B1～B6梁截面相同位置的温度曲线平台段出现的时间不同，这是因为受拉区混凝土开裂情况不一致。

（3）混合配筋混凝土梁的钢筋温度和GFRP筋温度在火灾试验中升高较平稳，比较趋近于线性升温，与炉温的升温曲线趋势并不一致，与梁底温度曲线趋势有一定的差异。表明在热传递过程中，梁的温度由于传递介质导热系数的限制而不能按照炉温的升温曲线升高。

（4）B1～B6试验梁顶部的温度均保持较低的状态，梁顶温度相差较小。表明配筋强度比$U_t$和荷载比$\beta_M$对梁顶温度影响很小。

（5）试验梁的受压区钢筋温度一直保持在一个较低的水平，对钢筋屈服强度的影响几乎可以忽略不计。表明在计算混合配筋混凝土梁的承载力时，可以将受压区钢筋的强度取为常温下的强度。

（6）B1～B4和B6的截面中部温度有一定的差异，B6的截面中部温度要比B3和B4高300℃左右，B1和B2的截面中部温度要比B3和B4高200℃左右。这是因为B6的荷载比$\beta_M$较大，开裂严重；B1和B2的配筋强度比$U_t$较小，开裂稍严重。在火灾试验过程中，热传递通过裂缝的传递速度要超过通过混凝土的传递速度。配筋强度比$U_t$和荷载比$\beta_M$可以影响到截面中部区域的温度。

（7）梁顶的温度曲线有偶尔突然下降的现象。这是因为梁内水分蒸发吸热，而外部热量不能及时将这部分热量补充上。

120 min时试验梁底部和受拉纵筋温度如表9.6所示，揭示了如下现象：

（1）B1～B6的梁底温度均不相同，梁底温度最高的是B1，为843.6℃，梁底温度最低的是B4，为786.1℃。这是由于试验炉在升温过程中使用8个通道在同一时间进行升温，试验炉的局部温度稍有不同。

（2）试验梁纵筋的GFRP筋温度均高于钢筋温度，相差30～40℃。这是由于试验梁的纵筋是将GFRP筋布置在容易腐蚀的边角区域，钢筋布置在GFRP筋的内侧，梁两侧受火会增加位于边角区域的GFRP筋的升温速度，表明混合配筋混凝土梁的纵筋中GFRP筋的强度衰减速度要快于钢筋的强度衰减速度。

表 9.6　　　　　　　　　　　试验梁底部和受拉纵筋温度　　　　　　　　（单位：℃）

| 试验梁编号 | 梁底温度 | GFRP 温度 | 钢筋温度 |
|---|---|---|---|
| B1 | 843.6 | 681.8 | 643.9 |
| B2 | 836.6 | 675.5 | 637.5 |
| B3 | 818.4 | 646.3 | 621.7 |
| B4 | 786.1 | 627 | 596.8 |
| B5 | 801.4 | 657.4 | 611.7 |
| B6 | 794.6 | 684.4 | 640 |

（3）B1～B3 的 GFRP 筋温度和钢筋温度呈现依次递减的关系（B1＞B2＞B3），递减幅度较小。这主要是因为 B1～B3 梁底温度是按照递减的规律排序，且梁底温度的变化幅度和纵筋温度的变化幅度比较接近，梁底温度传至钢筋和 GFRP 筋的温度比例分别约为 76％和 80％。表明混凝土保护层厚度是影响混合配筋混凝土梁纵筋温度的主要因素，配筋强度比 $U_t$ 对纵筋温度影响较小。

（4）B4～B6 的 GFRP 筋温度和钢筋温度呈现依次递增的关系（B4＜B5＜B6），梁底温度传至钢筋的温度比例由 76％增加至 81％，梁底温度传至 GFRP 筋的温度比例由 80％增加至 86％。这是由于在增加梁的最大弯矩后，加快了梁的开裂速度，火焰可以通过裂缝直接作用在纵筋上，减小了混凝土对纵筋的保护能力。表明荷载比 $\beta_M$ 对纵筋温度有较明显的影响。

### 9.3.3　火灾下混合配筋混凝土梁裂缝分析

#### 1. 试验梁的裂缝结果分析

火灾试验后混合配筋混凝土梁的裂缝如图 9.16 所示，揭示了如下现象：

（1）主裂缝出现在梁的纯弯段，均为垂直于主应力方向的竖向裂缝。根据裂缝的特征可以判断，试验梁 B1～B6 均出现受弯开裂，没有出现剪切破坏。裂缝处混凝土和纵筋之间出现了相对滑移，裂缝宽度按照梁底受火面的裂缝宽度较大、梁上部的裂缝宽度较小的规律沿截面高度发生变化。表明火灾过程中，混凝土和纵筋之间的黏结作用有较大的衰减。

（2）主裂缝通过了高度超过混凝土梁 $h/2$ 的位置，但没有贯通全截面，B1，B2，B5，B6 的主裂缝长度大约为梁底到梁的受压区钢筋位置，B3 和 B4 的主裂缝长度要稍小，大约为梁底到梁的 $h/2$ 稍上的位置。这是因为在火灾试验过程中，B3 和 B4 的纵筋强度衰减较小，在较小的荷载比 $\beta_M$ 下，可以限制截面主裂缝的开展。

（3）梁的表面有不规则的细小裂缝，这些裂缝是因为梁在受火过程中和火后冷却过程中，截面的温度分布不均匀，热胀冷缩导致的混凝土变形不一致，温度变化导致的混凝土相应变形受到周围混凝土的约束，在混凝土内产生了附加应力。

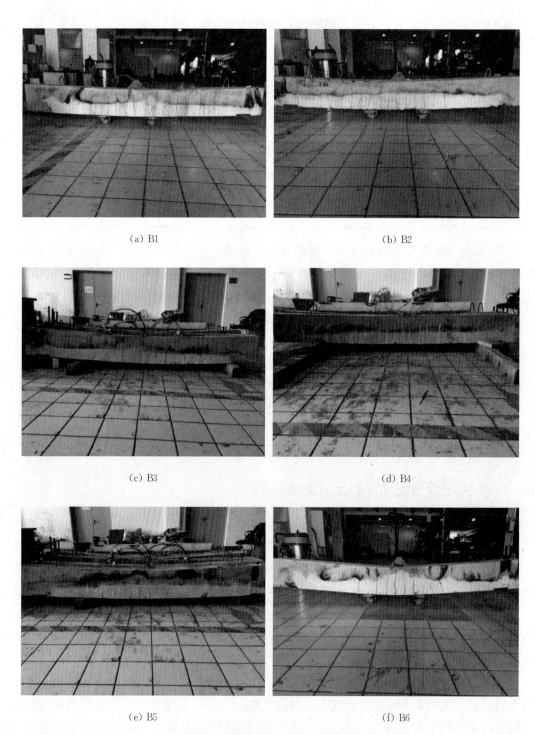

(a) B1　　　　　　　　　　　　　　　　　　　(b) B2

(c) B3　　　　　　　　　　　　　　　　　　　(d) B4

(e) B5　　　　　　　　　　　　　　　　　　　(f) B6

**图 9.16　混合配筋混凝土梁的裂缝**

　　试验梁吊装卸下后,用钢尺对各试验梁的最大裂缝间距和宽度进行测量,测得的裂缝宽度为残余裂缝宽度,如图 9.17 所示,钢尺测量的裂缝是各试验梁中出现的最大裂缝,各试验梁的最大裂缝间距和残余裂缝宽度如表 9.7 所示,此时试验梁是卸载状态,各试验梁的裂缝并没有出现闭合的现象。这是因为各试验梁的钢筋在卸载前均出现了屈服,并有一定时间的塑性变形阶段,在卸载后,塑性变形不可恢复。

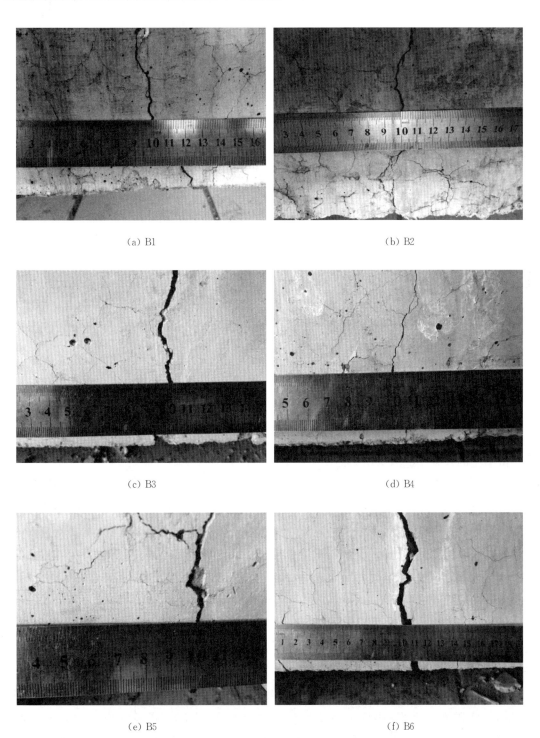

(a) B1

(b) B2

(c) B3

(d) B4

(e) B5

(f) B6

**图 9.17　混合配筋混凝土梁残余裂缝宽度**

表 9.7 试验梁开裂情况

| 试验梁编号 | $U_t$ | $\beta_M$ | 裂缝间距/mm | 残余裂缝宽度/mm |
|---|---|---|---|---|
| B1 | 0.8 | 0.38 | 100 | 1 |
| B2 | 1.4 | 0.38 | 96 | 0.9 |
| B3 | 9.8 | 0.32 | 93 | 2 |
| B4 | 5.1 | 0.36 | 95 | 0.8 |
| B5 | 5.1 | 0.41 | 102 | 2 |
| B6 | 5.1 | 0.51 | 106 | 8 |

残余裂缝宽度-配筋强度比 $U_t$ 关系如图 9.18 所示,残余裂缝宽度-荷载比 $\beta_M$ 关系如图 9.19 所示。

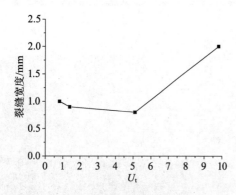

图 9.18　残余裂缝宽度-配筋强度比 $U_t$ 关系　　图 9.19　残余裂缝宽度-荷载比 $\beta_M$ 关系

试验梁的残余裂缝测量结果揭示了如下现象:

(1) 混合配筋混凝土梁的裂缝间距均约为 100 mm,与箍筋间距保持一致,凿开梁跨中的混凝土,可以看到 GFRP 筋与箍筋接触的部分变为白色,胶黏剂基本分解,箍筋间的 GFRP 筋并未有明显的颜色变化,这是因为箍筋的导热性能要比混凝土好,在试验过程中,箍筋的温度要比周围其他部分稍高,箍筋周围的混凝土、钢筋和 GFRP 筋的材料性能衰减速度要比其他部分稍快,在箍筋周围形成薄弱部分,比较容易出现开裂,所以火灾下混合配筋混凝土梁的裂缝间距取决于箍筋间距。

(2) 从图 9.18 可以看到,B1,B2,B4(配筋强度比 $U_t$ 分别为 0.8,1.4,5.1)的残余裂缝宽度分别为 1 mm,0.9 mm,0.8 mm,比较接近。表明配筋强度比 $U_t$ 对火灾下混合配筋混凝土梁的裂缝宽度影响比较有限。

(3) 从图 9.19 可以看到,荷载比 $\beta_M$ 越大,残余裂缝宽度越大,对于相同配筋形式的 B4,B5,B6,最大残余裂缝宽度出现在荷载比 $\beta_M$ 为 0.51 的 B6 上,最小残余裂缝宽度出现在荷载比 $\beta_M$ 为 0.36 的 B4 上,最大和最小残余裂缝宽度比为 10∶1。说明荷载比 $\beta_M$ 对混合配筋混凝土梁在高温下的裂缝宽度有较明显的影响。

（4）B3 的残余裂缝宽度为 2 mm（配筋强度比 $U_t$ 为 9.8），比 B1，B2，B4 的残余裂缝宽度大，由图 9.18 可以看到，残余裂缝宽度-配筋强度比 $U_t$ 关系并不符合 $U_t$ 越大，残余裂缝宽度越小的规律。这是因为 B3 的 GFRP 筋直径较小，即边角区域的受拉筋直径较小，在高温作用下，GFRP 筋在强度下降的情况下对边缘混凝土的开裂约束比较有限，混凝土保护层比较容易出现损坏。所以在耐火设计中对混合配筋混凝土梁的纵筋配筋强度比最大值或 GFRP 筋直径最小值也需要进行限制。根据本节的试验结果，对于混合配筋混凝土梁，为了满足 120 min 耐火极限时间下受拉区边缘混凝土不会因为 GFRP 筋对边缘混凝土开裂失去约束作用而出现较大的破坏，建议保护层厚度为 30 mm 的混合配筋混凝土梁，GFRP 筋最小直径为 10 mm，当保护层厚度增加后，需要考虑增大 GFRP 筋的最小直径要求，保证在火灾过程中，GFRP 筋对边缘混凝土开裂一直有一定程度的约束作用。

### 2. 试验梁的裂缝成因分析

火灾下试验梁的裂缝分布如图 9.20 所示，从图中可以看出，梁上出现无规律的杂乱裂缝和有规律的竖向裂缝，杂乱裂缝较细小且分布无规则，竖向裂缝的宽度较大且从梁底延伸至梁的 $h/2$ 稍上的位置。火灾试验过程中，裂缝产生的主要原因有以下两个方面。

（1）高温导致体积变化引起的杂乱裂缝。如图 9.16 所示，裂缝的表现是杂乱细小。火灾下，温度的升高会引起钢筋、GFRP 筋和混凝土不同程度的膨胀，而混凝土与钢筋和 GFRP 筋的黏结作用会对它们的膨胀有约束作用，会在混凝土内部产生拉应力，导致混凝土开裂。截面温度不一致，截面上不同位置的混凝土膨胀的程度也不一致，下部膨胀得较大，上部膨胀得较小，受火面边缘的混凝土膨胀较大，内部的混凝土膨胀较小，在混凝土之间产生拉应力，导致混凝土开裂。这些裂缝一般为不规则的细小裂缝，对火灾下混合配筋混凝土梁的力学性能影响很小。

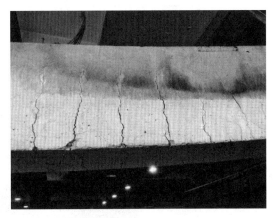

**图 9.20　火灾下梁的裂缝分布**

（2）高温导致材料性能衰减引起的竖向裂缝。如图 9.21 所示，裂缝在箍筋的位置。火灾下，一般结构是有荷载作用的状况，火灾试验前加载至设计荷载，并在火灾试验过程中保持荷载恒定，直至梁失效。未出现裂缝时，在受弯构件的纯弯段内，各截面受拉区混

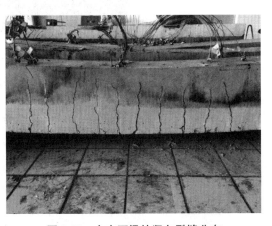

**图 9.21　火灾下梁的竖向裂缝分布**

凝土的拉应力、拉应变基本相同，钢筋、GFRP 筋与混凝土的黏结没有被破坏，钢筋、GFRP 筋和混凝土三者的拉应变沿纯弯段长度也基本相同。火灾发生后，荷载保持恒定，钢筋、GFRP 筋和混凝土的材料性能会出现不均匀衰减，随着温度的升高，混凝土抗拉能力衰减，又由于箍筋传热能力好，在箍筋周围的混凝土受热程度高，与其周围混凝土的黏结衰退早而快，使得箍筋截面成为抗弯最弱截面，这样，在外荷载、火灾作用下，裂缝首先出现在箍筋位置，如图 9.22 所示。

（a）火灾下梁薄弱区域示意图

（b）GFRP 筋与箍筋接触部分的胶黏剂消失

**图 9.22　火灾下箍筋附近材料性能出现较大衰减**

### 3. 火灾下混合配筋混凝土梁裂缝发展分析

火灾发生起始阶段，钢筋、GFRP 筋、混凝土的材料性能衰减很小，在使用荷载作用下，混合配筋混凝土梁并没有出现明显的开裂，在混凝土开裂前，纵筋与混凝土两者之间没有滑移。

火灾发生一段时间，在荷载保持恒定的情况下，温度的升高导致钢筋、GFRP 筋和混凝土的材料性能会出现不均匀衰减，因为箍筋的导热能力要比混凝土的导热能力强，所以在箍筋附近的钢筋、GFRP 筋和混凝土的材料性能衰减较其他部分明显,在薄弱区域会出现竖向裂缝,即在箍筋附近的截面最早出现竖向裂缝,此时钢筋、GFRP 筋和混凝土之间大部分仍保持着良好的黏结,混凝土的开裂情况接近于常温状态,裂缝的宽度取决于周围混凝土的变形,与纵筋表面距离越远,裂缝宽度越大,如图 9.23 所示,此时,裂缝间的钢筋、GFRP 筋与混凝土之间的黏结力受温度影响减弱却仍保留一定的黏结强度,纵筋和混凝土均承担拉力。

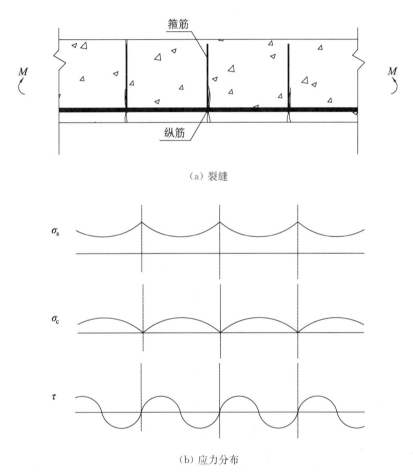

（a）裂缝

（b）应力分布

**图 9.23　火灾发生初始阶段梁的开裂情况和应力分布**

当火灾发生一段时间后,受拉区混凝土温度升高较多,钢筋、GFRP 筋和混凝土的材料性能进一步衰减,裂缝数目增多,间距按照箍筋间距趋于稳定,裂缝宽度逐渐增加,钢筋、GFRP 筋与混凝土之间的黏结状况减弱,局部出现相对滑移。

在火灾的后期,梁底的钢筋、GFRP 筋与混凝土之间的黏结作用不明显,大部分裂缝截面的纵筋与混凝土之间出现相对滑移,受拉区混凝土退出工作,拉力全部由纵筋承担,如图 9.24 所示,此时,钢筋和 GFRP 筋伸长,混凝土出现回缩。在高温的影响下,钢筋、GFRP 筋和混凝土的材料性能均衰减较严重,裂缝宽度较大。当钢筋出现屈服后,裂缝宽度进一步增加,且增宽速度变快,裂缝延伸至较高的位置,而梁顶受压区的温度一直保持着较低的状态,受压钢筋和混凝土的材料性能衰减很小，对裂缝的进一步延伸有较大的限制。

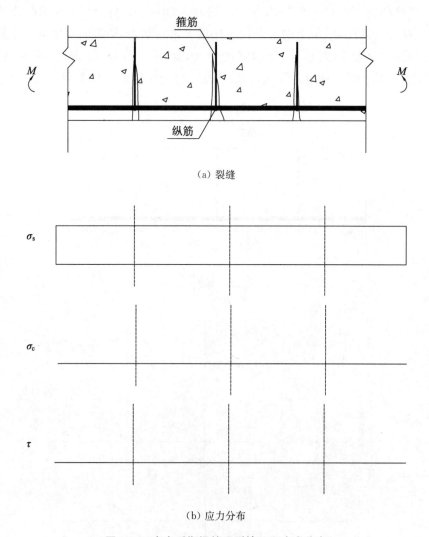

（a）裂缝

（b）应力分布

**图9.24　火灾后期梁的开裂情况和应力分布**

### 4. 火灾下混合配筋混凝土梁裂缝宽度计算

**1）高温下混合配筋混凝土梁裂缝宽度计算分析**

（1）第一批裂缝的出现时间分析

从试验梁的试验过程来看，在加试验荷载后受火前，梁未见明显裂缝，即受火前，试验梁没有开裂，说明所有裂缝是在受火过程中出现的。

试验梁上出现的裂缝，有杂乱的细裂缝和规则的竖向裂缝，竖向裂缝出现在钢箍筋的位置，所以裂缝间距为 $l_{mT}=S_{箍}$（箍筋间距）。

竖向裂缝是在荷载和火灾共同作用下产生的，产生第一条裂缝的位置已经定格在箍筋位置处，哪个箍筋位置最弱就先在哪个位置出现。梁的受火表面混凝土的材料性能出现一定程度的衰减，假定受拉区混凝土的有效面积取为箍筋内的混凝土面积，受压区混凝土按照

原截面的混凝土面积取值,截面应力如图9.25
所示。

李卫等[98]对混凝土试块进行了高温力学
性能试验,建议高温时混凝土抗拉强度 $f_t(T)$
的衰减方程写成:

$$f_t(T) = (1 - 0.001T)f_t \qquad (9.3)$$

按照《混凝土结构基本原理》[99]建议的计算方
法,可以求得以下公式:

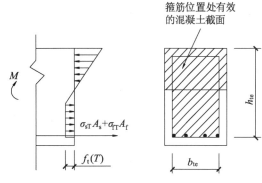

图 9.25 火灾下梁截面应力分布

$$\sigma_t = \frac{M}{0.292(1 + 2.5\alpha_A)b_{te}h_{te}^2} = f_t(T) \qquad (9.4)$$

式中, $\alpha_A = 2\left(\dfrac{E_s}{E_c} \cdot \dfrac{A_s}{b_{te}h_{te}} + \dfrac{E_f}{E_c} \cdot \dfrac{A_f}{b_{te}h_{te}}\right)$。

当 $\alpha_t = f_t(T)$ 时,混凝土开裂,即为第一条裂缝的开裂时间。截面作用的 $M = 29.08\,\mathrm{kN \cdot m}$,常温下的混凝土抗拉强度材料试验结果取值为 $f_t = 3.39\,\mathrm{MPa}$,试验梁的计算结果如表9.8所示。

表 9.8　　　　　　　　　　混合配筋混凝土梁混凝土受拉应力

| 试验梁编号 | $\sigma_t/\mathrm{MPa}$ | 开裂时间 $t/\mathrm{min}$ |
|:---:|:---:|:---:|
| B1 | 2.40 | 37 |
| B2 | 2.30 | 42 |
| B3 | 2.09 | 50 |
| B4 | 2.26 | 43 |

（2）裂缝发展

裂缝间各材料的应力分布如图 9.26 所示。

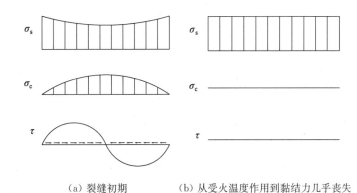

(a) 裂缝初期　　　(b) 从受火温度作用到黏结力几乎丧失

图 9.26　裂缝间各材料的应力分布

在受火温度导致纵筋与混凝土的黏结力几乎丧失后,如图 9.27 所示,裂缝宽度主要为纵筋的伸长量。

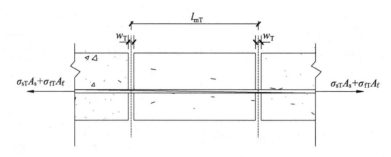

**图 9.27　截面受拉区裂缝示意图**

假定同一位置处的钢筋和 FRP 筋有相同的应变，即 $\varepsilon_{fT}=\varepsilon_{sT}$，按完全滑移理论的假设，裂缝宽度 $w_T$ 为裂缝间钢筋伸长量与混凝土伸长量的差值，裂缝平均间距 $l_{mT}$ 可以取为箍筋的间距 $S_{箍}$。

$$w_T = \int_0^{S_{箍}} \left( \frac{\sigma_s}{E_s} - \frac{\sigma_c}{E_c} \right) \mathrm{d}x \tag{9.5}$$

在开裂初期，混凝土与筋材的黏结完好，其裂缝宽度可以按现行钢筋混凝土结构规范中的方法进行计算，待温度升高到 600℃，混凝土与筋材的黏结几乎完全丧失，此时的裂缝宽度可以按下式计算：

$$w_T = \frac{\sigma_s(T)}{E_s(T)} S_{箍} \tag{9.6}$$

GFRP 筋在 400℃时抗拉强度和弹性模量均衰减至较低的值，如果假定在火灾下混合配筋混凝土梁的裂缝计算取决于纵筋应力，GFRP 筋的作用可以忽略不计，由于 $M$ 一定，则裂缝处钢筋应力 $\sigma_s(T)$ 就可以按下式求解：

$$\sigma_s(T) = \frac{M}{0.87 A_s h_0} \tag{9.7}$$

在耐火设计中，$E_{sT}$ 表示温度导致的钢筋弹性模量衰减程度，是耐火时间 $t$ 和保护层厚度 $d$ 共同决定的变量，可以根据《混凝土结构耐火设计技术规程》、Eurocode 2、BS EN 1992 等国内外耐火规范建议的截面温度场直接查找获得不同耐火时间 $t$ 和不同保护层厚度 $d$ 下的温度数值。耐火时间 $t$ 决定了截面温度场分布情况，保护层厚度 $d$ 决定了钢筋的位置，在耐火时间 $t$ 和保护层厚度 $d$ 已知的情况下，可以得到钢筋的温度，然后根据钢筋高温弹性模量计算公式对钢筋的弹性模量 $E_{sT}$ 进行计算，将求得的钢筋弹性模量代入式(9.8)，计算火灾下混合配筋混凝土梁的裂缝宽度。

$$w_T = S_{箍} \frac{M/(0.87 A_s h_0)}{E_{sT}} \tag{9.8}$$

式(9.8)的适用条件为：$\sigma_s(T) = \dfrac{M}{0.87A_s h_0} \leqslant f_{yT}$。

钢筋的高温弹性模量衰减公式为钢筋屈服前的计算公式,钢筋的屈服强度会随着温度的升高而衰减,式(9.8)适用于受拉钢筋屈服前火灾下混合配筋混凝土梁的裂缝宽度计算。

**2）裂缝宽度计算公式讨论**

火灾下混合配筋混凝土梁的荷载 $M$、箍筋间距 $S_{\text{箍}}$ 是确定的值,火灾下温度的升高主要导致钢筋、GFRP 筋和混凝土的材料性能衰减。对于火灾下混合配筋混凝土梁的裂缝宽度计算公式,显然裂缝宽度 $w_T$ 取决于受温度影响的钢筋弹性模量 $E_{sT}$。

如图 9.28 所示,在火灾前期,钢筋的弹性模量随温度升高而出现衰减,导致裂缝宽度持续增大;在火灾中期,钢筋的温度达到 400℃时,钢筋的弹性模量会出现加速衰减,这也将导致裂缝宽度的增大速度变快;在火灾后期,钢筋温度达到很大值时（根据试验结果,此时钢筋温度最大值约为 650℃）,钢筋的屈服强度衰减至很低的值,在使用荷载作用下,钢筋一般超过了弹性阶段,在屈服阶段经历着较大的塑性变形,此时裂缝发展速度会再次加快。本节提出的裂缝宽度计算公式为火灾下混合配筋混凝土梁的受拉钢筋弹性阶段的裂缝宽度计算公式,即钢筋屈服阶段前裂缝宽度与温度的关系,火灾前期与中期的裂缝宽度随温度变化情况如图 9.29 所示。

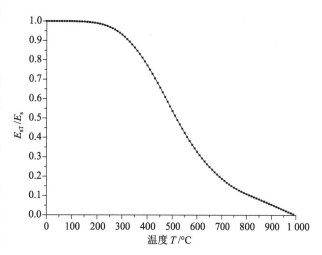

图 9.28　钢筋弹性模量随温度变化情况

**3）裂缝宽度计算**

对火灾下混合配筋混凝土梁的裂缝宽度计算结果如表 9.9 所示。计算获得的 B1～B6 裂缝宽度 $w_T$ 要比试验值小,这是因为在火灾试验过程中,试验梁 B1～B6 的受拉钢筋均出现了屈服阶段（钢筋屈服后的塑性变形阶段持续时间约为 20 min）,此时试验梁

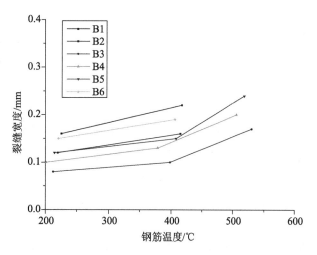

图 9.29　裂缝宽度随温度变化情况

的裂缝宽度会出现很快的增大,最终的裂缝宽度非常大,且此时的钢筋有较大的塑性变形,火灾试验后实际测得的残余裂缝宽度仍然很大,而计算获得的裂缝宽度 $w_T$ 为受拉钢筋屈服

阶段前的裂缝宽度,所以会较试验获得的残余裂缝宽度值小。

**表 9.9**            火灾下混合配筋混凝土梁的裂缝宽度

| 试验梁编号 | 受火时间 $t$/min | $w_T$/mm | $E_{sT}/E_s$ |
|---|---|---|---|
| B1 | 30 | 0.16 | 0.98 |
| | 60 | 0.22 | 0.73 |
| | 90 | — | — |
| B2 | 30 | 0.12 | 0.98 |
| | 60 | 0.16 | 0.74 |
| | 90 | — | — |
| B3 | 30 | 0.08 | 0.99 |
| | 60 | 0.10 | 0.78 |
| | 90 | 0.17 | 0.47 |
| B4 | 30 | 0.10 | 0.99 |
| | 60 | 0.13 | 0.82 |
| | 90 | 0.20 | 0.52 |
| B5 | 30 | 0.12 | 0.99 |
| | 60 | 0.15 | 0.75 |
| | 90 | 0.24 | 0.49 |
| B6 | 30 | 0.15 | 0.98 |
| | 60 | 0.19 | 0.76 |
| | 90 | — | — |

试验梁在 60~90 min 时间段内的裂缝宽度发展速度要比 30~60 min 时间段内的裂缝宽度发展速度快,这可以通过钢筋弹性模量的衰减程度解释。根据钢筋弹性模量与温度的关系,在温度超过大约 400℃时,钢筋的弹性模量会有加速衰减的现象,这将导致火灾下混合配筋混凝土梁的裂缝宽度发展速度加快,而根据试验获得的钢筋温度可知,大约 60 min 后,钢筋的温度刚好超过 400℃,即 60 min 后混合配筋混凝土梁的裂缝宽度出现较快的增大。

基于 B4~B6 的裂缝宽度计算结果,裂缝宽度随荷载比 $\beta_M$ 的变化如图 9.30 所示。荷载比越大,裂缝宽度越大,这与对裂缝宽度-荷载比关系的讨论结果一

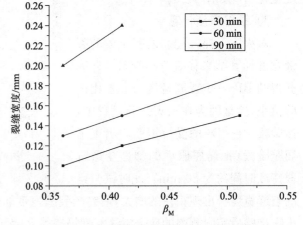

**图 9.30 裂缝宽度随荷载比 $\beta_M$ 的变化**

致,然而计算得到的裂缝宽度的增大幅度较小,这是因为计算获得的裂缝宽度-荷载比关系只限于钢筋屈服前,而对于试验获得的裂缝宽度-荷载比关系,裂缝宽度取值为钢筋屈服后一段时间的裂缝宽度值,钢筋有很大的塑性变形,所以试验获得的裂缝宽度较大,且裂缝宽度按照荷载比的增大幅度也较大。30 min,60 min 和 90 min 下裂缝宽度-荷载比关系的趋势一致,变化幅度有一定的区别,特别是 90 min 下的裂缝宽度增大幅度明显较大,这是因为此时钢筋的弹性模量衰减较大,根据表 9.9 中 $E_{sT}/E_s$ 的计算结果可以知道,90 min 的钢筋弹性模量约为常温下弹性模量的 1/2。

**4) 钢筋屈服后的裂缝宽度计算**

(1) 火灾下钢筋屈服时的受火时间确定

当 $\sigma_s = f_{yT}$ 时,钢筋屈服,可以按下式计算:

$$\frac{f_{yT}}{f_y} = \frac{1}{24(T/1\,000)^{4.5}+1} \tag{9.9}$$

$$T = \frac{D - Ax + Bx^2 - Cx^3}{r^{0.25}} \tag{9.10}$$

$$t = f\left(\frac{M}{0.87A_s h_0} - f_{yT}\right) \tag{9.11}$$

试验梁钢筋屈服时的受火时间见表 9.10。表中数据表明,试验梁的耐火极限时间均大于钢筋屈服时间,说明火灾试验中钢筋都发生了屈服,前面的裂缝宽度计算公式已不适合。

表 9.10　　　　　　　　　　　试验梁钢筋屈服时间 $t$

| 试验梁编号 | 计算值/min | 试验值/min |
|:---:|:---:|:---:|
| B1 | 60 | 93 |
| B2 | 72 | 95 |
| B3 | 104 | 103 |
| B4 | 101 | 107 |
| B5 | 92 | 92 |
| B6 | 71 | 65 |

将按照上式计算的钢筋屈服时间与根据试验获得的挠度数据判断得到的钢筋屈服时间比较,B1 和 B2 的屈服时间相差较大,B3~B6 的屈服时间相差较小,这是因为在计算钢筋应力时,忽略了 GFRP 筋的作用(Saafi[100]基于 GFRP 筋拉伸试验结果,认为 400℃后 GFRP 筋的黏结材料达到玻化温度,失去黏结能力,黏结材料和玻璃纤维丝不能协同工作,GFRP 筋即失去作用,GFRP 筋的极限强度取值为 0;Bisby[101]基于 GFRP 筋拉伸试验结果,认为400℃时玻璃纤维丝未软化,GFRP 筋的极限抗拉强度大约是常温下的 20%,500℃后,玻璃纤维丝软化,GFRP 筋的极限抗拉强度大约是常温下的 10%),在配筋强度比 $U_t$ 较小的情况下(B1 和 B2 的配筋强度比 $U_t$ 分别为 0.8 和 1.4,GFRP 筋对梁的抗弯能力有一定程度的贡

献),在 400℃后不考虑 GFRP 筋的作用,算得的钢筋应力较大。

(2) 火灾下钢筋屈服后的裂缝宽度计算

钮宏等[102]发现,在 300~700℃的温度下,钢筋的应力-应变曲线没有明显的屈服段,曲线接近于硬钢的应力-应变曲线,建议用双折线模型,钢筋屈服前的弹性模量为 $E_{s1}$,钢筋屈服后的弹性模量为 $E_{s2}$。高温下,钢筋的应力-应变曲线如图 9.31 所示。

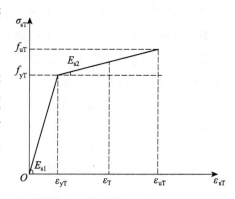

**图 9.31 钢筋的应力-应变曲线**

钢筋屈服后,钢筋的弹性模量很小,郑文忠等[103]给出了高温下普通钢筋的极限拉应变 $\varepsilon_{uT}$ 和极限强度 $f_{uT}$ 的计算公式:

$$\varepsilon_{uT} = 0.192 - 2.7 \times 10^{-4} \times (T - 20) \tag{9.12}$$

$$f_{uT} = \frac{0.95 f_u}{1 + 3.5 \times (T - 20)^6 \times 10^{-17}} \tag{9.13}$$

式中,$f_u$ 为常温下钢筋的极限强度。

高温下钢筋屈服后的弹性模量可以按照下式计算:

$$E_{s2} = \frac{f_{uT} - f_{yT}}{\varepsilon_{uT} - \varepsilon_{yT}} \tag{9.14}$$

对于钢筋屈服后,钢筋的应变可以写为下式:

$$\varepsilon_T = \varepsilon_{yT} + \frac{M/(0.87 A_s h_0) - f_{yT}}{E_{s2}} = \frac{f_{yT}}{E_{s1}} + \frac{M/(0.87 A_s h_0) - f_{yT}}{E_{s2}} \tag{9.15}$$

对于钢筋屈服后,火灾下混合配筋混凝土梁的裂缝宽度为

$$w_T = \varepsilon_T S_{箍} \tag{9.16}$$

根据钢筋屈服后火灾下混合配筋混凝土梁的裂缝宽度计算公式,裂缝宽度计算结果如表 9.11 所示。

**表 9.11**                        **试验梁钢筋屈服后的裂缝宽度**

| 试验梁编号 | 加载梁受火时间 $t$/min | 钢筋温度 $T$/℃ | 裂缝宽度 $w_T$/mm |
|:---:|:---:|:---:|:---:|
| B1 | 113 | 587 | 5.18 |
| B2 | 116 | 591 | 2.13 |
| B3 | 120 | 597 | 0.92 |
| B4 | 120 | 597 | 1.49 |
| B5 | 115 | 590 | 2.01 |
| B6 | 95 | 558 | 2.73 |

试验过程中,无法测取裂缝宽度,能测的试验梁的裂缝宽度都是卸载冷却后的残余变形,无从比较。

### 9.3.4　火灾下混合配筋混凝土梁截面抗弯刚度分析

#### 1. 试验梁的挠度分析

常温条件下,初始挠度主要是由初始刚度和初始荷载决定。B1～B6 的初始抗弯承载能力比较接近;B1～B4 的加载条件一致,所以 B1～B4 的初始挠度基本一致;B5 的纯弯段稍小,荷载比 $\beta_M$ 较大,所以 B5 的初始挠度较 B1～B4 稍大,达到 4.89 mm;B6 的纯弯段最小,荷载比 $\beta_M$ 最大,所以 B6 的初始挠度最大,达到 6.13 mm。

在火灾试验中,随着环境温度的升高,钢筋、GFRP 筋和混凝土的弹性模量均出现不同程度的衰减,混合配筋混凝土梁的刚度因此出现不同程度的损失,各试验梁的挠度出现不同程度的增加,各试验梁跨中挠度上升曲线如图 9.32 所示。

试验梁的挠度曲线揭示了如下现象:

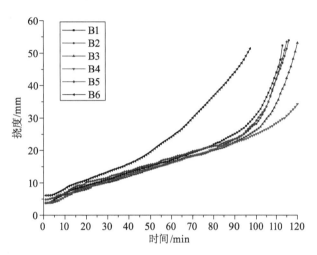

**图 9.32　火灾试验中挠度随受火时间的变化曲线**

(1) 在试验进行一段时间后,试验梁 B1～B5 的挠度增加速度均出现先缓后快的现象,表明火灾下混合配筋混凝土梁的纵筋进入了塑性阶段;B6 的挠度一直保持较快的增加速度,这是因为 B6 的荷载比 $\beta_M$ 最大,表明荷载比 $\beta_M$ 对火灾下混合配筋混凝土梁的变形有影响。

(2) B1,B2,B3,B4 四根梁中,B4 的挠度增加速度最慢,在 120 min 时挠度只有34.3 mm,小于判定耐火极限的极限弯曲变形量。这是由于 B4 的梁底温度增加速度是四根梁中最小的,因此钢筋、GFRP 筋和混凝土的弹性模量衰减速度相对较小,梁的刚度损失速度较小,表明梁底温度对混合配筋混凝土梁的挠度有明显的影响。

(3) B1,B2,B3 的挠度增加速度(B1＞B2＞B3)与配筋强度比 $U_t$(B1＜B2＜B3)正好相反,这是由于在高温作用下,钢筋的弹性模量衰减速度要小于 GFRP 筋的弹性模量衰减速度,表明配筋强度比 $U_t$ 对混合配筋混凝土梁的耐火性能有明显的影响。B4,B5,B6 的挠度增加速度(B4＜B5＜B6)与荷载比 $\beta_M$(B4＜B5＜B6)一致,表明荷载比 $\beta_M$ 对混合配筋混凝土梁的耐火性能有明显的影响。

50 min 和 60 min 时混合配筋混凝土梁挠度增量-配筋强度比 $U_t$ 曲线如图 9.33 所示,揭示了如下现象:

(1) 50 min 和 60 min 时挠度增量-配筋强度比 $U_t$ 曲线整体趋势为:配筋强度比 $U_t$ 越大($U_t$ 分别为 0.8,1.4,5.1,9.8),混合配筋混凝土梁的挠度增量越小。

（2）比较 50 min 和 60 min 时挠度增量-配筋强度比 $U_t$ 曲线，$U_t=5.1$ 和 $U_t=9.8$ 的挠度增量关系在 50 min 和 60 min 并不一致。在 50 min 时 $U_t=5.1$ 和 $U_t=9.8$ 的挠度增量有较明显的差别（挠度分别为 10.58 mm 和 10.32 mm），在 60 min 时 $U_t=5.1$ 和 $U_t=9.8$ 的挠度增量比较接近（挠度分别为 12.38 mm 和 12.33 mm），这是因为在 50 min 后，B3（$U_t=9.8$）的 GFRP 筋（直径较小）衰减至很小的抗拉强度，B3 的混凝土保护层出现较严重的开裂，导致 B3 的钢筋温度升高明显超过了 B4（$U_t=5.1$）的钢筋温度升高，B3 的抗弯承载力损失大于 B4，B3 的挠度增加速度变快。

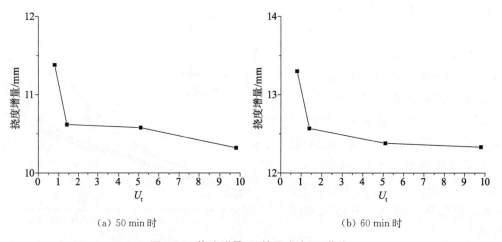

（a）50 min 时　　　　　　　　（b）60 min 时

**图 9.33　挠度增量-配筋强度比 $U_t$ 曲线**

50 min 和 60 min 时混合配筋混凝土梁的挠度增量-荷载比 $\beta_M$ 曲线如图 9.34 所示，揭示了如下现象：

（1）50 min 和 60 min 时挠度增量-荷载比 $\beta_M$ 曲线整体趋势为：荷载比 $\beta_M$ 越大（$\beta_M$ 分别为 0.36，0.41，0.51），挠度增量越大，但并不是按照线性增加。

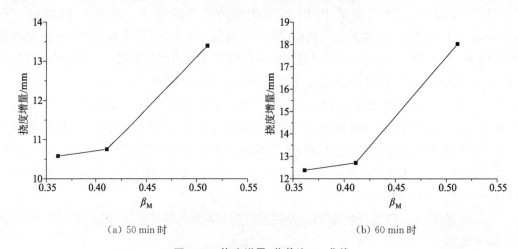

（a）50 min 时　　　　　　　　（b）60 min 时

**图 9.34　挠度增量-荷载比 $\beta_M$ 曲线**

（2）50 min 的挠度增量-荷载比 $\beta_M$ 曲线斜率要小于 60 min 的挠度增量-荷载比 $\beta_M$ 曲

线斜率(B4 和 B5 的挠度增量变化较小,B6 的挠度增量变化明显),这是因为较大的荷载比 $\beta_M$ 导致混合配筋混凝土梁的开裂速度变快,从而导致纵筋的温度升高较快,纵筋的强度衰减加快。

混合配筋混凝土梁各时段的挠度如表 9.12 所示,通过比较试验梁的挠度变化,揭示了如下现象:

(1) 试验梁 B1 和 B2 的挠度在 100 min 后出现较快的增加。这是因为此时 GFRP 筋的温度达到 600℃,GFRP 筋基本失去强度,B1 和 B2 的配筋强度比 $U_t$ 较小,受拉纵筋中 GFRP 筋基本失去强度后,钢筋承担的应力超过屈服强度,应变出现较快的增加。

(2) 试验梁 B3 的挠度在 110 min 后出现较快的增加。这是因为 B3 的配筋强度比 $U_t$ 非常大,虽然 GFRP 筋基本失去强度,但对纵筋的强度影响很小;B3 的挠度要比 B4 稍大,这是因为 B3 的纵筋温度要比 B4 的纵筋温度稍高,即 B3 的纵筋力学性能衰减速度要比 B4 的纵筋力学性能衰减速度快。

(3) 试验梁 B4 的挠度在耐火试验中一直保持较平稳增加。这是因为 B4 在 120 min 时钢筋的温度为 596.8℃,钢筋的屈服强度可以保持在一个较高的水准,并且没有出现较快的衰减损失,在较低的荷载比 $\beta_M$ 条件下,B4 的挠度可以保持较慢的增加速度。

(4) 试验梁 B5 的挠度在 100～110 min 期间出现明显的增加。这是因为在 110 min 时 B5 的钢筋温度达到 600℃左右,根据钢筋的高温材料性能可知,此时钢筋的屈服强度小于常温下钢筋屈服强度的 50%,且 600℃后钢筋的屈服强度衰减出现明显加快,在较大的荷载比 $\beta_M$ 作用下,钢筋很快进入屈服,试验梁的挠度增加速度变快。

(5) 试验梁 B6 的挠度在 0～90 min 的四个时间段内一直按接近成倍的速度增加,没有明显的纵筋弹性阶段。这是因为在高温作用下,试验梁的抗弯承载力出现损失,钢筋的屈服强度和 GFRP 筋的极限强度均出现不同程度的衰减,火灾试验开始后,GFRP 筋的极限强度衰减严重,初始荷载比 $\beta_M$ 约为 50% 的试验梁 B6 内受拉钢筋很快就达到屈服强度,在最大弯矩不变、温度变化很小的情况下,纵筋出现较大的应变,B6 的挠度出现较明显的增大。

**表 9.12** 试验梁的挠度

| 时间/min | 挠度/mm | | | | | |
|---|---|---|---|---|---|---|
| | B1 | B2 | B3 | B4 | B5 | B6 |
| 0 | 3.73 | 3.80 | 3.84 | 3.89 | 4.89 | 6.13 |
| 30 | 11.05 | 10.68 | 10.16 | 10.59 | 11.61 | 13.33 |
| 60 | 17.03 | 16.37 | 16.17 | 16.27 | 17.60 | 24.16 |
| 90 | 25.11 | 23.50 | 22.54 | 22.42 | 23.57 | 44.13 |
| 100 | 31.08 | 28.15 | 26.33 | 25.05 | 29.21 | — |
| 110 | 43.98 | 41.90 | 34.53 | 28.41 | 42.15 | — |
| 120 | — | — | 53.14 | 34.30 | — | — |

## 2. 梁截面抗弯刚度计算

### 1）常温下的梁截面刚度计算分析

常温下，受弯梁在裂缝稳定发展阶段，各截面的实际应变分布不再符合平截面假定，中和轴的位置受裂缝的影响成为波浪形，假定钢筋和 GFRP 筋的平均应变一致，则平均应变分别为 $\overline{\varepsilon_c}$ 和 $\overline{\varepsilon_s}=\overline{\varepsilon_f}$。

（1）几何变形条件

假定截面的平均应变仍符合线性分布，中和轴与截面顶面距离为 $x$，截面的平均曲率按式（9.17）计算；顶面混凝土压应变的变化幅度较小，近似取 $\overline{\varepsilon_c}=\varepsilon_c$；钢筋的平均拉应变取为 $\overline{\varepsilon_s}=\psi\varepsilon_s$（其中，$\psi$ 为裂缝间受拉筋应变的不均匀系数）。

$$\overline{\phi}=\frac{\overline{\varepsilon_c}+\overline{\varepsilon_s}}{h_0} \tag{9.17}$$

式中，$\overline{\phi}$ 为平均截面曲率。

（2）物理本构关系

在梁的使用阶段，裂缝截面的应力分布如图 9.35 所示，顶面混凝土的压应力和受拉钢筋应力按下式计算：

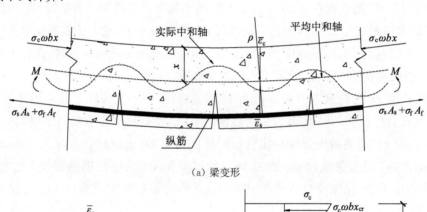

（a）梁变形

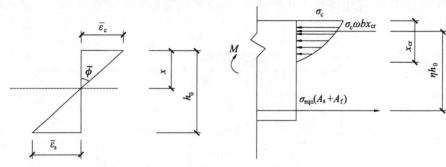

（b）平均应变　　　　　　　　　　（c）裂缝截面应力

**图 9.35　梁受弯变形**

$$\sigma_c=\varepsilon_c\lambda E_c\approx\overline{\varepsilon_c}\lambda E_c \tag{9.18}$$

$$\sigma_{equ}=\varepsilon_s E_{equ}\approx\frac{\overline{\varepsilon_s}}{\psi}E_{equ} \tag{9.19}$$

式中，$\lambda$ 为混凝土的受压变形塑性系数，定义为任一应变时割线弹性模量（$\lambda E_{\mathrm{c}}$）与初始弹性模量的比值，由应力-应变曲线方程计算确定。$E_{\mathrm{equ}}$ 为高温下纵筋的等效弹性模量，$E_{\mathrm{equ}} = (E_{\mathrm{s}} A_{\mathrm{s}} + E_{\mathrm{f}} A_{\mathrm{f}}) / (A_{\mathrm{s}} + A_{\mathrm{f}})$。

（3）力学平衡方程

忽略截面上受拉区混凝土的应力，建立裂缝截面的两个平衡方程：

$$M = \omega \sigma_{\mathrm{c}} b x_{\mathrm{cr}} \eta h_0 \tag{9.20}$$

$$M = \sigma_{\mathrm{equ}} (A_{\mathrm{s}} + A_{\mathrm{f}}) \eta h_0 \tag{9.21}$$

式中，$\omega$ 为受压区应力图形完整系数；$\eta$ 为裂缝截面的力臂系数，在使用阶段，弯矩水平（$M/M_{\mathrm{u}}$）变化不大，构件的裂缝发展相对稳定，$\eta$ 取 $0.83 \sim 0.93$，计算时可以近似取平均值 $0.87$。

根据式（9.18）和式（9.19）得，$\overline{\varepsilon_{\mathrm{c}}} = \dfrac{\sigma_{\mathrm{c}}}{\lambda E_{\mathrm{c}}}$ 和 $\overline{\varepsilon_{\mathrm{s}}} = \dfrac{\psi \sigma_{\mathrm{equ}}}{E_{\mathrm{equ}}}$。

整理上面的公式，可得：

$$\overline{\phi} = \frac{\psi M}{\eta E_{\mathrm{equ}} (A_{\mathrm{s}} + A_{\mathrm{f}}) h_0^2} + \frac{M}{\lambda \omega \eta x_{\mathrm{cr}} E_{\mathrm{c}} b h_0^2} = \frac{M}{E_{\mathrm{equ}} (A_{\mathrm{s}} + A_{\mathrm{f}}) h_0^2} + \left[ \frac{\psi}{\eta} + \frac{\alpha_{\mathrm{E}} \rho_{\mathrm{equ}}}{\lambda \omega \eta (x_{\mathrm{cr}}/h_0)} \right] \tag{9.22}$$

截面刚度为

$$B = \frac{M}{\overline{\phi}} = \frac{E_{\mathrm{equ}} (A_{\mathrm{s}} + A_{\mathrm{f}}) h_0^2}{\dfrac{\psi}{\eta} + \dfrac{\alpha_{\mathrm{E}} \rho_{\mathrm{equ}}}{\lambda \omega \eta (x_{\mathrm{cr}}/h_0)}} \tag{9.23}$$

式中，$\alpha_{\mathrm{E}}$ 为纵筋弹性模量与混凝土弹性模量的比值，$\alpha_{\mathrm{E}} = E_{\mathrm{equ}}/E_{\mathrm{c}}$；$\rho_{\mathrm{equ}}$ 为纵向受拉筋配筋率，取为 $\rho_{\mathrm{equ}} = (A_{\mathrm{s}} + A_{\mathrm{f}})/(b h_0)$。

参照文献[34]，可以得到：

$$B = \frac{E_{\mathrm{equ}} (A_{\mathrm{s}} + A_{\mathrm{f}}) h_0^2}{1.15 \psi + 0.2 + \dfrac{6 \alpha_{\mathrm{E}} \rho}{1 + 3.5 \gamma_{\mathrm{f}}'}} \tag{9.24}$$

**2）刚度计算公式的参数分析**

（1）根据《钢筋混凝土原理和分析》[104]建议的 $\psi$ 经验回归式，混合配筋混凝土梁的 $\psi$ 经验回归式为

$$\psi = 1.1 \left( 1 - \frac{M_{\mathrm{cr}}}{M} \right) \tag{9.25}$$

$$\psi = 1.1 - \frac{0.65 f_{\mathrm{t}}}{(A_{\mathrm{s}} \sigma_{\mathrm{s}} + E_{\mathrm{f}} A_{\mathrm{f}} \sigma_{\mathrm{s}}/E_{\mathrm{s}})/A_{\mathrm{te}}} \tag{9.26}$$

式中，$A_{\mathrm{te}}$ 为混凝土受拉有效截面积。

我国《混凝土结构设计规范》[2]建议常温下 $\psi(T)$ 的取值为 $0.2 \leqslant \psi(T) \leqslant 1$。随着温度的升高,混凝土与钢筋、GFRP 筋的黏结性能一直下降[105],当 GFRP 筋温度超过 110℃时,黏结胶体的玻化会导致 GFRP 筋与混凝土之间的黏结力稳定在一个较低值,当钢筋温度超过 600℃时,钢筋与混凝土的黏结强度仅为常温下的 10%[106]。根据试验现象判断,当钢筋温度超过 600℃时,钢筋与混凝土的黏结已损失很多,可以近似为 0,此时 $\psi(T)$ 的值为 1.0。假定 $\psi(T)$ 随钢筋温度的线性变化如图 9.36 所示,常温下初始 $\psi$ 值为 $\psi_0$。

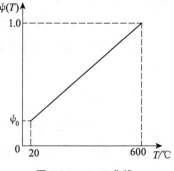

图 9.36　$\psi$-$T$ 曲线

(2) 受压区应力图形完整系数 $\omega$,常温条件下是基于混凝土的受压本构模型推导的,$\omega$ 取法如下[104]:

开裂后,受压区混凝土处于弹性阶段,但 $\varepsilon_c < \varepsilon_0$。

$$\omega = \frac{\varepsilon_c}{\varepsilon_0} - \frac{\varepsilon_c^2}{3\varepsilon_0^2} \tag{9.27}$$

开裂后,受压区混凝土处于弹塑性阶段,但 $\varepsilon_0 \leqslant \varepsilon_c \leqslant \varepsilon_{cu}$。

$$\omega = 1 - \frac{\varepsilon_0}{3\varepsilon_c} \tag{9.28}$$

式中,$\varepsilon_0$ 为混凝土受压峰值应变。

时旭东等[107]研究发现,高温下混凝土的应力-应变曲线和常温下混凝土的应力-应变曲线较相似,在将受压区混凝土弹性模量等效为均匀截面的弹性模量后,受压区应力图形完整系数 $\omega$ 仍然有效。

(3) 裂缝截面的力臂系数 $\eta$

弯矩恒定作用在截面上,随着温度的升高,裂缝宽度的增大,中性轴会上移,也就是说,$\eta$ 会随着温度的升高而增大。由于没有试验数据,假定 $\eta$ 的值不随温度的升高而改变。

**3) 钢筋与 FRP 筋的应变**

在前面的讨论中,如果假定 $\eta$ 不变,由于 $M$ 一定,则梁中钢筋与 FRP 筋的合力就不变,这样裂缝处钢筋与 FRP 筋应变就可以按下面公式求解:

$$\sigma_s = \frac{M}{\eta h_0 \left(A_s + \dfrac{E_f}{E_s} A_f\right)} \tag{9.29}$$

$$\varepsilon_s(T) = \frac{\sigma_s}{E_s(T)} \tag{9.30}$$

设常温下钢筋的弹性模量为 $E_s$,基于 Eurocode 3 建议的钢筋弹性模量与温度的关系,800℃时,钢筋的弹性模量仅为常温下的 0.11 倍,即在 800℃高温下钢筋的弹性模量 $E_s(T)$ 为 $0.11E_s$,假定升温期间以线性变化(图 9.37),可得:

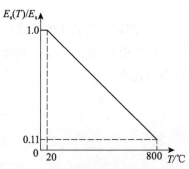

图 9.37　钢筋弹性模量随温度变化曲线

$$E_s(T) = [1 - 0.001\,1(T - 20)]E_s \tag{9.31}$$

$$\varepsilon_s(T) = \frac{\sigma_s}{[1 - 0.001\,1(T - 20)]E_s} = \frac{M}{\eta h_0\left(A_s + \dfrac{E_f}{E_s}A_f\right)[1 - 0.001\,1(T - 20)]E_s} \tag{9.32}$$

设常温下 GFRP 筋的弹性模量为 $E_f$，根据 Bisby[101] 给出的 GFRP 筋在高温下的弹性模量计算公式，GFRP 筋的弹性模量与温度的关系如图 9.38 所示，在 400℃ 时，GFRP 筋的黏结材料因为玻化而失去黏结作用，在 500℃ 之后，GFRP 筋的弹性模量小于常温下弹性模量的 1/10。根据试验结果可以知道，在 0～30 min，GFRP 筋的弹性模量衰减程度不大（在 30 min 时，GFRP 筋的温度低于 300℃）；在 30～60 min，GFRP 筋的弹性模量衰减较快；60 min 后，混合配筋混凝土梁内的 GFRP 筋弹性模量衰减至常温下弹性模量的 1/10 左右。

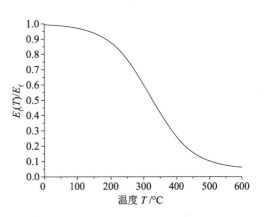

图 9.38　GFRP 筋的弹性模量随温度变化曲线

$$\frac{E_{fT}}{E_f} = 0.475\tanh[-7.91 \times 10^{-3}(T - 320.35)] + 0.525 \tag{9.33}$$

**4）火灾下梁截面刚度简化计算方法**

从火灾下梁的挠度与受火时间的关系曲线来看，在受拉钢筋屈服前，梁的挠度与受火时间呈线性增大关系，也就是说，梁截面的抗弯刚度与受火时间呈线性衰减关系，即可以将 $B_T/B_0$ 表示成关于受火时间 $t$ 的线性递减函数。

$$\frac{B_T}{B_0} = K(t) \tag{9.34}$$

$$B_T = \frac{E_{equT}(A_s + A_f)h_0^2}{\dfrac{\psi_T}{\eta_T} + \dfrac{\alpha_{ET}\rho_T}{\lambda\omega\eta_T\alpha_T\beta_T(x_{crT}/h_0)}} \tag{9.35}$$

$$B_0 = \frac{E_{equ}(A_s + A_f)h_0^2}{1.15\psi + 0.2 + 6\alpha_F\rho} \tag{9.36}$$

截面抗弯刚度随 $\beta_M$ 的增大而递减，$B_T\text{-}\beta_M$ 的关系与 $\Delta\text{-}\beta_M$ 的关系是相似的，这样可以将式（9.34）改为 $B_T/B_0 = \varphi(\beta_M)K(t)$。

根据试验数据，按照下式计算 B1～B6 在 0～90 min 的刚度值，$B_0$ 的值按照加载后火灾试验前的挠度计算。B4～B6 的计算结果如表 9.13 所示。

**表 9.13**                                    火灾下混合配筋混凝土梁刚度

| 试验梁编号 | 保护层厚度 $d$/mm | 受火时间 $t$/min | $B_T/B_0$ | $\beta_M$ |
|:---:|:---:|:---:|:---:|:---:|
| B4 | 30 | 30 | 0.42 | |
| | 30 | 60 | 0.28 | 0.35 |
| | 30 | 90 | 0.20 | |
| B5 | 30 | 30 | 0.42 | |
| | 30 | 60 | 0.28 | 0.40 |
| | 30 | 90 | 0.2 | |
| B6 | 30 | 30 | 0.41 | |
| | 30 | 60 | 0.23 | 0.50 |
| | 30 | 90 | — | |

$$B = \frac{M}{24f}(3l^2 - 4a^2) \qquad (9.37)$$

可以得到 $(B_T/B_0)$ 与 $\beta_M$ 的关系如图 9.39 所示,火灾下混合配筋混凝土梁的截面刚度随弯矩的增大而减小。

根据式(9.34)—式(9.36),$B_T/B_0$ 与 $E_{equT}/E_{equ}$ 呈正比关系,$E_{equT}/E_{equ}$ 表示纵筋的弹性模量衰减程度,是耐火时间 $t$ 和保护层厚度 $d$ 共同决定的变量,可以写为

$$\frac{E_{equT}}{E_{equ}} = f(t, d, A_s, A_f) \qquad (9.38)$$

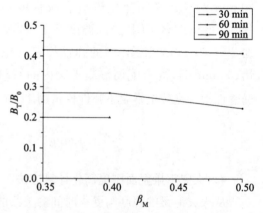

**图 9.39** $(B_T/B_0)$ 与 $\beta_M$ 的关系

可以按照截面温度计算公式[108]计算,然后根据钢筋和 GFRP 筋的高温弹性模量衰减计算公式对纵筋的弹性模量 $E_{equT}$ 进行计算,联立公式如下:

$$T = \frac{D - Ax + Bx^2 - Cx^3}{r^{0.25}} \qquad (9.39)$$

$$\frac{E_{equT}}{E_{equ}} = \frac{E_{sT}A_s + E_{fT}A_f}{E_sA_s + E_fA_f} \qquad (9.40)$$

式(9.39)的纵筋温度 $T$ 也可以根据《混凝土结构耐火设计技术规程》、Eurocode 2、BS EN 1992 等国内外耐火规范建议的截面温度场直接查找,获得不同耐火时间 $t$ 和不同保护层厚度 $d$ 下的温度数值,然后按照式(9.38)— 式(9.40),可以计算得到 $E_{equT}/E_{equ}$ 的值。

基于式(9.40),分别选取 B1~B4 在 30 min,60 min 和 90 min 的试验数据,如表 9.14 所示。$K(t)$ 可以表示为

$$K(t) = f\left(\frac{E_{equT}}{E_{equ}}\right) \qquad (9.41)$$

表 9.14　　　　　　　　　　　火灾下混合配筋混凝土梁刚度

| 试验梁编号 | 保护层厚度 $d$/mm | 受火时间 $t$/min | $B_T/B_0$ | $E_{equT}/E_{equ}$ |
|---|---|---|---|---|
| B1 | 30 | 30 | 0.39 | 0.83 |
| | 30 | 60 | 0.25 | 0.46 |
| | 30 | 90 | 0.17 | 0.33 |
| B2 | 30 | 30 | 0.41 | 0.87 |
| | 30 | 60 | 0.27 | 0.51 |
| | 30 | 90 | 0.19 | 0.37 |
| B3 | 30 | 30 | 0.44 | 0.91 |
| | 30 | 60 | 0.27 | 0.57 |
| | 30 | 90 | 0.20 | 0.41 |
| B4 | 30 | 30 | 0.42 | 0.90 |
| | 30 | 60 | 0.28 | 0.56 |
| | 30 | 90 | 0.20 | 0.40 |
| B5 | 30 | 30 | 0.42 | 0.90 |
| | 30 | 60 | 0.28 | 0.56 |
| | 30 | 90 | 0.2 | 0.40 |
| B6 | 30 | 30 | 0.41 | 0.90 |
| | 30 | 60 | 0.23 | 0.56 |
| | 30 | 90 | — | — |

火灾下混合配筋混凝土梁的刚度表达式可以写为

$$B_T = C \times K(t) \times B_0$$
$$= C \times B_0 \times f\left(\frac{E_{equT}}{E_{equ}}\right) \quad (9.42)$$

混合配筋混凝土梁 $B_T/B_0$ 与 $E_{equT}/E_{equ}$ 关系如图 9.40 所示。$B_T/B_0$ 与 $E_{equT}/E_{equ}$ 关系趋近于线性关系,可以用下式表示:

$$\frac{B_T}{B_0} = 0.43 \frac{E_{equT}}{E_{equ}} + 0.03 \quad (9.43)$$

火灾下混合配筋混凝土梁的刚度公式 $B_T/B_0 = C \times K(t)$ 可以写为

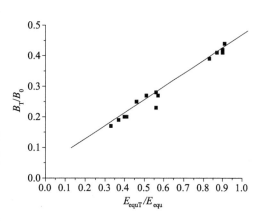

图 9.40　$B_T/B_0$ 与 $E_{equT}/E_{equ}$ 的关系

$$B_T = \left[ 0.43 \times \frac{E_{sT}(t, d)A_s + E_{fT}(t, d)A_f}{E_s A_s + E_f A_f} + 0.03 \right] \times B_0 \tag{9.44}$$

### 3. 梁截面抗弯挠度计算

#### 1) 挠度计算方法

对于火灾下混合配筋混凝土梁,在计算梁的最大挠度时,混合配筋混凝土梁沿长度方向各截面的温度可能存在不一致的情况,此时可以选择最大温度截面的温度场作为计算截面的温度;根据最小刚度原则,选择最大弯矩处的截面作为刚度计算截面,用材料力学中不考虑剪切变形影响的公式来计算挠度。对试验梁 B1~B6 的挠度进行计算,试验梁的弯矩最大处截面和温度最大处截面均为跨中截面。对于两点加载简支梁,可按照下式计算挠度:

$$\Delta = \frac{Fa}{24EI}(3l^2 - 4a^2) \tag{9.45}$$

在耐火设计中,《混凝土结构耐火设计技术规程》、Eurocode 2、BS EN 1992 等国内外耐火规范均对耐火时间 30 min,60 min,90 min 和 120 min 建议了截面等温线分布图表,可以直接查找受拉纵筋位置的温度(考虑保护层厚度的影响),考虑配筋比的影响,计算纵筋的弹性模量衰减程度 $E_{equT}/E_{equ}$。基于 9.3.3 节中火灾下混合配筋混凝土梁的挠度-时间曲线结果,在钢筋屈服前,混合配筋混凝土梁的挠度-时间关系接近于线性。

#### 2) 挠度计算方法验证

按照挠度计算公式,B1~B6 在受火时间分别为 30 min,60 min,90 min 条件下的挠度计算值如表 9.15 所示。

表 9.15                        火灾下混合配筋混凝土梁挠度

| 试验梁编号 | 保护层厚度 $d$/mm | 受火时间 $t$/min | 试验挠度 $\Delta_{exp}$/mm | 计算挠度 $\Delta_{cal}$/mm |
|---|---|---|---|---|
| B1 | 30 | 30 | 11.05 | 11.05 |
| | 30 | 60 | 17.03 | 18.65 |
| | 30 | 90 | 25.11 | 24.73 |
| B2 | 30 | 30 | 10.68 | 10.82 |
| | 30 | 60 | 16.37 | 17.43 |
| | 30 | 90 | 23.5 | 23.11 |
| B3 | 30 | 30 | 10.16 | 10.47 |
| | 30 | 60 | 16.17 | 16.03 |
| | 30 | 90 | 22.54 | 21.26 |
| B4 | 30 | 30 | 10.59 | 10.69 |
| | 30 | 60 | 16.27 | 16.50 |
| | 30 | 90 | 22.42 | 21.89 |

（续表）

| 试验梁编号 | 保护层厚度<br>$d$/mm | 受火时间<br>$t$/min | 试验挠度<br>$\Delta_{exp}$/mm | 计算挠度<br>$\Delta_{cal}$/mm |
|---|---|---|---|---|
| B5 | 30 | 30 | 11.61 | 11.74 |
| | 30 | 60 | 17.6 | 18.12 |
| | 30 | 90 | 23.57 | 24.03 |
| B6 | 30 | 30 | 13.33 | 13.24 |
| | 30 | 60 | 24.16 | 20.44 |
| | 30 | 90 | — | — |

　　基于火灾下混合配筋混凝土梁的挠度数据，火灾下 B1～B6 的挠度计算结果按照线性关系可以得到火灾下混合配筋混凝土梁的挠度-时间曲线，如图 9.41 所示。前文建议的挠度计算公式计算的是受拉钢筋屈服前的挠度，所以受火时间计算到 90 min（B6 的受火时间计算到 60 min）。

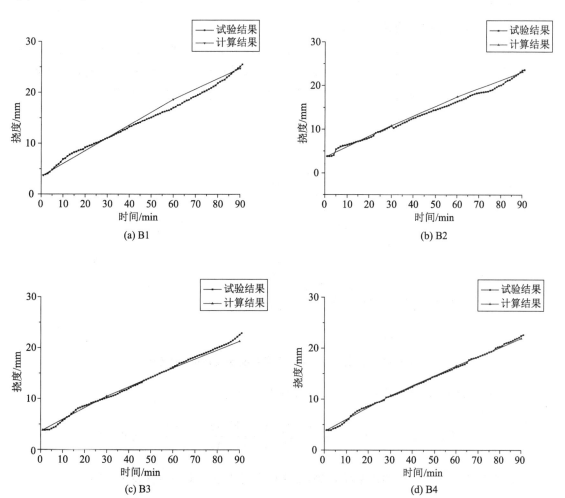

(a) B1　　　　　　　　　　　　　　　　(b) B2

(c) B3　　　　　　　　　　　　　　　　(d) B4

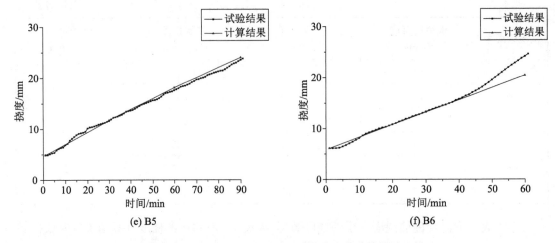

图 9.41　试验梁挠度-时间曲线试验结果与计算结果比较

根据图 9.41 对火灾下混合配筋混凝土梁的挠度计算值与试验值对比发现,计算值与试验值吻合较好。

**3) 受拉钢筋屈服后的挠度计算**

随着受火时间的增长,梁截面抗弯刚度逐渐衰减,当受拉钢筋达到屈服时,梁截面抗弯刚度会发生突变性衰减,从实测的梁的挠度 $\Delta$-受火时间 $t$ 曲线可以判断,在受火时间达到 $t_y$ 时,受拉钢筋屈服截面抗弯刚度发生突变,根据 $\Delta$-$t$ 曲线可以得到 $B$-$t$ 曲线(图 9.42)。

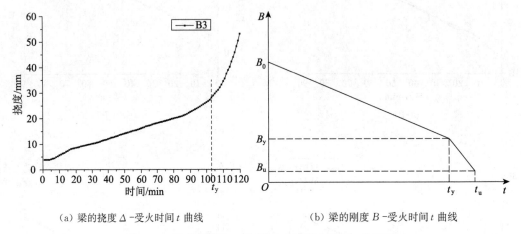

(a) 梁的挠度 $\Delta$-受火时间 $t$ 曲线　　　　(b) 梁的刚度 $B$-受火时间 $t$ 曲线

图 9.42　受火梁挠度 $\Delta$ 和刚度 $B$ 随受火时间 $t$ 的变化

$B_y$ 可以按照当钢筋应力达到 $f_{yT}$ 时求出(表 9.16):

$$B_y = B_T(f_{yT}) = \left[0.43 \times \frac{E_{sT}(t=t_y)A_s + E_{fT}(t=t_y)A_f}{E_s A_s + E_f A_f} + 0.03\right] \times B_0 \quad (9.46)$$

如果梁出现图 9.42 中明确衰减趋势,说明梁在受火过程中一直保持为适筋梁。

**表 9.16** 受拉钢筋屈服时混合配筋混凝土梁刚度

| 试验梁编号 | 保护层厚度 $d$/mm | 钢筋屈服时间 $t$/min | $B_y$/($\times 10^3$ kN · m$^2$) |
|---|---|---|---|
| B1 | 30 | 93 | 0.70 |
| B2 | 30 | 95 | 0.74 |
| B3 | 30 | 103 | 0.76 |
| B4 | 30 | 107 | 0.72 |
| B5 | 30 | 92 | 0.80 |
| B6 | 30 | 65 | 0.99 |

适筋梁在承载力极限状态下的截面应力简化图形如图 9.43 所示。梁达到承载力极限状态时,受压区混凝土大部分达到了混凝土的抗压强度,应力分布情况接近于常温下受压区混凝土的应力分布,从混合配筋混凝土梁的耐火试验结果可知,梁截面上部区域温度升高缓慢,这部分混凝土的温度可以保持在一个较低的状态,计算时可以认为这部分混凝土强度近似等于常温状态下的强度,即可以近似认为 $f_{cT} = f_c$。

$$\phi_u = \frac{0.003\ 3}{x_T} \tag{9.47}$$

$$B_u = \frac{M}{\phi_u} = \frac{Mx_T}{0.003\ 3} = \frac{M(A_s f_{yT} + A_f f_{fT})}{0.003\ 3\beta_1 b f_c} \tag{9.48}$$

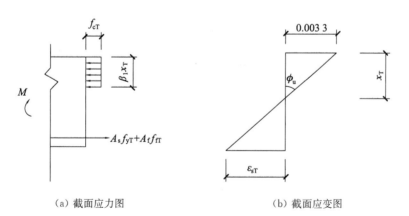

（a）截面应力图　　　　　　　　　（b）截面应变图

**图 9.43　承载力极限状态下的截面应力、应变图**

由于钢筋在高温下的流限台阶不明显,从 $\Delta$-$t$ 曲线可以看出,当钢筋屈服后,到梁截面极限破坏前的阶段,梁截面的抗弯刚度呈递减趋势,设:

$$B_{yu} = K(t)B_y \tag{9.49}$$

显然 $K(t)$ 是与 $A_s f_{yT} + A_f f_{fT}$ 相关的函数,受拉钢筋屈服后某一时间下纵筋总的拉力 $f_{yu}$ 与受拉钢筋屈服时纵筋总的拉力 $f_{yt}$ 的比值如表 9.17 所示。表中: $f_{yu} = A_s f_{yT}(t_y \leqslant t \leqslant t_u) + A_f f_{fT}(t_y \leqslant t \leqslant t_u)$, $f_{yt} = A_s f_{yT}(t = t_y) + A_f f_{fT}(t = t_y)$。

**表 9.17** 钢筋屈服后混合配筋混凝土梁刚度

| 试验梁编号 | 保护层厚度 $d/\mathrm{mm}$ | 钢筋屈服时间 $t/\mathrm{min}$ | 受火时间 $t/\mathrm{min}$ | $B_{yu}/B_y$ | $f_{yu}/f_{yt}$ |
|---|---|---|---|---|---|
| B1 | 30 | 93 | 110 | 0.308 | 0.935 |
| B2 | 30 | 95 | 110 | 0.322 | 0.936 |
| B3 | 30 | 103 | 110 | 0.416 | 0.965 |
| B4 | 30 | 107 | 110 | 0.574 | 0.988 |
| B5 | 30 | 92 | 110 | 0.343 | 0.915 |
| B6 | 30 | 65 | 90 | 0.273 | 0.856 |

根据试验梁的 $\Delta$-$t$ 曲线,计算 $B_{yu}$ 值。

受火混合配筋混凝土梁的受拉钢筋屈服后的挠度 $\Delta$ 计算:

$$\Delta = \Delta_y + \Delta_{yu\text{-}y} \tag{9.50}$$

$$\Delta_v\theta = (\phi_{yu} - \phi_y) \times \frac{l_b}{2} = \left(\frac{M}{B_{yu}} - \frac{M}{B_y}\right) \times \frac{l_b}{2} \tag{9.51}$$

$\Delta_{yu\text{-}y}$ 的计算示意图如图 9.44 所示。

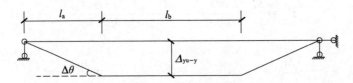

**图 9.44** $\Delta_{yu\text{-}y}$ 的计算示意图

$$\Delta_{yu\text{-}y} = \Delta_v\theta l_a \tag{9.52}$$

可得

$$B_{yu} = \frac{M}{2(\Delta - \Delta_y)/(l_a \times l_b) + M/B_y} \tag{9.53}$$

各试验梁的 $B_{yu}/B_y$ 值见表 9.17,对 $B_{yu}$ 进行拟合,得 $B_{yu} = [39.41(f_{yu}/f_{yt} - 0.86)^2 + 0.23]B_y$,拟合曲线如图 9.45 所示。

根据钢筋屈服后火灾下混合配筋混凝土梁的挠度计算公式,对试验梁的挠度进行计算,如表 9.18 所示。

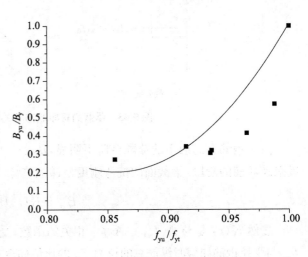

**图 9.45** $B_{yu}/B_y$ 与 $f_{yu}/f_{yt}$ 的关系

**表9.18**　　　　　　　　　　　　　试验梁钢筋屈服后的总挠度值

| 试验梁编号 | 加载梁受火时间 $t$/min | $\Delta$ 试验值 /mm | $\Delta$ 计算值 /mm | $\Delta$ 试验值/$\Delta$ 计算值 |
|---|---|---|---|---|
| B1 | 113 | 52.35 | 47.49 | 1.10 |
| B2 | 116 | 53.95 | 49.49 | 1.09 |
| B3 | 120 | 53.14 | 45.03 | 1.18 |
| B4 | 120 | 34.3 | 37.94 | 0.90 |
| B5 | 115 | 53.49 | 58.97 | 0.91 |
| B6 | 95 | 51.38 | 46.78 | 1.10 |

从表9.18可以看到,计算挠度值和试验挠度值比较接近。

## 9.3.5　火灾下混合配筋混凝土梁受弯性能分析

### 1. 火灾下混合配筋混凝土梁截面抗弯性能分析的基本假定

对于高温条件下的混合配筋混凝土梁,可以基于以下假定条件进行破坏模式分析和抗弯承载力分析:

(1) 平截面假定仍适用。

(2) 假定 FRP 筋与混凝土黏结良好,同一位置处的钢筋和 FRP 筋应变相同。

(3) 开裂后不考虑混凝土抗拉作用。

(4) 高温下受压区混凝土应力图形可以按照常温下受压区混凝土应力图形计算。

(5) 各组成材料的应力-应变关系模型已知。

(6) 混凝土极限压应变 $\varepsilon_{cu}$ 取 0.003 3。

### 2. 火灾下混合配筋混凝土梁的破坏模式与界限配筋率

在火灾过程中,适筋破坏是耐火设计希望的破坏模式,但是在高温作用下,混凝土强度、钢筋屈服强度、钢筋弹性模量、GFRP 筋极限强度、GFRP 筋弹性模量均会发生不同程度的衰减,梁的破坏模式可能会发生变化,需要在设计中考虑这种情况,避免梁的破坏模式出现变化。

#### 1) 高温条件下超筋破坏和适筋破坏的界限

火灾下,超筋破坏和适筋破坏的界限是指:高温下配筋率改变至某一界限值时,在受拉钢筋达到屈服的同时,受压区边缘混凝土刚好达到极限压应变而破坏。此时的界限破坏截面应变分布如图 9.46 所示。

根据图 9.46,超筋破坏和适筋破坏的界限相对于受压区的高度可以按照下式进行计算:

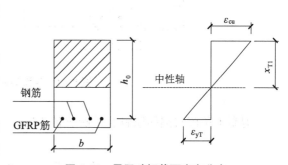

**图 9.46　界限破坏截面应变分布**

$$\xi_{\text{b1T}} = \frac{\beta_1 x_{\text{T1}}}{h_0} = \frac{\beta_1 \varepsilon_{\text{cu}}}{\varepsilon_{\text{cu}} + \varepsilon_{\text{yT}}} = \frac{\beta_1}{1 + f_{\text{yT}} / (E_{\text{sT}} \varepsilon_{\text{cu}})} \tag{9.54}$$

**2) 高温条件下适筋破坏和少筋破坏的界限**

火灾下,适筋破坏和少筋破坏的界限是指:高温下配筋率改变至某一界限值时,在受拉 FRP 筋被拉断的同时,受压区边缘混凝土刚好达到极限压应变而破坏。此时的界限破坏截面应变分布如图 9.47 所示。

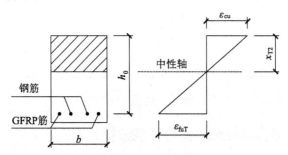

**图 9.47 界限破坏截面应变分布**

根据图 9.47,适筋破坏和少筋破坏的界限相对于受压区的高度可以按照下式计算:

$$\xi_{\text{b2T}} = \frac{\beta_1 x_{\text{T2}}}{h_0} = \frac{\beta_1 \varepsilon_{\text{cu}}}{\varepsilon_{\text{cu}} + \varepsilon_{\text{fuT}}} = \frac{\beta_1}{1 + f_{\text{fuT}} / (E_{\text{fT}} \varepsilon_{\text{cu}})} \tag{9.55}$$

假定在高温条件下,FRP 筋极限应变 $\varepsilon_{\text{fuT}}$ 大于钢筋屈服应变 $\varepsilon_{\text{yT}}$,则 $\xi_{\text{b1T}} > \xi_{\text{b2T}}$。 在火灾下,混合配筋混凝土梁截面的相对中和轴高度 $\xi_{\text{nT}} = x_{\text{T}} / h_0$。 当 $\xi_{\text{nT}} > \xi_{\text{b1T}}$ 时,混合配筋混凝土梁趋于发生超筋破坏;当 $\xi_{\text{nT}} < \xi_{\text{b2T}}$ 时,混合配筋混凝土梁趋于发生少筋破坏;当 $\xi_{\text{b2T}} < \xi_{\text{nT}} < \xi_{\text{b1T}}$ 时,混合配筋混凝土梁趋于发生适筋破坏。

混凝土受压区等效矩形应力分布如图 9.48 所示。

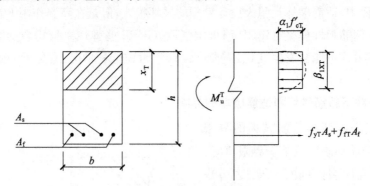

**图 9.48 截面等效矩形应力图**

混凝土压碎与钢筋屈服的平衡配筋率为

$$\rho_f \frac{E_{\text{fT}}}{E_{\text{sT}}} f_{\text{yT}} + \rho_s f_{\text{yT}} = \alpha_1 \beta_1 f'_{\text{cT}} \left( \frac{\varepsilon_{\text{cu}}}{\varepsilon_{\text{cu}} + \varepsilon_{\text{yT}}} \right) \tag{9.56}$$

混凝土压碎与 FRP 筋拉断的平衡配筋率为

$$\rho_f f_{fuT} + \rho_s f_{yT} = \alpha_1 \beta_1 f'_{cT} \left( \frac{\varepsilon_{cu}}{\varepsilon_{cu} + \varepsilon_{fuT}} \right) \tag{9.57}$$

根据混合配筋混凝土梁适筋破坏的要求 $\xi_{b2T} < \xi_{nT} < \xi_{b1T}$，配筋率需要满足以下条件式：

$$\rho_{(sf, f)T} = \rho_f + \frac{f_{yT}}{f_{fuT}} \rho_s \geqslant \frac{\alpha_1 \beta_1 f'_{cT}}{f_{fuT}} \left( \frac{\varepsilon_{cu}}{\varepsilon_{cu} + \varepsilon_{fuT}} \right) = \rho_{(f, b)T} \tag{9.58}$$

$$\rho_{(sf, s)T} = \rho_s + \frac{E_{fT}}{E_{sT}} \rho_f \leqslant \frac{\alpha_1 \beta_1 f'_{cT}}{f_{yT}} \left( \frac{\varepsilon_{cu}}{\varepsilon_{cu} + \varepsilon_{yT}} \right) = \rho_{(s, b)T} \tag{9.59}$$

将上式进行整理可以得到：

$$\rho_{(sf, f)T} = \frac{f_{yT} A_s + f_{fuT} A_f}{f_{fuT} bh_0} \geqslant \frac{\alpha_1 \beta_1 f'_{cT}}{f_{fuT}} \left( \frac{E_{fT} \varepsilon_{cu}}{E_{fT} \varepsilon_{cu} + f_{fuT}} \right) = \rho_{(f, b)T} \tag{9.60}$$

$$\rho_{(sf, s)T} = \frac{E_{sT} A_s + E_{fT} A_f}{E_{sT} bh_0} \leqslant \frac{\alpha_1 \beta_1 f'_{cT}}{f_{yT}} \left( \frac{E_{sT} \varepsilon_{cu}}{E_{sT} \varepsilon_{cu} + f_{yT}} \right) = \rho_{(s, b)T} \tag{9.61}$$

火灾下混合配筋混凝土梁的破坏模式判断方法如表 9.19 所示。

**表 9.19　　　　　　　　　火灾下混合配筋混凝土梁破坏模式判断**

| 破坏模式 | 控制条件 |
|---|---|
| 超筋破坏 | $\rho_{(sf, s)T} > \rho_{(s, b)T}$ |
| 适筋破坏 | $\rho_{(sf, s)T} \leqslant \rho_{(s, b)T}$ 且 $\rho_{(sf, f)T} \geqslant \rho_{(f, b)T}$ |
| 少筋破坏 | $\rho_{(sf, f)T} < \rho_{(f, b)T}$ |

在火灾过程中，截面的温度并不一致，截面不同位置混凝土的强度衰减情况不同，为了简化计算的难度，混合配筋混凝土梁截面的混凝土强度按照 BS EN 1992[108] 规范中提出的混凝土低于 500℃时的高温抗压强度同常温抗压强度，而高于 500℃的区域强度为零。

对试验梁的破坏模式通过理论计算的方法进行判断，如表 9.20 所示，高温作用下，B1～B6 的破坏模式为适筋破坏。

**表 9.20　　　　　　　　　　高温下梁的破坏模式判断**

| 试验梁编号 | $\rho_{(sf, s)T}$ | $\rho_{(sf, f)T}$ | $\rho_{(s, b)T}$ | $\rho_{(f, b)T}$ | 破坏模式判断 |
|---|---|---|---|---|---|
| B1 | 0.008 0 | 0.023 0 | 0.084 6 | 0.020 8 | $\rho_{(sf, s)T} \leqslant \rho_{(s, b)T}$ 且 $\rho_{(sf, f)T} \geqslant \rho_{(f, b)T}$ |
| B2 | 0.009 8 | 0.020 6 | 0.088 9 | 0.019 4 | $\rho_{(sf, s)T} \leqslant \rho_{(s, b)T}$ 且 $\rho_{(sf, f)T} \geqslant \rho_{(f, b)T}$ |
| B3 | 0.014 2 | 0.016 1 | 0.073 3 | 0.008 1 | $\rho_{(sf, s)T} \leqslant \rho_{(s, b)T}$ 且 $\rho_{(sf, f)T} \geqslant \rho_{(f, b)T}$ |
| B4 | 0.011 8 | 0.015 9 | 0.065 7 | 0.007 6 | $\rho_{(sf, s)T} \leqslant \rho_{(s, b)T}$ 且 $\rho_{(sf, f)T} \geqslant \rho_{(f, b)T}$ |
| B5 | 0.011 8 | 0.015 4 | 0.068 2 | 0.007 4 | $\rho_{(sf, s)T} \leqslant \rho_{(s, b)T}$ 且 $\rho_{(sf, f)T} \geqslant \rho_{(f, b)T}$ |
| B6 | 0.011 8 | 0.014 4 | 0.073 1 | 0.007 3 | $\rho_{(sf, s)T} \leqslant \rho_{(s, b)T}$ 且 $\rho_{(sf, f)T} \geqslant \rho_{(f, b)T}$ |

### 3. 火灾下混合配筋混凝土梁的抗弯承载力计算方法

根据混合配筋混凝土梁的耐火试验结果可知,三面受火的混合配筋混凝土梁在火灾试验过程中,梁截面上部区域温度升高缓慢,这部分混凝土的温度可以保持在一个较低的状态,可以认为这部分混凝土强度近似等于常温状态下的强度。混合配筋混凝土梁侧面很大部分的最高温度约为500℃,在实际火灾中,楼板一般可以对梁的侧面起到一定的保护作用,抑制梁侧面受压区混凝土温度的升高,计算时可以忽略对混合配筋混凝土梁侧面尺寸的折减。

根据陆洲导[102]的研究发现,高温对钢筋的屈服应变影响很小;根据王晓璐[109]的 GFRP 筋高温材料性能试验结果发现,温度低于 400℃时,GFRP 筋的极限应变变化较小。根据高温下钢筋材料性能折减公式和 Bisby[101]对高温下 GFRP 筋材料性能折减公式,对高温下钢筋的屈服应变和 GFRP 筋的极限拉应变进行比较,可以发现,火灾下混合配筋混凝土梁的抗弯承载力计算时,可以认为 GFRP 筋的极限拉应变要大于钢筋的屈服拉应变。

#### 1)适筋梁

高温下混合配筋混凝土梁截面抗弯承载力极限状态下截面应力如图 9.49 所示。

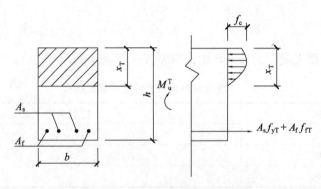

**图 9.49　极限状态下截面应力图**

根据《混凝土结构设计规范》[GB 50010—2010(2015)]建议的钢筋混凝土梁正截面抗弯承载力分析方法,将混合配筋混凝土的受压区混凝土应力采用等效矩形应力图法进行计算,如图 9.50 所示。

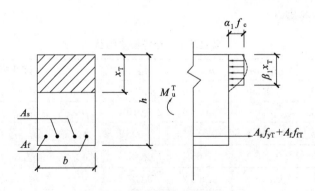

**图 9.50　截面等效矩形应力图**

混凝土的应变和纵筋的应变关系如图 9.51 所示。

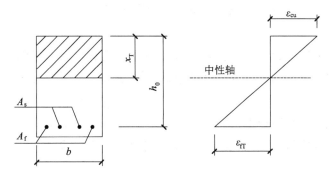

**图 9.51　混凝土的应变和纵筋的应变关系**

在假定中认为,同一位置处的钢筋和 FRP 筋应变相同,故 $\varepsilon_{fT} = \varepsilon_{sT}$。根据图 9.51 可以建立纵筋应变 ($\varepsilon_{fT}$, $\varepsilon_{sT}$) 与受压区混凝土边缘应变 ($\varepsilon_{cu}$) 的关系式:

$$\frac{x_T}{h_0 - x_T} = \frac{\varepsilon_{cu}}{\varepsilon_{fT}} \tag{9.62}$$

在高温条件下,根据截面的内力平衡,可以建立纵筋合力与受压区混凝土合力的关系式:

$$\alpha_1 f_c \beta_1 x_T b = A_f f_{fT} + A_s f_{yT} \tag{9.63}$$

将式(9.62)、式(9.63)进行联立,可以得到高温条件下受拉区 FRP 筋的应力 $f_{fT}$ 的取值:

$$f_{fT} = \sqrt{\frac{1}{4}\left(\frac{A_s f_{yT}}{A_f} + E_{fT}\varepsilon_{cu}\right)^2 + \left(\frac{\alpha_1\beta_1 f_c}{\rho_f} - \frac{A_s f_{yT}}{A_f}\right)E_{fT}\varepsilon_{cu}} - \frac{1}{2}\left(\frac{A_s f_{yT}}{A_f} + E_{fT}\varepsilon_{cu}\right) \tag{9.64}$$

受拉区 FRP 筋的应力 $f_{fT}$ 的取值不大于 FRP 筋的极限抗拉强度 $f_{cuT}$,即 $f_{fT} \leqslant f_{cuT}$。

以纵筋合力对受压区混凝土合力点取矩,可以得到混合配筋混凝土梁的抗弯承载力 $M_u^T$:

$$M_u^T = (A_f f_{fT} + A_s f_{yT})\left(\frac{h_0 - \beta_1 x_T}{2}\right) \tag{9.65}$$

将式(9.64)、式(9.65)进行联立,可得:

$$M_u^T = (\rho_f f_{fT} + \rho_s f_{yT})\left(1 - 0.5\frac{\rho_f f_{fT} + \rho_s f_{yT}}{\alpha_1 f_c}\right)bh_0^2 \tag{9.66}$$

式中,$\alpha_1$ 和 $\beta_1$ 按《混凝土结构设计规范》[GB 50010—2010(2015)]取值:当混凝土强度等级不超过 C50 时,取 $\alpha_1 = 1.0$ 和 $\beta_1 = 0.8$;当混凝土强度等级为 C80 时,取 $\alpha_1 = 0.94$ 和 $\beta_1 = 0.74$;其间按线性插值法确定。$\rho_s = A_s/(bh_0)$,$\rho_f = A_f/(bh_0)$,其中,$A_s$ 为钢筋面积;$A_f$ 为

FRP 筋面积；$b$，$h_0$ 分别为截面宽度和有效高度。$\varepsilon_{yT}$，$f_{yT}$ 分别为火灾下钢筋的屈服应变和屈服强度。$f_c$ 为混凝土抗压强度。$\varepsilon_{cu}$ 为混凝土极限压应变。

**2）少筋梁**

结构工程中一般要避免出现少筋梁，然而火灾下钢筋和 GFRP 筋的强度衰减较大，结构中也可能出现少筋梁的情况，在耐火设计中需要考虑火灾下混合配筋混凝土梁的少筋梁情况。

对于火灾下混合配筋混凝土梁的少筋破坏，较为保守的极限弯矩可按照少筋梁和适筋梁的界限受压区高度取值，即按照混凝土刚好达到极限应变的情况：

$$M_u^T = (f_{fyT}A_f + f_{yT}A_s)\left[1 - \frac{\beta_1\varepsilon_{cu}}{2(\varepsilon_{cu} + \varepsilon_{fyT})}\right]h_0 \tag{9.67}$$

加拿大规范 CSA – S806-02[8] 建议：GFRP 筋在持续使用荷载下的最大应变不应超过 0.002。式（9.67）可以近似按照下式进行计算：

$$M_u^T = (f_{fyT}A_f + f_{yT}A_s)(1 - 0.3\beta_1)h_0 \tag{9.68}$$

**3）超筋梁**

在工程中，超筋梁的钢筋强度不能充分利用，一般不会采用，然而在截面分析或强度复核中是有可能遇到的。在火灾的影响下，按照 BS EN 1992 规范中提出的混凝土低于 500℃ 时的高温抗压强度同常温抗压强度，而高于 500℃ 的区域强度为零判断受压区混凝土强度，对火灾下混合配筋混凝土超筋梁抗弯承载力进行计算，主要是考虑按照混凝土常温抗压强度计算得到的受压区混凝土有一部分区域温度超过了 500℃ 的情况，导致无法满足公式应用条件，即

$$x_T = \frac{A_f f_{fT} + A_s f_{yT}}{\alpha_1 f_c \beta_1 b} > x_{500℃} \tag{9.69}$$

此时可以按照 $x_T = x_{500℃}$ 进行计算，即认为，在钢筋未达到屈服强度时，受压区混凝土先出现破坏，受压区混凝土面积取为 500℃ 内的面积，强度为常温状态下的强度。混合配筋混凝土截面等效矩形应力图如图 9.52 所示。

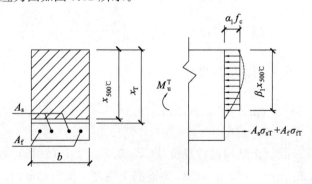

**图 9.52　截面等效矩形应力图**

混合配筋混凝土梁的极限抗弯承载力可按照受压区混凝土的强度进行计算：

$$M_u^T = \alpha_1 f_c \beta_1 x_{500℃} b \left( h_0 - \frac{\beta_1 x_{500℃}}{2} \right) \tag{9.70}$$

**4) 抗弯承载力试验结果和计算结果对比分析**

根据以上提出的高温条件下混合配筋混凝土梁的抗弯承载力计算方法可知，当钢筋的强度达到屈服值，就可以近似地认为混合配筋混凝土梁达到了抗弯承载力极限状态，根据 B1～B6 的挠度变化，可以获得试验梁的钢筋屈服时间（表 9.21），即为混合配筋混凝土梁达到抗弯承载力极限的时间，可以作为耐火极限时间 $t_{cal}$ 的取值。

表 9.21　　　　　　　　　　试验梁钢筋屈服时间

| 试验梁编号 | B1 | B2 | B3 | B4 | B5 | B6 |
|---|---|---|---|---|---|---|
| 钢筋屈服时间/min | 93 | 95 | 103 | 107 | 92 | 65 |

根据表 9.21 所示钢筋屈服时间和火灾下混合配筋混凝土梁抗弯承载力计算公式，可以计算获得 B1～B6 的抗弯承载力极限值，将试验抗弯承载力和理论计算结果进行比较，如表 9.22 所示。从表中可以看到，计算抗弯承载力和试验抗弯承载力比较接近，计算公式可以用于混合配筋混凝土梁的耐火承载力计算。

表 9.22　　　　　　　　　　试验梁承载力计算结果

| 试验梁编号 | 耐火时间/min | 计算抗弯承载力 $M_{ucal}^T/(kN \cdot m)$ | 试验抗弯承载力 $M_{uexp}^T/(kN \cdot m)$ | $M_{ucal}^T/M_{uexp}^T$ |
|---|---|---|---|---|
| B1 | 93 | 28.00 | 29.08 | 0.96 |
| B2 | 95 | 27.28 | 29.08 | 0.94 |
| B3 | 103 | 32.61 | 29.08 | 1.12 |
| B4 | 107 | 30.15 | 29.08 | 1.04 |
| B5 | 92 | 33.27 | 33.08 | 1.01 |
| B6 | 65 | 44.24 | 41.08 | 1.08 |

根据 ASTM[94] 规定：梁上施加的荷载超过梁的承载力时，梁达到耐火极限。根据火灾试验下混合配筋混凝土梁的挠度增加速度变化，选择钢筋屈服的时间为耐火极限时间。按照承载力计算试验梁的耐火极限时间和按照挠度判断的耐火极限时间如表 9.23 所示，以承载力为依据计算获得的试验梁的耐火极限时间要比以挠度限值为依据试验获得的试验梁的耐火极限时间短，这是因为按照承载力计算时只考虑到钢筋的屈服阶段，对于混合配筋混凝土梁，在钢筋屈服后，混合配筋混凝土梁可以经历一定的塑性变形，钢筋和 GFRP 筋的应力均可以有一定的增加，所以，按照高温下混合配筋混凝土梁的承载力计算耐火极限时间相对偏保守。

**表 9.23**                                    **试验梁耐火极限时间计算结果**

| 试验梁编号 | 按照承载力计算的耐火极限时间 $t_{cal}/\text{min}$ | 按照挠度判断的耐火极限时间 $t_{exp}/\text{min}$ |
|:---:|:---:|:---:|
| B1 | 93 | 113 |
| B2 | 95 | 116 |
| B3 | 103 | >120 |
| B4 | 107 | >120 |
| B5 | 92 | 115 |
| B6 | 65 | 97 |

## 9.4 混合配筋混凝土梁耐火分析

### 9.4.1 混合配筋混凝土梁耐火极限时间分析

#### 1. 耐火极限时截面抗弯能力的允许衰减系数 [K]

混合配筋混凝土构件的耐火等级由工程性质决定，相应构件的实际耐火时间 $T_s$ 取决于构件的荷载水平、纵向拉筋抗力的衰减速度以及混凝土保护层厚度。

截面的设计抗弯能力与实际抗弯能力是有差别的，一是材料强度设计值与材料强度特征值之间有一个材料分项系数，一般取为 1.15；二是筋材极限强度值与其强度特征值之间有一个比值，约为 1.5，这样截面的实际极限抗弯能力可能是设计抗弯能力的 $1.15 \times 1.5 = 1.725$ 倍。火灾发生时，一般认为是在正常使用荷载作用下，按照中国规范的基本组合，正常使用荷载与设计荷载的比值约为 0.65，按照 ACI 318-11 基本组合情况下，正常使用荷载与设计荷载的比值约为 0.60。受火后，截面的抗弯能力下降多少，才能保证梁不溃塌呢？即耐火极限时截面抗弯能力的允许衰减系数 [K] 为多少？

由于火灾属于偶然荷载，可以不考虑安全储备，这样可以获得截面的允许抗弯能力衰减系数 [K] 的取值：

$$[K] = \frac{0.60 \sim 0.65}{1.15 \times 1.5} = 0.348 \sim 0.377 \tag{9.71}$$

显然，[K] 的取值越大，对火灾下最小抗弯承载力要求越高，火灾下建筑物越安全，本节将截面的允许抗弯能力衰减系数 [K] 取为 0.35。

#### 2. 混合配筋混凝土梁受火时的抗力衰减

混凝土梁截面在承载力极限状态下的截面应力图可以用图 9.53 表示。

混合配筋混凝土梁在高温下的抗弯承载力可以根据式(9.72)、式(9.73)计算。

$$M_u = f_{cT} b x \left( h_0 - \frac{x}{2} \right) + f'_{sT} A'_s (h_0 - a'_s) \tag{9.72}$$

$$f_{cT}bx + f'_{sT}A'_s - f_{yT}A_s - f_{FT}A_F = 0 \qquad (9.73)$$

显然,火灾期的抗力是随着火灾时间的增加而不断降低,其取决于 $f_{cT}$,$f_{FT}$,$f_{sT}$,$f'_{sT}$,一般认为 $M_u$ 的衰减大小与

$$\frac{(A_s f_y + A_F f_F) - (A_s f_{sT} + A_F f_{FT})}{A_s f_y + A_F f_F}$$ 近似成正比例关系。

钢筋和 FRP 筋的力学性能随着温度的升高会出现不同程度的衰减,而混凝土本身不是热量的良导体,热量由外向内的传递需要一个过程,混凝土梁内部距离边界越远的点,同一时间下其温度越低,所以保护层厚度对钢筋和 FRP 筋的温度有很大的影响。

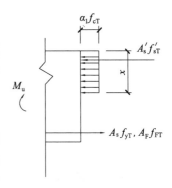

图 9.53　承载力极限状态下的截面应力图

Desai[110]通过英国标准升温曲线、ASTM E119 标准升温曲线和他的试验结果及其他人的研究结果,提出了计算三面受火矩形梁截面的升温曲线表达式:

$$T = (D - Ax + Bx^2 - Cx^3)/r^{0.25} \qquad (9.74)$$

式中, $A = 3.33[3 + 0.003\,3t + (100 - t)/b]$; $B = 0.085$; $C = 0.000\,221$; $D = 475r^{7/12} - (b - 105t^{1/3})$。 其中, $b$ 为梁截面宽度(mm); $r$ 为梁截面的高宽比; $x$ 为纵筋与底面的距离(mm); $t$ 为受火时间(min)。

从式(9.74)可以看到,混合配筋混凝土梁的纵筋温度随着受火时间的增加而升高,随着混凝土保护层厚度的增加而降低。显然,钢筋和 FRP 筋的温度是由耐火时间要求、混合配筋混凝土梁截面尺寸和保护层厚度决定。钢筋和 FRP 筋的高温力学性能不同,在对混合配筋混凝土梁在高温作用下的纵筋强度衰减计算中,需要对钢筋和 FRP 筋的强度衰减分别进行计算。

### 3. 混合配筋混凝土梁纵筋拉力衰减的计算

混合配筋混凝土梁比较理想的破坏形式是适筋破坏。在火灾下,环境温度的快速升高会导致 GFRP 筋强度的快速降低,混合配筋混凝土梁的破坏形式很容易变成钢筋已经屈服、GFRP 筋的应力超过允许拉应力,最后发生 GFRP 筋和钢筋相继被拉断的突然性破坏。

由于纵筋是由钢筋和 FRP 筋共同组成的,假定纵筋与混凝土黏结良好,同一位置处的钢筋和 FRP 筋应变相同,如图 9.54 所示,为了得到混合配筋梁的纵筋衰减系数,通过等强度代换原则进行计算。在受火过程中,截面的抗弯能力逐渐衰减,其衰减程度可以近似根据纵筋抗拉能力的衰减程度来计算。

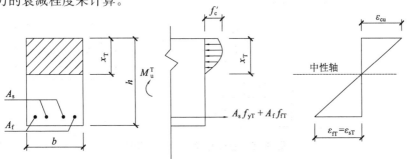

图 9.54　高温下混合配筋混凝土梁截面应力图

$$f = \frac{f_y(A_s + E_f A_f / E_s)}{A_s + A_f} \tag{9.75}$$

$$f_T = \frac{K_s f_y [A_s + K_{fE} E_f A_f / (K_{sE} E_s)]}{A_s + A_f} \tag{9.76}$$

$$K = \frac{f_T}{f} = \frac{K_s [A_s + K_{fE} E_f A_f / (K_{sE} E_s)]}{A_s + E_f A_f / E_s} \tag{9.77}$$

式中，$f$ 为常温下混合配筋梁纵筋的等效强度；$f_T$ 为高温下混合配筋梁纵筋的等效强度；$K$ 为高温下混合配筋梁纵筋的衰减系数；$K_s$，$K_{sE}$ 分别为高温下钢筋屈服强度和弹性模量衰减系数；$K_f$，$K_{fE}$ 分别为高温下 GFRP 筋强度和弹性模量衰减系数。

### 4. 截面耐火极限时间的计算

在火灾发生时，要保证建筑物能够达到要求的耐火时间 $[T]$ 而不坍塌，即要求建筑物的主要承重构件在过火后延续 $[T]$ 时间，构件的承载力衰减到仍能够承担正常使用荷载，衰减程度用纵筋允许衰减系数 $[K]$ 表示。求混合配筋混凝土梁的耐火时间，就是求 $K = [K]$ 时，所经历的受火时间 $t$，$t$ 的计算流程如图 9.55 所示。

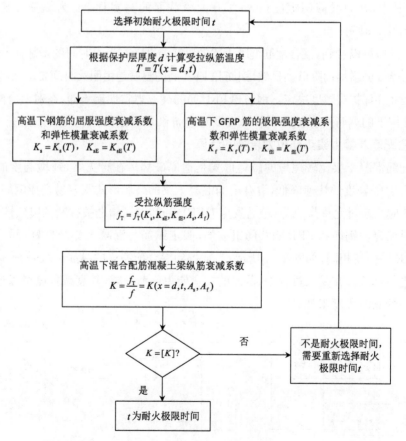

图 9.55　受火时间 $t$ 的计算框图

### 9.4.2 耐火极限时间计算分析

#### 1. 耐火极限时间试验结果与计算结果对比

按照图 9.55 的方法对混合配筋混凝土试验梁的耐火时间进行计算,计算结果列于表 9.24。

表 9.24                                        试验梁耐火极限时间

| 试验梁编号 | 试验梁的实际 $K$ 值 | 试验耐火极限时间/min | 按 $K$ 计算耐火极限时间/min | $[K]=0.35$,计算耐火极限时间/min | $[K]=0.5$,计算耐火极限时间/min |
|---|---|---|---|---|---|
| B1 | 0.25 | 113 | 104 | 54 | 43 |
| B2 | 0.25 | 116 | 120 | 67 | 47 |
| B3 | 0.25 | >120 | >120 | 83 | 52 |
| B4 | 0.25 | >120 | >120 | 80 | 50 |
| B5 | 0.28 | 116 | 120 | 80 | 50 |
| B6 | 0.35 | 97 | 80 | 80 | 50 |

BS 8110-2[85] 对于钢筋混凝土梁的纵筋强度衰减,认为当钢筋屈服时,钢筋混凝土梁失效,建议钢筋强度衰减至 50% 为允许衰减系数。本节是基于火灾属于偶然作用,只要保证火灾过程中建筑物不出现倒塌的情况,采用"小火不坏,中火可修,大火不倒"中"大火不倒"的思路,认为当钢筋达到极限强度时,混合配筋混凝土梁失效,即建议 $[K]=0.35$。$[K]$ 的选择对耐火极限时间的计算影响很大。

#### 2. 耐火极限时间算例对比分析

**算例一**:混合配筋梁相同配筋比下,不同保护层厚度的耐火极限时间

为了研究混合配筋混凝土梁耐火的混凝土有效保护层厚度,将截面尺寸为 200 mm×300 mm 的混合配筋混凝土梁作为研究对象,高宽比约为 1.5,跨度为 2 700 mm,纵筋分别为 2Φ20 的钢筋和 2Φ10 的 GFRP 筋,$A_s/A_f=4$,室温为 20℃,钢筋为 HRB400 级,$f_y=360$ MPa,$E_s=2\times 10^5$ MPa,$f_f=550$ MPa,$E_f=4.5\times 10^4$ MPa。梁截面如图 9.56 所示。

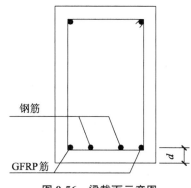

图 9.56   梁截面示意图

通过计算可以获得不同保护层厚度下的纵筋温度与时间的关系曲线,如图 9.57 所示。在整个升温过程中,混凝土保护层厚度越大,混合配筋混凝土梁的纵筋温度越低,混凝土对纵筋的温度升高有一定的抑制作用,可以通过增加混合配筋混凝土梁保护层厚度的方法降低纵筋的温度。但是混凝土对纵筋温度升高的抑制作用会随着混凝土保护层厚度的增大而减小,所以不可以通过没有限制地增大混凝土保护层厚度来控制纵筋的温度。

通过纵筋强度衰减系数公式可以计算获得不同保护层厚度下的纵筋抗拉强度衰减系数与时间的关系曲线,如图 9.58 所示。随着受火时间的增加,纵筋的抗拉强度衰减系数逐渐减小,且混凝土保护层厚度越大,抗拉强度衰减系数减小的速度越慢。在 120 min 时,保护层厚度为 30 mm 的混合配筋混凝土梁纵筋抗拉强度衰减系数为 0.281,保护层厚度为 70 mm 的混合配筋混凝土梁纵筋抗拉强度衰减系数为 0.470,由此可以看到,混凝土保护层厚度的增加对纵筋有明显的保护作用。

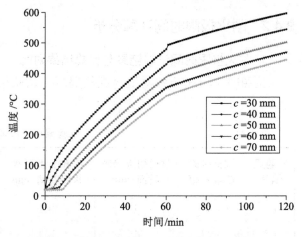

**图 9.57　不同保护层厚度下纵筋温度与时间的关系**

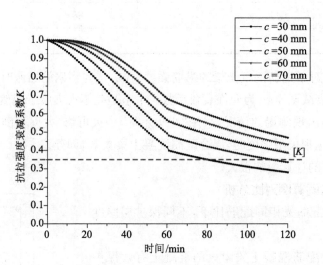

**图 9.58　不同保护层厚度下纵筋抗拉强度衰减系数与时间的关系**

选择 $[K]=0.35$ 时,不同保护层厚度的混合配筋混凝土梁耐火极限时间如表 9.25 所示。

表 9.25　　　　　　　　　混合配筋混凝土梁耐火极限时间

| 保护层厚度/mm | 耐火极限时间/min |
| --- | --- |
| 30 | 80 |
| 40 | 112 |
| 50 | ≥120 |
| 60 | ≥120 |
| 70 | ≥120 |

从表 9.25 可以看到,满足梁的 120 min 耐火要求的最小保护层厚度为 50 mm。保护层厚度对混合配筋混凝土梁的耐火极限时间有较为明显的影响,可以通过增大保护层厚度的方法,满足混合配筋混凝土梁的耐火要求。

**算例二**:混凝土梁不同配筋比下,保护层厚度为 30 mm 的耐火时间分析

令其他条件不变,只改变纵筋条件,并选取 30 mm 为保护层厚度,配筋情况如表 9.26 所示,EB1 为钢筋混凝土梁,EB2～EB4 为混合配筋混凝土梁,EB5 为 GFRP 筋混凝土梁。通过计算可以获得不同配筋面积比 $U_A$ 下和不同配筋强度比 $U_t$ 下的纵筋抗拉强度衰减系数与时间的关系曲线,如图 9.59 所示。

表 9.26　　　　　　　　　　　　　混凝土梁配筋情况

| 试件编号 | 钢筋 | 钢筋面积 $A_s/mm^2$ | GFRP 筋 | GFRP 筋面积 $A_f/mm^2$ | 配筋面积比 $U_A$ | 配筋强度比 $U_t$ |
|---|---|---|---|---|---|---|
| EB1 | 2Φ20+2Φ6 | 684.87 | — | — | — | — |
| EB2 | 2Φ16 | 402.12 | 2Φ22 | 760.27 | 1:2 | 1.1 |
| EB3 | 2Φ18 | 508.94 | 2Φ18 | 508.94 | 1:1 | 2.0 |
| EB4 | 2Φ20 | 628.32 | 2Φ10 | 157.08 | 4:1 | 7.0 |
| EB5 | — | — | 2Φ20+2Φ6 | 684.87 | — | — |

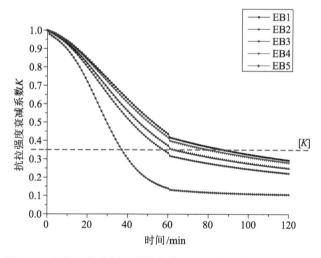

图 9.59　不同配筋比例下纵筋抗拉强度衰减系数与时间的关系

从图 9.59 可以看到,混合配筋混凝土梁的纵筋强度衰减速度比钢筋混凝土梁快,比 GFRP 筋混凝土梁慢。对于混合配筋混凝土梁,将纵筋中钢筋和 GFRP 筋的配筋面积比 $U_A$ 增大后,纵筋的强度衰减速度会稍微降低,这是因为在同样的高温作用下,GFRP 筋的强度衰减要比钢筋大,通过增大钢筋的配筋面积比 $U_A$ 可以降低纵筋总的高温衰减速度。将纵筋中钢筋和 GFRP 筋的配筋强度比 $U_t$ 增大后,因为钢筋的高温衰减速度比 GFRP 筋的高温衰减速度慢,因此,纵筋的总衰减速度会减小。

选择 [K]＝0.35 时,不同配筋比例的混凝土梁耐火极限时间如表 9.27 所示。

表 9.27 　　　　　　　　　　　　　　混凝土梁耐火极限时间

| 试件编号 | 耐火极限时间/min |
|---|---|
| EB1 | 87 |
| EB2 | 59 |
| EB3 | 63 |
| EB4 | 80 |
| EB5 | 38 |

从表 9.27 可知,混合配筋混凝土梁的耐火能力小于钢筋混凝土梁而大于 GFRP 筋混凝土梁,调整钢筋和 GFRP 筋的配筋面积比 $U_A$ 或配筋强度比 $U_t$ 也是耐火设计的选择之一。

通过计算可以获得纵筋抗拉强度衰减系数与纵筋温度的关系曲线,如图 9.60 所示。通过计算可以获得混凝土梁的纵筋耐火极限温度,如表 9.28 所示。

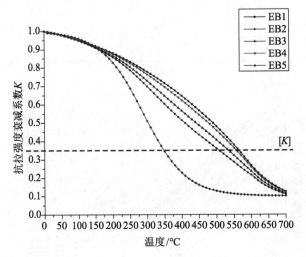

图 9.60　不同配筋比下纵筋抗拉强度衰减系数与温度的关系

表 9.28 　　　　　　　　　　　　　　混凝土梁纵筋耐火极限温度

| 试件编号 | 耐火极限温度/℃ |
|---|---|
| EB1 | 560 |
| EB2 | 510 |
| EB3 | 530 |
| EB4 | 550 |
| EB5 | 340 |

根据图 9.60 和表 9.28 可以看到,不同配筋面积比 $U_A$ 的混凝土梁纵筋抗拉强度衰减系

数与温度的关系曲线有一些不同,钢筋混凝土梁的纵筋极限温度最高,混合配筋混凝土梁的极限温度稍高,FRP筋混凝土梁的纵筋极限温度最低。对于混合配筋混凝土梁,配筋面积比 $U_A$ 越大,纵筋的极限温度越高。

**算例三:** 混合配筋梁相同配筋比和保护层厚度,不同截面的耐火极限时间

令其他条件不变,只改变截面条件,即选用截面尺寸为 180 mm×250 mm 的混合配筋混凝土梁作为研究对象,高宽比约为1.39,纵筋分别为 2Φ20 的钢筋和 2Φ10 的 GFRP 筋,令 $A_s/A_f=4$。

将算例一和算例三的纵筋温度进行比较,如表 9.29 所示,在减小截面的高宽比后,混合配筋混凝土梁的纵筋温度有少量的升高,主要是因为算例三的混合配筋梁截面在改变了高宽比后,增加了三面受火条件下梁的两侧受火对纵筋温度的影响。相比保护层厚度的影响,高宽比对混合配筋混凝土梁的纵筋温度影响较小。

表 9.29　　　　　　　　　　混合配筋混凝土梁耐火极限时间

| 保护层厚度/mm | 120 min 时算例一混合配筋梁截面的纵筋温度/℃ | 120 min 时算例三混合配筋梁截面的纵筋温度/℃ |
|---|---|---|
| 30 | 597.20 | 603.92 |
| 40 | 544.40 | 550.43 |
| 50 | 502.17 | 507.72 |
| 60 | 469.31 | 474.56 |
| 70 | 444.62 | 449.73 |

选择 $[K]=0.35$ 时,不同保护层厚度的混合配筋混凝土梁耐火极限时间如表 9.30 所示。

表 9.30　　　　　　　　　　混合配筋混凝土梁耐火极限时间

| 保护层厚度/mm | 算例一耐火极限时间/min | 算例三耐火极限时间/min |
|---|---|---|
| 30 | 80 | 79 |
| 40 | 112 | 109 |
| 50 | ≥120 | ≥120 |
| 60 | ≥120 | ≥120 |
| 70 | ≥120 | ≥120 |

从表 9.30 可知,算例三中满足梁的 120 min 耐火要求的最小保护层厚度为 50 mm。算例三的耐火极限时间要比算例一的耐火极限时间稍短,即减小截面高宽比后,梁的耐火极限时间会减小,但截面高宽比对梁的耐火时间影响较小。

### 9.4.3　基于耐火极限时间计算方法对保护层厚度的分析

对于混合配筋混凝土梁,因为高温下 GFRP 筋和钢筋的材料衰减并不一致,混合配筋

混凝土梁的保护层厚度最小值不能根据钢筋混凝土梁的保护层厚度最小值选取。选取截面的允许抗弯能力衰减系数 $[K] = 0.35$，对混合配筋混凝土梁的最小保护层厚度 $[d]$ 进行计算。

发生火灾时，为保证建筑物能够达到要求的耐火时间 $[t]$ 而不坍塌，应满足以下条件：

$$\frac{f_T}{f} \geqslant [K] \tag{9.78}$$

式中，$f_T$ 为与耐火时间 $[t]$、保护层厚度 $d$ 相关的火灾下纵筋强度。

根据以上要求可以对混合配筋混凝土梁的最小保护层厚度进行计算。耐火设计要求的保护层厚度 $[d]$ 的计算框图如图 9.61 所示。

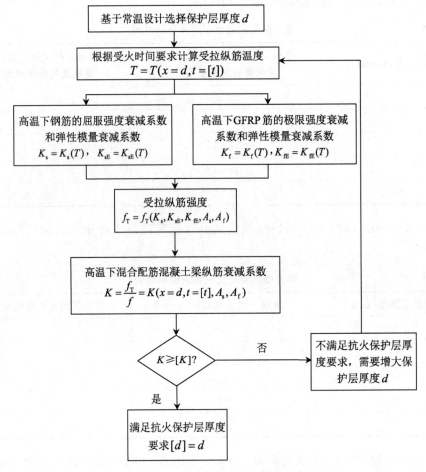

**图 9.61  保护层厚度 $[d]$ 的计算框图**

根据图 9.61 可以对不同配筋面积比 $U_A$ 的混凝土梁最小保护层厚度进行计算，120 min 耐火极限时间下的混凝土梁最小保护层厚度计算结果如表 9.31 和图 9.62 所示。

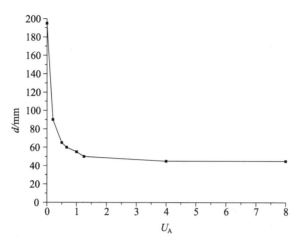

**图 9.62 混凝土梁最小保护层厚度(耐火要求 120 min)**

表 9.31 混凝土梁最小保护层厚度(耐火要求 120 min)

| 配筋形式 | 配筋面积比 $U_A$ | 最小保护层厚度/mm |
|---|---|---|
| FRP 筋混凝土梁 | 0[只有 GFRP 筋] | 195 |
| 混合配筋混凝土梁 | 1∶5 | 90 |
| | 1∶2 | 65 |
| | 2∶3 | 60 |
| | 1∶1 | 55 |
| | 5∶4 | 50 |
| | 4∶1 | 45 |
| | 8∶1 | 45 |
| 钢筋混凝土梁 | ∞[只有钢筋] | 40 |

如图 9.62 和表 9.31 所示,可以根据配筋面积比 $U_A$ 对 120 min 耐火极限条件下的混凝土梁选取最小保护层厚度。

## 9.4.4 基于耐火极限时间对配筋强度比的分析

基于 9.4.2 节的算例,令其他条件不变,只改变纵筋条件,并选取 35 mm 为保护层厚度,重新调整配筋情况(表 9.32),EB6～EB11 均为混合配筋混凝土梁,通过计算可以获得不同配筋强度比 $U_t$ 下的纵筋抗拉强度衰减系数与时间的关系曲线,如图 9.63 所示。

表 9.32 混合配筋混凝土梁配筋情况

| 试件编号 | 钢筋 | 钢筋面积 $A_s$/mm² | GFRP 筋 | GFRP 筋面积 $A_f$/mm² | 配筋强度比 $U_t$ |
|---|---|---|---|---|---|
| EB6 | 2Φ12 | 226.194 7 | 2Φ25 | 981.747 7 | 0.4 |
| EB7 | 2Φ14 | 307.876 1 | 2Φ22 | 760.265 4 | 0.7 |

（续表）

| 试件编号 | 钢筋 | 钢筋面积 $A_s/\text{mm}^2$ | GFRP 筋 | GFRP 筋面积 $A_f/\text{mm}^2$ | 配筋强度比 $U_t$ |
|---|---|---|---|---|---|
| EB8 | 2Φ16 | 402.123 9 | 2Φ20 | 628.318 5 | 1.2 |
| EB9 | 2Φ18 | 508.938 | 2Φ18 | 508.938 | 2.0 |
| EB10 | 2Φ20 | 628.318 5 | 2Φ12 | 226.194 7 | 5.2 |
| EB11 | 2Φ22 | 760.265 4 | 2Φ10 | 157.079 6 | 11.0 |

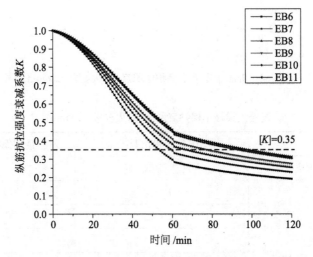

图 9.63　不同配筋强度比下纵筋抗拉强度衰减系数与时间的关系

由图 9.63 可以看出，将混合配筋混凝土梁纵筋中钢筋和 GFRP 筋的配筋强度比 $U_t$ 增大后，纵筋的抗拉强度衰减速度会稍微减小，这是因为在同样的高温作用下，GFRP 筋的强度衰减要比钢筋大。

分别对 60 min，90 min 和 120 min 下的纵筋抗拉强度衰减系数 $K$ 与配筋强度比 $U_t$ 关系进行计算，$K$ - $U_t$ 曲线如图 9.64 所示。

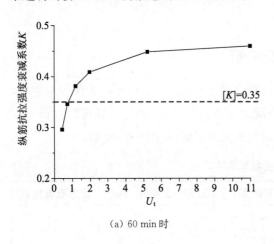

（a）60 min 时

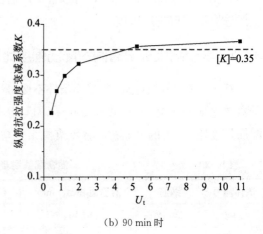

（b）90 min 时

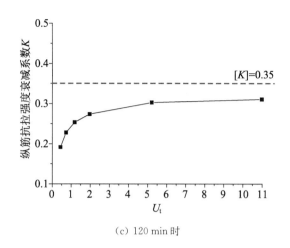

（c）120 min 时

**图 9.64　纵筋抗拉强度衰减系数与不同配筋强度比的关系**

由图 9.64 可以看出，混合配筋混凝土梁很难满足 120 min 的耐火时间要求，需要较大的保护层厚度；当配筋强度比 $U_t$ 较大时，可以满足 90 min 的耐火时间要求，其中满足 90 min 耐火时间要求的最小配筋强度比 $[U_t]$ 约为 5.0；对于混合配筋混凝土梁，当配筋强度比 $U_t$ 不是很小时，即可满足 60 min 的耐火时间要求，其中满足 60 min 耐火时间要求的最小配筋强度比 $[U_t]$ 约为 1.0。

## 9.5　混合配筋混凝土梁耐火设计方法

### 9.5.1　混合配筋混凝土梁的耐火设计内容

参照钢筋混凝土梁和 FRP 筋混凝土梁的相关设计方法，截面温度可以采用热传导方程并结合相应的初始条件和边界条件计算构件温度场，也可以根据规范给出的截面温度场曲线判断，各国规范也对混凝土、钢筋和 GFRP 筋的高温力学性能给出了计算公式和表格。基于本书对混合配筋混凝土梁的耐火性能研究成果，本节将给出混合配筋混凝土梁的耐火设计内容：①钢筋 - GFRP 筋配筋强度比 $U_t$；②最小混凝土保护层厚度；③抗弯承载力。

### 9.5.2　火灾下混合配筋混凝土梁的保护层厚度和配筋强度比要求

火灾下，混合配筋混凝土梁的抗力随受火时间逐渐降低，降低的速度取决于筋的保护层厚度和配筋强度比 $U_t$，所以，对应一定的耐火等级（耐火时间），就要求相应的混凝土保护层厚度和配筋强度比 $U_t$。

通过对保护层厚度与耐火时间的关系、配筋强度比 $U_t$ 与耐火时间的关系进行分析，建议如表 9.33 所示。

**表 9.33**　　　　　混凝土保护层最小厚度和最小配筋强度比

| 耐火等级 | 耐火极限时间/min | 最小保护层厚度$[d]$/mm | 最小配筋强度比$[U_t]$ |
|---|---|---|---|
| 一级 | 120 | 45 | 5.0 |
| 二级 | 90 | 35 | 5.0 |
| 三级 | 60 | 25 | 5.0 |
| 四级 | 30 | 20 | 5.0 |

### 9.5.3　火灾下混合配筋混凝土梁的抗弯承载力验算方法

火灾下,要保证人员在规定时间内撤离建筑的过程中,建筑不出现倒塌,根据各国耐火规范的要求,在火灾过程中,建筑的结构构件承载力须大于使用荷载效应。

对于混合配筋混凝土梁的耐火设计,应满足承载力要求,即在规定的耐火极限时间内,结构的承载力 $R_d$ 应不小于各种作用产生的组合效应最大值 $S_{mT}$,即

$$R_d \geqslant S_{mT} \tag{9.79}$$

**1. 荷载效应最大值 $S_{mT}$**

根据《混凝土结构耐火设计技术规程》,采用偶然设计状况的作用作为荷载组合效应。

$$S = S_{Gk} + S_{Tk} + \psi_f S_{Qk} \tag{9.80}$$

$$S = S_{Gk} + S_{Tk} + \psi_q S_{Qk} + 0.4 S_{Wk} \tag{9.81}$$

式中,$S$ 为荷载组合效应;$S_{Gk}$ 为永久荷载标准值的荷载效应;$S_{Qk}$ 为楼面或屋面活载标准值(不考虑屋面雪荷载)的荷载效应;$S_{Wk}$ 为风荷载标准值的荷载效应;$S_{Tk}$ 为火灾下的标准温度作用效应,对于一般的单层和多高层建筑结构,可不考虑此效应;$\psi_f$ 为楼面或屋面活荷载的频遇值系数;$\psi_q$ 为楼面或屋面活荷载的准永久值系数。

荷载效应是按照最不利的效应组合进行取值,也要考虑建筑物的安全等级,即

$$S_{mT} = \gamma_{0T} S \tag{9.82}$$

式中,$\gamma_{0T}$ 为结构耐火重要性系数,《混凝土结构耐火设计技术规程》建议:耐火等级为一级的建筑取 1.15,其他建筑取 1.05。

**2. 结构的承载力 $R_d$**

结构的承载力 $R_d$ 可以基于 9.3 节中建议的火灾下混合配筋混凝土梁抗弯承载力 $M_u^T$ 的计算方法。

$$f_{fT} = \sqrt{\frac{1}{4}\left(\frac{A_s f_{yT}}{A_f} + E_{fT}\varepsilon_{cu}\right)^2 + \left(\frac{\beta_1 f_c}{\rho_f} - \frac{A_s y_{yT}}{A_f}\right)E_{fT}\varepsilon_{cu}} - \frac{1}{2}\left(\frac{A_s f_{yT}}{A_f} + E_{fT}\varepsilon_{cu}\right) \leqslant f_{cuT} \tag{9.83}$$

$$M_u^T = (\rho_f f_{fT} + \rho_s f_{yT})\left(1 - 0.5\frac{\rho_f f_{fT} + \rho_s f_{yT}}{\alpha_1 f_c}\right)bh_0^2 \tag{9.84}$$

式中，$\rho_s = A_s/(bh_0)$，$\rho_f = A_f/(bh_0)$。$f_{fT}$ 为高温下 FRP 筋的应力。$f_{cuT}$ 为高温下 FRP 筋极限强度标准值。$f_{yT}$ 为高温下钢筋极限强度标准值。$E_{fT}$ 为高温下 FRP 筋弹性模量标准值。$A_s$ 为钢筋面积。$A_f$ 为 FRP 筋面积。$\varepsilon_{cu}$ 为混凝土极限压应变，取 0.003 3。$\alpha_1$ 和 $\beta_1$ 取值：当混凝土强度等级不超过 C50 时，取 $\alpha_1 = 1.0$ 和 $\beta_1 = 0.8$；当混凝土强度等级为 C80 时，取 $\alpha_1 = 0.94$ 和 $\beta_1 = 0.74$；其间按线性插值法确定。$b$，$h_0$ 分别为截面宽度和有效高度。$f_c$ 为混凝土棱柱体抗压强度标准值。

## 9.5.4 混合配筋混凝土梁的耐火设计建议

### 1. 基于抗弯承载力的耐火设计方法

混合配筋混凝土梁作为建筑物的承重构件，必须满足在火灾发生后的一定时间内保持足够的承载力。火灾下温度升高导致混合配筋混凝土梁的承载力衰减，直至达到耐火极限。耐火设计步骤如下：

（1）根据《建筑设计防火规范》[GB 50016—2014(2018)]对所设计结构取定耐火等级及耐火极限时间。

（2）根据常规设计方法，选定混凝土材料、筋材，选定截面尺寸。

（3）根据耐火等级及耐火极限时间，按表 9.33 选择混凝土保护层厚度。

（4）按混合配筋方法进行梁的承载力计算并进行配筋，控制 $\dfrac{A_s f_y}{A_f f_f} \geqslant 5.0$。

（5）基于抗弯承载力的耐火承载力验算，$S_{mT} \leqslant R_d$。

### 2. 混合配筋混凝土梁耐火设计算例

某办公楼，建筑层数 6 层，采用混合配筋混凝土简支梁，梁上作用的恒荷载标准值 $q_g = 20 \text{ kN/m}$，活荷载 $q_k = 10 \text{ kN/m}$，梁的计算跨度 $l = 6\,000 \text{ mm}$。试对该梁进行设计。

（1）根据《建筑设计防火规范》[GB 50016—2014(2018)]，6 层民用建筑的耐火等级不应低于二级，选取耐火等级为二级，耐火极限时间为 90 min。

（2）根据常规设计方法对混合配筋混凝土梁设计：

截面高度 $h$ 一般取梁跨度 $l$ 的 1/12～1/8，梁截面宽度 $b$ 取梁高 $h$ 的 1/2.5～1/2。

截面高度：$h = 6\,000 \times (1/12 \sim 1/8) = 750 \sim 500 \text{ mm}$，取 $h = 500 \text{ mm}$。

截面宽度：$b = 500 \times (1/2.5 \sim 1/2) = 250 \sim 200 \text{ mm}$，取 $b = 250 \text{ mm}$。

混凝土强度等级为 C30，$f_{ck} = 20.1 \text{ MPa}$，$f_c = 14.3 \text{ MPa}$，钢筋选用 HRB500 级，$f_y = 435 \text{ MPa}$，$f_{yk} = 500 \text{ MPa}$，$f_{stk} = 630 \text{ MPa}$，$E_s = 2 \times 10^5 \text{ MPa}$，FRP 筋选用 GFRP 筋，$f_{fu} = 550 \text{ MPa}$，$f_{fuk} = 800 \text{ MPa}$，$E_f = 4.5 \times 10^4 \text{ MPa}$。

混合配筋混凝土梁截面参数如图 9.65 所示。

（3）根据耐火极限时间选择混凝土保护层厚度：90 min 的耐火极限时间要求保护层厚度 $c = 35 \text{ mm}$。

（4）按照混合配筋方法进行梁的承载力计算并进行配筋：

① 荷载：$q_d = 1.3 q_g + 1.5 q_k = 41 \text{ kN/m}$

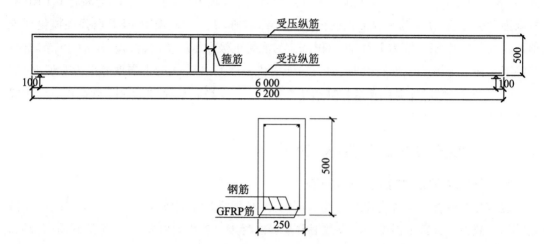

**图 9.65　混合配筋混凝土梁截面参数(单位：mm)**

梁跨中弯矩：$M_d = \dfrac{1}{8} q_d l^2 = 184.5$ kN·m

② 基于承载力进行配筋：

满足承载力条件 $M_u \geqslant \gamma_0 M_d = 1.0 \times 184.5$ kN·m$=184.5$ kN·m，且按照耐火要求的配筋强度比 $U_t \geqslant 5.0$。

选取钢筋 3 根 $\Phi$20，GFRP 筋 2 根 $\Phi$14，

$$f_f = \sqrt{\frac{1}{4}\left(\frac{A_s f_y}{A_f} + E_f \varepsilon_{cu}\right)^2 + \left(\frac{\beta_1 f_c}{\rho_f} - \frac{A_s f_y}{A_f}\right)E_f \varepsilon_{cu}} - \frac{1}{2}\left(\frac{A_s f_y}{A_f} + E_f \varepsilon_{cu}\right) = 262.51 \text{ MPa}$$

$$M_u = (\rho_f f_f + \rho_s f_y)\left(1 - 0.5\frac{\rho_f f_f + \rho_s f_y}{f_c}\right)bh_0^2 = 184.77 \text{ kN·m}$$

$M_u = 184.77$ kN·m $\geqslant M_d = 184.5$ kN·m，满足常温设计条件。

(5) 基于抗弯承载力的耐火承载力验算：

荷载：$S_{mT} = \gamma_{0T}S = \gamma_{0T}(S_{Gk} + \psi_f S_{Qk}) = 27.3$ kN/m，$M_{uT} = 122.85$ kN·m

90 min 时，对钢筋和 GFRP 筋的高温材料性能进行计算：

$f_{yT} = 264.6$ MPa，$E_{sT} = 111\,600$ MPa，$f_{fuT} = 106.4$ MPa，$E_{fT} = 4\,950$ MPa

承载力：$M_u^T = (\rho_f f_{fT} + \rho_s f_{yT})\left(1 - 0.5\frac{\rho_f f_{fT} + \rho_s f_{yT}}{f_c}\right)bh_0^2 = 117.82$ kN·m

$M_u^T < M_{uT}$，需要增大配筋，选取钢筋 3 根 $\Phi$22，GFRP 筋 2 根 $\Phi$12。

失效模式判断：增大配筋后，火灾下，满足 $\rho_{(sf,s)T} \leqslant \rho_{(s,b)T}$ 且 $\rho_{(sf,f)T} \geqslant \rho_{(f,b)T}$ 的判断条件，火灾下混合配筋混凝土梁为适筋破坏。

按照适筋梁的情况计算，对火灾下的抗弯承载力重新校核：

$M_u^T = 133.57$ kN·m $> M_{uT}$，满足抗弯承载力要求。

（6）混合配筋混凝土简支梁满足耐火要求的设计参数：

混合配筋混凝土简支梁，截面尺寸为 250 mm×500 mm，保护层厚度为 30 mm，受拉纵筋配筋为钢筋 3 根Φ22，GFRP 筋 2 根Φ12，如图 9.66 所示。

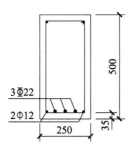

**图 9.66　混合配筋混凝土梁截面配筋（单位：mm）**

# 参 考 文 献

［ 1 ］Guide for the design and construction of structural concrete reinforced with FRP bars：ACI 440.1R-06［S］. Farmington Hills，Mich：American Concrete Institute，2006.

［ 2 ］中华人民共和国住房和城乡建设部.混凝土结构设计规范：GB 50010—2010(2015)［S］.北京：中国建筑工业出版社，2015.

［ 3 ］Building code requirements for structural concrete：ACI 318-14［S］. Farmington Hills：American Concrete Institute，2014.

［ 4 ］Design of concrete structures：CSA A23.3-04［S］. Canada：Canadian Standards Association，2014.

［ 5 ］Standard specifications for concrete structures：JGC-15［S］. Japan：Japan Society of Civil Engineers，2015.

［ 6 ］Eurocode 2：Design of concrete structures：BS EN-1992-1-1：2004［S］. London：British Standards Institution，2004.

［ 7 ］中华人民共和国住房和城乡建设，国家市场监督管理总局.纤维增强复合材料建设工程应用技术规范：GB 50608—2010［S］.北京：中国计划出版社，2010.

［ 8 ］Design and construction of building structures with fiber-reinforced polymers：CSA S806-12［S］. Rexdale，Ontario，Canada：Canadian Standards Association，2002.

［ 9 ］Recommendation for design and construction of concrete structures using continuous fiber reinforcing materials：JSCE-1997［S］. Japan：Japan Society of Civil Engineers，1997.

［10］Guide for the design and construction of concrete structures reinforced with fiber-reinforced polymer bars：CNR-DT-203/2006［S］. Italy：CNR（Advisory Committee on Technical Recommendations for Construction），2007.

［11］中华人民共和国住房和城乡建设部.普通混凝土力学性能试验方法标准：GB/T 50081—2019［S］.北京：中国计划出版社，2019.

［12］Van Ornum J. The fatigue of cement products［C］//Proceedings of the American Society of Civil Engineers，1903.

［13］Van Ornum J. The fatigue of concrete［J］. Transactions of the American Society of Civil Engineers，1907，58(1)：294-320.

［14］Nordby G M. Fatigue of concrete-a review of research［J］. Journal of ACI，1958，55(8)：191-219.

［15］Aas-Jakobsen K，Lenschow R. Behavior of reinforced columns subjected to fatigue loading［J］. American Concrete Institute Journal & Proceedings，1973，70(3)：199-206.

［16］Holmen J O. Fatigue of concrete by constant and variable amplitude loading［J］. Special Publication，1982，75：71-110.

［17］混凝土结构疲劳专题组.混凝土受弯构件疲劳可靠性验算方法的研究［R］.北京：中国建筑工业出版社，1994.

［18］王瑞敏，赵国藩，宋玉普.混凝土的受压疲劳性能研究［J］.土木工程学报，1991，24(4)：38-47.

［19］Abbaschian R，Reed-Hill R. Physical metallurgy principles［M］. Cengage Learning，2008.

［20］Fisher J W，Viest I M. Fatigue tests of bridge materials of the AASHO road test［J］. Highway Research Board Special Report，1961（66）：132-147.

［21］Helgason T，Hanson J，Somes N，et al. Fatigue strength of high-yield reinforcing bars［J］. NCHRP Report，1976.

［22］宋玉普.混凝土结构的疲劳性能及设计原理［M］.北京：机械工业出版社,2006.

［23］CEB-FIP Model Code 2010［S］. Lausanne，Switzerland：Thomas Telford Ltd.，2010.

［24］American Association of State Highway and Transportation Officials. AASHTO LRFD bridge design specifications［S］. Washington DC，2017.

［25］Considerations for design of concrete structures subjected to fatigue loading：ACI Committee 215［R］. ACI Journal Proceedings，1974.

［26］Burton K T，Hognestad E. Fatigue tests of reinforcing bars-tack welding of stirrups［J］. Journal Proceedings，1967,64（5）：244-252.

［27］Wu W. Thermomechanical properties of fiber reinforced plastic（FRP）bars［M］. West Virginia University，Morgantown：Weat Virfinia，1990.

［28］Kobayashi T F. Compressive behavior of FRP reinforcement in non-prestressed concrete members［J］. B&FN Spon,1995：267-274.

［29］Mallick P K. Fiber-reinforced composites：materials，manufacturing，and design［M］. CRC Press，2007.

［30］Shehata E，Morphy R，Rizkalla S. Fibre reinforced polymer shear reinforcement for concrete members：behavior and design guidelines［J］. Canadian Journal of Civil Engineering，2000,27（5）：859-872.

［31］Nehdi M，El Chabib H，Sa I D A A. Proposed shear design equations for FRP-reinforced concrete beams based on genetic algorithms approach［J］. Journal of Materials in Civil Engineering，2007，19（12）：1033-1042.

［32］Ehsani M R，Saadatmanesh H，Tao S. Bond of hooked glass fiber reinforced plastic（GFRP）reinforcing bars to concrete［J］. ACI Materials Journal，1995,92（4）：391-400.

［33］Katz A. Effect of helical wrapping on fatigue resistance of GFRP［J］. Journal of Composites for Construction，1998，2（3）：121-125.

［34］Adimi M R，Rahman A H，Benmokrane B. New method for testing fiber-reinforced polymer rods under fatigue［J］. Journal of Composites for Construction，2000，4（4）：206-213.

［35］Noël M，Soudki K. Fatigue behavior of GFRP reinforcing bars in air and in concrete［J］. Journal of Composites for Construction，2014，18（5）：04014006.

［36］张新越,欧进萍.CFRP筋的疲劳性能［J］.材料研究学报,2006,20（6）：565-570.

［37］诸葛萍,丁勇,卢彭真,等.循环荷载作用对CFRP筋力学性能的影响［J］.复合材料学报,2014,31（1）：248-253.

［38］陈琳.混凝土结构等耐久性设计方法研究［D］.上海：同济大学,2016.

［39］Brown V L，BarthdomeW C L. Glass reinforcement in concrete members［J］. Concrete International，1992,14（9）：23-27.

［40］Malvar L J. Tensile and bond properties of GFRP reinforcing bars［J］. Materials Journal，1995，92（3）：276-285.

［41］Brown V L，Bartholomew C L. FRP dowel bars in reinforced concrete pavements［J］. Special

Publication, 1993,138：813-830.

［42］薛伟辰,刘华杰,王小辉.新型 FRP 筋黏结性能研究[J].建筑结构学报,2004,25(2)：104-109.

［43］王勃,欧进萍,张新越,等.FRP 筋与混凝土黏结性能的试验研究[J].低温建筑技术,2006(1)：39-41.

［44］庞蕾.截面等耐久性混合配筋混凝土构件受力性能研究[D].上海：同济大学,2016.

［45］黄海群.混杂配筋混凝土梁抗弯性能研究[D].上海：同济大学,2004.

［46］Tan K H. Behaviour of hybrid FRP-steel reinforced concrete beams[C]// Proceedings of the Third International Symposium on Non-Metallic (FRP) Reinforcement for Concrete Structures (FRPRCS-3), Japan Concrete Institute, Sapporo,1997：487-494.

［47］Aiello M A, Ombres L. Structural performances of concrete beams with hybrid (fiber-reinforced polymer-steel) reinforcements[J]. Journal of Composites for Construction, 2002, 6(2)：133-140.

［48］Leung H Y, Balendran R V. Flexural behaviour of concrete beams internally reinforced with GFRP rods and steel rebars[J]. Structural Survey, 2003, 21(4)：146-157.

［49］葛文杰,张继文,戴航,等.FRP 筋和钢筋混合配筋增强混凝土梁受弯性能[J].东南大学学报：自然科学版,2012,42(1)：114-119.

［50］Lau D, Pam H J. Experimental study of hybrid FRP reinforced concrete beams[J]. Engineering Structures, 2010, 32(12)：3857-3865.

［51］陈辉.GFRP 筋与钢筋混合配筋混凝土受弯构件的试验研究与理论分析[D].成都：西南交通大学,2007.

［52］Safan M A. Flexural behavior and design of steel-GFRP reinforced concrete beams[J]. ACI Materials Journal, 2013, 110(6)：677-685.

［53］Balaguru P N, Shah S P, Naaman A E. Fatigue behavior and design of ferrocement beams [J]. Journal of the Structural Division, 1979, 105(7)：1333-1346.

［54］Shah S. Predictions of comulative damage for concrete and reinforced concrete[J]. Matériaux et Construction, 1984，17(1)：65-68.

［55］Lovegrove J, El Din S. Deflection and cracking of reinforced concrete under repeated loading and fatigue[J]. Special Publication, 1982, 75：133-152.

［56］Balaguru P, Shah S. A method of predicting crack widths and deflections for fatigue loading [J]. Special Publication, 1982, 75：153-176.

［57］Bischoff P H. Deflection calculation of FRP reinforced concrete beams based on modifications to the existing Branson equation[J]. Journal of Composites for Construction, 2007, 11(1)：4-14.

［58］Qu W, Zhang X L, Huang H Q. Flexural behavior of concrete beams reinforced with hybrid (GFRP and steel) bars[J]. Journal of Composites for Construction, 2009, 13(5)：350-359.

［59］Zhu P, Xu J J, Qu W J, et al. Experimental study of fatigue flexural performance of concrete beams reinforced with hybrid gfrp and steel bars[J]. Journal of Composites for Construction, 2017, 21 (5)：04017036.

［60］许家婧.混合配筋混凝土梁受弯疲劳性能研究[D].上海：同济大学,2019.

［61］Whaley C P, Neville A M. Non-elastic deformation of concrete under cyclic compression[J]. Magazine of Concrete Research, 1973, 25(84)：145-154.

［62］Noël M, Soudki K. Fatigue behavior of full-scale slab bridge strips with FRP reinforcement[J]. Journal of Composites for Construction, 2015, 19(2)：04014047.

［63］Zhang W P, Ye Z W, Gu X L, et al. Assessment of fatigue life for corroded reinforced concrete beams under uniaxial bending[J]. Journal of Structural Engineering，2017，143(7)：04017048.

［64］吕培印，宋玉普.混凝土轴拉疲劳试验及损伤模型[J].水利学报，2002，33(12)：79-84.

［65］Mander J B，Panthaki F D，Kasalanati A. Low-cycle fatigue behavior of reinforcing steel[J]. Journal of Materials in Civil Engineering，1994，6(4)：453-468.

［66］曾志斌，李之榕.普通混凝土梁用钢筋的疲劳 S-N 曲线研究[J].土木工程学报，1999，32(5)：10-14.

［67］Tilly G. Fatigue of steel reinforcement bars in concrete：a review[J]. Fatigue & Fracture of Engineering Materials & Structures，1979，2(3)：251-268.

［68］Helagson T，Hanson J. Investigation of design factors affecting fatigue strength of reinforcing bars-statistical analysis[J]. Special Publication，1974，41：107-138.

［69］钟铭，王海龙，刘仲波，等.高强钢筋高强混凝土梁静力和疲劳性能试验研究[J].建筑结构学报，2005，26(2)：94-100.

［70］Halpin J C，Jerina K L，Johnson T A. Characterization of composites for the purpose of reliability evaluation[M]. Analysis of the Test Methods for High Modulus Fibers and Composites，ASTM International，1973.

［71］Sendeckyj G. Fitting models to composite materials fatigue data[M]. Test Methods and Design Allowables for Fibrous Composites，ASTM International，1981.

［72］Vassilopoulos A P，Keller T. Fatigue of fiber-reinforced composites[M]. Springer Science & Business Media，2011.

［73］Brøndsted P，Andersen S，Lilholt H. Fatigue damage accumulation and lifetime prediction of GFRP materials under block loading and stochastic loading[C]//Proceedings of the 18th Risø International Symposium on Materials Science，1997：1-5.

［74］刘西光.锈蚀预应力混凝土梁弯曲疲劳性能及寿命评估[D].上海：同济大学，2016.

［75］Marti P，Alvarez M，Kaufmann W，et al. Tension chord model for structural concrete[J]. Structural Engineering International，1998，8(4)：287-298.

［76］Parvez A，Foster S J. Fatigue behavior of steel-fiber-reinforced concrete beams[J]. Journal of Structural Engineering，2014，141(4)：04014117.

［77］American Association of State Highway and Transportation Officials. AASHTO LRFD bridge design specifications[S]. Washington DC，2014.

［78］Japan Society of Civil Engineers（JSCE）. Standard specifications for concrete structures - 2007：JSCE - 2007[S]. Tokyo，2007.

［79］中华人民共和国建设部.混凝土结构设计规范：GBJ 10—89[S].北京：中国建筑工业出版社，1990.

［80］中华人民共和国建设部，国家质量监督检验检疫总局.混凝土结构设计规范：GB 50010—2002[S].北京：中国建筑工业出版社，2002.

［81］彭飞，薛伟辰.FRP 筋混凝土偏压柱承载力计算方法[J].建筑结构学报，2018，39(10)：147-155.

［82］中华人民共和国住房和城乡建设部.混凝土结构试验方法标准：GB/T 50152—2012[S].北京：中国建筑工业出版社，2012.

［83］Zsutty T C. Beam shear strength prediction by analysis of existing data[C]//Journal of ACI，1968，65(11)：943-951.

［84］Razaqpur A G，Isgor O B. Proposed shear design method for FRP-reinforced concrete members without stirrups[J]. ACI Structural Journal，2006，103(1)：93-102.

［85］Structural use of concrete，Part 2：Code of practice for special circumstances：BSI，BS 8110-2 [S].

British Standards Institution，1985.

［86］王传志.钢筋混凝土结构理论［M］.北京：中国建筑工业出版社,1989.

［87］Albandar F A A，Mills G M. The prediction of crack widths in reinforced concrete beams［J］. Magazine of Concrete Research，1974，26(88)：153-160.

［88］Beeby A W. The prediction and control of flexural cracking in reinforced concrete members［J］. Special Publication，1971，30：55-76.

［89］Gergely P，Lutz L A. Maximum crack width in reinforced concrete flexural members［J］. Special Publication，1968，20：87-117.

［90］Branson D E. Deflections of reinforced concrete flexural members［J］. Journal of the American Concrete Institute，1966，63(6)：637-667.

［91］中华人民共和国国家质量监督检验检疫总局,中国国家标准化管理委员会.金属材料拉伸试验 第1部分：室温试验方法：GB/T 228.1—2010［S］.北京：中国标准出版社,2010.

［92］Rafi M M. Fire performance of FRP reinforced concrete beams［J］. European Journal of Scientific Research，2010，45(5)：89-102.

［93］中华人民共和国住房和城乡建设部.建筑设计防火规范：GB 50016—2014(2018)［S］.北京：中国建筑工业出版社,2014.

［94］Standard test methods for fire tests of building construction and materials：ASTM E119［S］. ASTM International，2014.

［95］中华人民共和国国家质量监督检验检疫总局,中国国家标准化管理委员会.建筑构件耐火试验方法 第8部分：非承重垂直分隔构件的特殊要求：GB/T 9978.8—2008［S］.北京：中国标准出版社,2008.

［96］Fire resistance tests-Part 1：General requirements：BS EN 1363-1［S］. The British Standard，2012.

［97］Petzold A. Concrete for high temperatures［J］. Maclaren，1970.

［98］李卫,过镇海.高温下砼的强度和变形性能试验研究［J］.建筑结构学报,1993,14(1)：8-16.

［99］顾祥林.混凝土结构基本原理［M］.上海：同济大学出版社,2015.

［100］Saafi M. Effect of fire on FRP reinforced concrete members［J］. Composite Structures，2002，58(1)：11-20.

［101］Bisby L A. Fire behaviour of fibre-reinforced polymer（FRP）reinforced or confined concrete［D］. Kingston：Queen's University，2003.

［102］钮宏,陆洲导.高温下钢筋与混凝土本构关系的试验研究［J］.同济大学学报：自然科学版,1990,18(3)：287-297.

［103］郑文忠,许名鑫,王英.钢筋混凝土及预应力混凝土材料抗火性能［J］.哈尔滨建筑大学学报,2002,35(4)：6-10.

［104］时旭东,过镇海.钢筋混凝土原理和分析［M］.北京：清华大学出版社,2003.

［105］吕西林,周长东,金叶.火灾高温下GFRP筋和混凝土黏结性能试验研究［J］.建筑结构学报,2007,28(5)：34-41,90.

［106］周子健,霍静思,李智.高温下钢筋与混凝土粘结性能试验与分析［J］.建筑结构,2019(10)：76-80.

［107］时旭东,过镇海.高温下钢筋混凝土受力性能的试验研究［J］.土木工程学报,2000,33(6)：6-16.

［108］Eurocode 2：Design of concrete structures（generic rules - structural fire）：BS EN 1992-1-2：2004［S］. British Standard，2004.

［109］王晓璐.FRP混凝土结构高温性能及延性研究［D］.哈尔滨：哈尔滨工业大学,2012.

［110］Desai S. Design of reinforced concrete beams under fire exposure conditions［J］. Magazine of Concrete Research，1998，50(1)：75-83.